大和川の歴史

土地に刻まれた記憶

安村俊史

清文堂

序

　大阪平野は、淀川と大和川によって生み出された。なんども洪水を繰り返しながら、大量の土砂を運んできて平野を造ってきたのである。しかし、淀川に比べて、大和川が話題になることは少ないように思う。一般の方々の関心が薄いだけでなく、研究も乏しいのである。河内や和泉の小学四年生が江戸時代の大和川付け替えについて、かなりの時間を割いて学習しているのだが、その基本となるべき研究がほとんどないのである。それは、研究の基礎となるべき史料が少ないことが最大の原因である。

　史料が少ないために研究が進んでいないにもかかわらず、小学校の先生からは大和川付け替えの具体的な姿を求められる。どんな様子で付け替え工事が行われていたのか、中甚兵衛とはどんな人だったのか、など。

　わたしが勤務する柏原市立歴史資料館では、平成四年（一九九二）の開館以来、秋季企画展で大和川の付け替えをテーマにした展示を実施してきた。わたしも平成一四年（二〇〇二）から学芸員として展示を担当し、平成一六年（二〇〇四）には付け替え三〇〇周年を迎えた。三〇〇周年の際には、関係博物館・資料館と大和川水系ミュージアムネットワークを結成し、各館の学芸員と議論を重ねた。そして、中甚兵衛を中心とする百姓らの付け替えを求める運動が盛り上がり、最後には幕府をも動かして付け替えが実現したという通説を見直す必要があるのではないかと考えるようになった。

それ以来、自分自身でも少しずつ大和川の付け替えについて考え、研究を重ねてきた。その過程で、新しい成果を企画展でも紹介してきた。しかし、従来どおりの副読本などで学習を重ねる先生方の考え方を変えることはむずかしかった。

私自身は考古学を専門とする身であり、近世の文献を扱った研究を十分にできるものではない。しかし、大和川付け替え地点を地元にもつ資料館であること、毎年企画展を実施していることから、少しでも研究を進めようと努力してきた。その成果が本書である。決して大和川の研究書としては十分なものではないと考えるが、ほかに適当な書物がないなかで、本書が果たす役割も一定存在するのではないかと考えている。みなさんが、大和川の歴史に関心をもっていただければ幸いである、そのために、本書は大和川の付け替えが中心ではあるが、それだけでなく、大和川の誕生から現代までを概説することにした。

最初から順を追って読んでいただくと大和川の歴史がたどれるような構成になっているが、最初から読んでいただくのもよし、気になる項目を拾い読みしていただくのもよし。さまざまな利用ができるように工夫したつもりである。手元に置いて、ご活用いただければ幸いである。

目次

第一章

大和川のあけぼの

一　大和川の誕生

大和川の誕生を探る　現代を生きるわたしたちにとって、数十万年前の地形を想像することはむずかしい。今見える山や川は、いつの時代にもそこにあったと考えがちである。しかし、地形はどんどん変わっていくものなのである。これから大和川の歴史について語ろうとするのだが、まず考えなければならないのは、大和川はいつごろできた川なのか、いつごろから今の場所を流れていたのだろうか、ということである。地質については、私は門外漢である。しかし、この問題を無視して大和川の歴史を語ることはできない。そこで、いろいろな書物で大和川の始まりについて調べてみたのだが、詳しく書いてある書物に行き当たることはなかった。やむを得ず、断片的な知識から、大和川の誕生について自分なりに考えてみたい。

今から一五〇〜二五〇万年前、現在の奈良盆地には古奈良湖、大阪平野には古大阪湖とも呼ばれる湖が広がっていた。古奈良湖の水は、香芝市関屋付近で古大阪湖へと流れていたようである。現在の原川の流れに近く、地図を見ていると、確かに関屋付近は東向きに開く地形となっており、古奈良湖の水を集めていたことがわかる。これが、大和川の原形と考えていいだろう（図1・2）。

ところが、一五〇万年前くらいから徐々に古大阪湖に海水が侵入するようになり、一〇〇万年前には、海水が現在の奈良盆地だけでなく、京都盆地にまで侵入していたようである。それぞれ、古

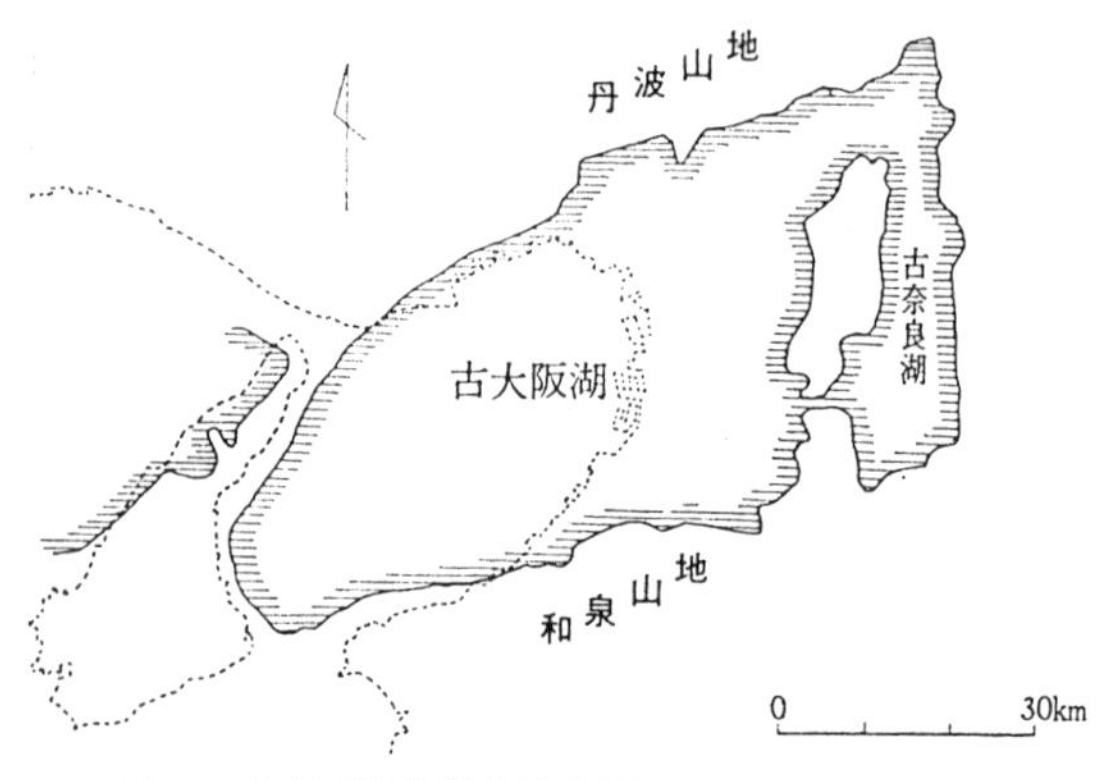

図1　古大阪湖後半古地理図（約250〜150万年前）

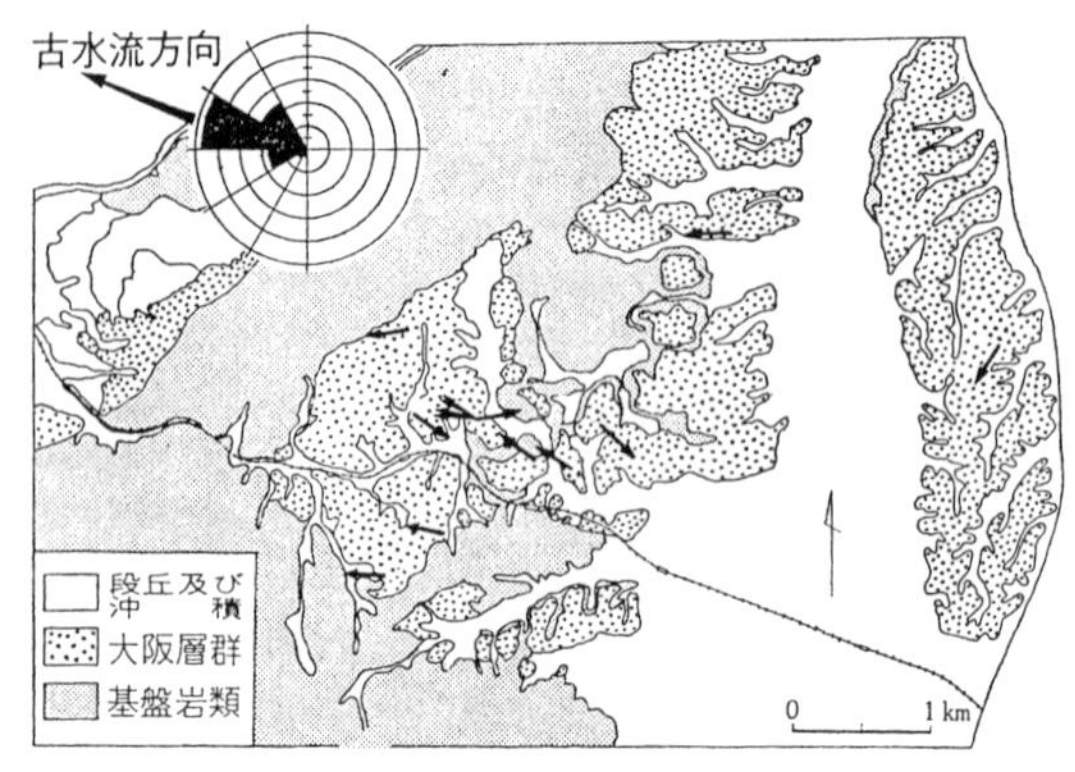

図2　関屋地域大阪層群の古水流系

奈良湾、古京都湾など呼ばれている。これによって、大阪周辺に広く堆積作用が進み、大阪層群と呼ばれる海成堆積層が形成されたのである。このころの古奈良湾と古大阪湾は、関屋よりもさらに南でつながっていたようである。

一〇〇万年前ころからは、淀川筋の沈降が顕著になり、京都の内湾化が進む一方、奈良盆地は次第に陸化していった。そして、五〇万年前ごろから激しい地殻変動が進み、六甲山地や生駒山地が形成されるようになった。それに対応して奈良盆地は沈降を始める。このころ、奈良盆地を北東から南西へとのびる断層群が顕著となった。

その一つが大和川断層である。

現在の大和川の流れを見ると、大阪府と奈良県との府県境である亀の瀬から東側は不自然に直線的に流れている。この流れが大和川断層の位置にほぼ一致している。おそらく、奈良盆地の水を排水する現在の大和川の流れが形成されたのは、この大和川断層の活動に伴うものであろう。奈良盆地の水は絶えず出口を求めていた。大阪との間を生駒山地や金剛山地に遮られて、大きな出口がみあたらないのである。そのため、関屋や南河内付近にその出口を求めていたのだが、大和川断層の活動によって、現在の大和川筋に水が集まるようになったのであろう。それは、おそらく二〇〜三〇万年前のことであろう。

亀の瀬を通過した水は、花崗岩から成る生駒山地と火山岩によって形成される明神山系との間を西へと流れる。そして、芝山に行く手を阻まれると大きく北へと湾曲し、大阪平野へと流れ出すようになった。

大和川断層の活動　大和川の左岸に沿ってのびる明神山系の北斜面、すなわち大和川に臨む斜面は、急傾斜面となっており、各所で小規模な地すべりを生じている。この急斜面の成因が大和川断層である（図3）。大和川に沿って北東から南西へとのびる大和川断層は、南側が隆起する逆断層である。国分（こくぶ）東条（ひがんじょう）町付近では、併行して数本の断層がみられる。旧柏原市立国分東小学校建設に伴うボーリング調査によって、小学校用地周辺の断層状況がほぼ把握できた。調査の結果では、一

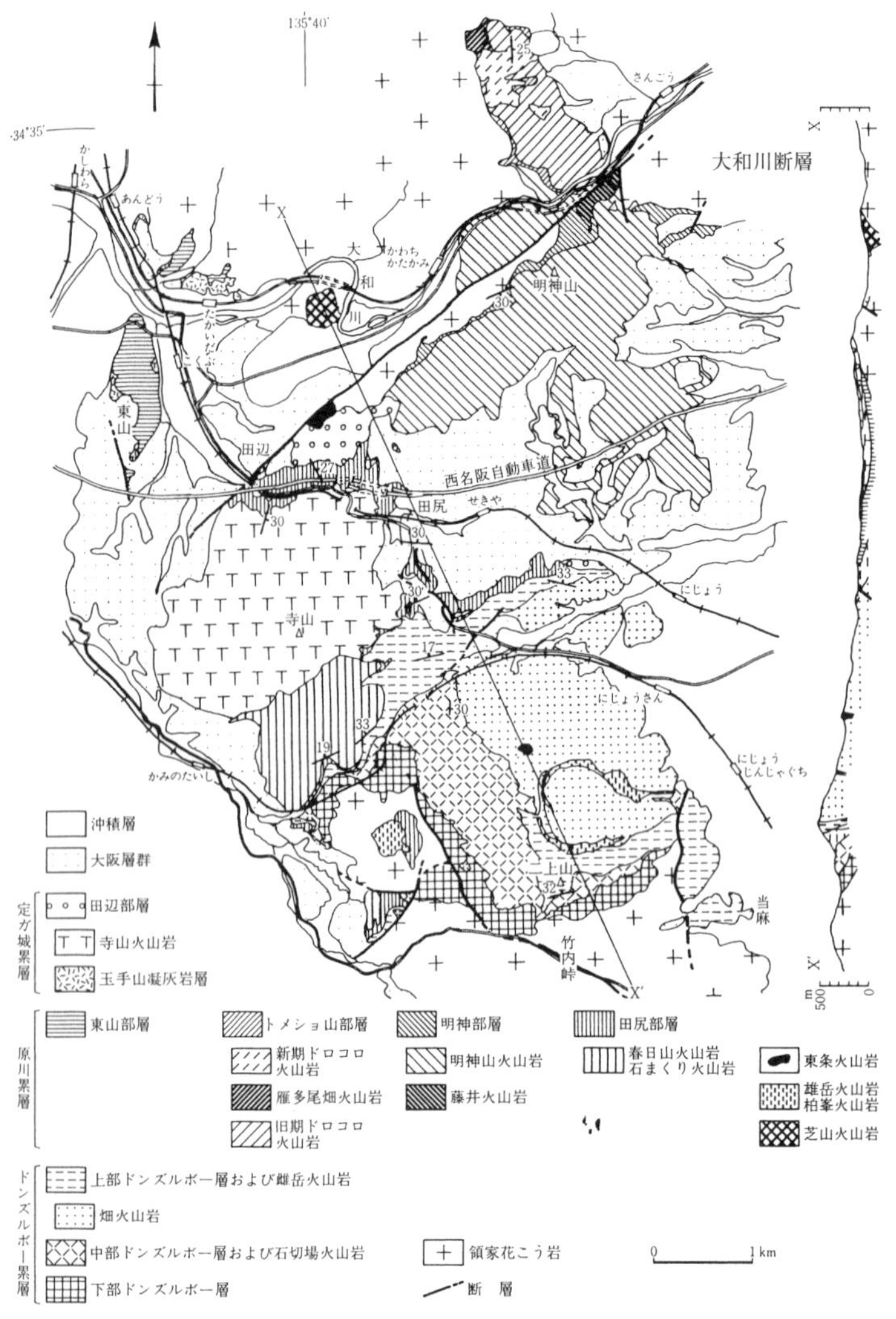

図3　二上山周辺の二上層群地質図

三〜六万年前に形成された中位段丘を主断層が断ち切っていることから、大和川断層の活動はそれ以降とされた。そして、その北側にある二本の副断層は、それよりも新しいと結論づけられた。一般に考えられているよりもさらに新しい断層とされ、現在の大和川の誕生も、一〇万年前よりも新しいのかもしれない。

私は、小学校建設に伴う発掘調査の担当者として、調査後に調査区を掘り下げて断層面の確認を試みた。その結果、断層面は確認できなかったが、断層活動によって北側（大和川側）が隆起する地層を確認できた。その上面に堆積する地層の状況から考えると、その断層は少なくとも一万年以上前ではないかと考えられた。

大和川断層は活断層であることは間違いないと思われるが、その活動については十分な調査が行われていない。『続日本紀』にみえる奈良時代の大和での地震のどれかが大和川断層によるものではないかとされている。また、昭和一一年（一九三六）の河内・大和地震が大和川断層の活動によるものとされているが、これも実態がよくわからない。亀の瀬付近が震源と考えられている地震で、マグニチュードは六・四とされている。震度五、死者九人、全半壊家屋一四八戸という記録が残されている。しかし、断層に接する国分付近での地震の記録や伝承がまったく確認できない。

また、亀の瀬の地すべりも大和川断層に関連すると考えられる。亀の瀬では、古くから地すべりが繰り返されてきた。地すべりは、南へ傾斜するドロコロ溶岩が滑って発生している。溶岩を吹き出した噴火が二時期にわたり、古い溶岩層と新しい溶岩層との間にすべり面があるとされている。

その末端が大和川であり、末端部が大和川断層によって断ち切られる状況となっていることが、地すべりの要因の一つと考えられる（第五章―八参照）。

現在の大和川の流れは、大和川断層の活動に伴うものと考えて間違いないであろう。しかし、その断層の活動時期、すなわち現在の河道が形成された時期については、まだ明らかにできない。ここでは、一〇万年くらい前と考えておきたい。

二　古墳の出現まで

旧石器時代から縄文時代へ　今から約二万年前、ヴュルム氷期と呼ばれる氷河期であった。低温のため氷河が形成され、高緯度地方は厚い氷に閉ざされた。そのため海水面は低くなり、瀬戸内海も陸化し、大和川と淀川に相当する流れは一つになり、陸化した大阪湾を南へ流れて太平洋へと注いでいた。この流れは、古大阪川とも呼ばれる。寒い時代であったが、人々の生活の痕跡は各所に残されている。人間のたくましさを感じずにはおれない（図4）。
その後、寒暖を繰り返しながら次第に気温は上昇し、六千年前には現在よりも気温が高く、海水面は上昇し、大阪平野にも海水が流れ込んでいた。大阪の西には上町台地が半島のように南から北へと延び、生駒山地とのあいだには海水が流れ込んでいた。これを河内湾と呼んでいる。大和川は、この河内湾へと注いでいた（図5）。

時代は縄文時代の中ごろ。河内湾周辺には、縄文時代の遺跡が点々と残されている。上町台地の東斜面には、大阪市森の宮遺跡が営まれていた。森の宮遺跡周辺には、このころから人々が住み始め、大規模な貝塚が生み出された。この地に暮らす人々は、河内湾から海の幸、背後の上町台地から山の幸を手に入れ、多彩な食生活を送っていた。この貝塚は、縄文時代後期にはマガキが主体となっていたが、晩期にはセタシジミが主体となり、貝の種類に変化がみられる。この貝種の変化によって、河内湾が鹹水から淡水へと変化していったことがわかる。その後、気温の低下と北からは淀川、南からは大和川がもたらす土砂によって、河内湾は次第に陸化していった。やがて上町台地の先端で大阪湾とつながっていた水路がほとんど閉ざされ、鹹水から淡水へと変化してきたのである。この変化

図4　2万年前の大阪平野

図5　5,500年前の大阪平野

を河内湾から河内潟、そして河内湖と呼んで区別されている。

河内湾の東、生駒山地の西麓にも縄文遺跡が形成され、東大阪市の日下遺跡には貝塚も知られている。馬場川遺跡など断続しながら長期に続く遺跡もある。環境の変化は徐々に進んだはずであるが、人々のとまどいはあったであろう。新しい環境に適応しながら営みが続けられていたのである。

弥生時代の始まり　二千五百年くらい前になると、淡水化が進む河内潟の周囲で水田稲作が始まった。新しい稲作文化を携えた人々が西からやってきて、河内潟の周囲に定着しはじめたのである。河内潟周辺の寝屋川市讃良郡条里遺跡、東大阪市若江北遺跡、八尾市久宝寺遺跡や田井中遺跡などの遺跡がある。これらの遺跡では、弥生土器を主体とする遺跡と、縄文土器を主体とする遺跡が混在しており、田井中遺跡では同じ遺跡内で弥生土器が主体となる地区と縄文土器が主体となる地区があり、稲作文化を携えて新しくやって来た人々と、従来から住んでいた人々が共存していたと考えられている。

弥生時代の大集落として注目される奈良県田原本町の唐古・鍵遺跡の人々も河内潟から大和川を遡って大和へと入っていったのであろう。唐古・鍵遺跡にかぎらず、奈良県の弥生時代の遺跡が大和川沿いに多いのは、大和川を通じて人々の往来が盛んだったことを示している。

図6　2,000年前の大阪平野

やがて二千年余り前、弥生時代の中期になるころには、すっかり淡水となって河内湖へと変化していた。縄文時代の面影もすっかり失われたころ、河内湖周辺には多数の集落が営まれていた。これら低地部の集落では、弥生時代の洪水による厚い砂の堆積が認められる。河内湾から河内湖へと陸化が進む過程は、洪水が繰り返される過程でもあった。大和川はたびたび流路を変えながら洪水を繰り返し、河内平野を拡大していった。この洪水によって、水田を営むことができる肥沃な土壌が形成されていったのである。人々は洪水があるとどこかへ去り、また戻って米づくりにはげんだようである（図6）。

邪馬台国の時代　弥生時代から古墳時代へと時代が移り変わる三世紀ごろ、邪馬台国のころになると、河内平野の大和川沿いには多数の人々が定着するようになった。この時代を代表する土器として庄内式土器と呼ばれる土器がある。なかでも、庄内甕と呼ばれ煮炊きに使用される甕は、外面を板状の工具で叩き、内面を削って仕上げる体部の薄さが特徴的な土器である。生駒山地西麓で生産されたチョコレート色の土器で、その製作技術には目を見張る。この土器が各地に持ち運ばれている。

八尾市の東郷・中田遺跡群、八尾市から大阪市にかけての加美・久宝寺遺跡群などでは、西日本を中心とする各地の土器が出土し、人々の往来が盛んだったことがわかる。河内湖から大和川を少し遡った柏原市から藤井寺市にかけての船橋遺跡も各地から持ち込まれた土器が多数出土している。船橋遺跡は江戸時代の大和川付替えによって新大和川の河川敷となり、埋もれていた遺跡が流水によって洗い出され、多数の遺物が採集されている。縄文時代晩期から弥生時代にかけての遺跡として著名であるが、邪馬台国の時代の遺構・遺物も多数確認されている。

邪馬台国の所在地と考える研究者がもっとも多い奈良県纏向(まきむく)遺跡でも、同様に各地の土器が出土する。纏向遺跡の性格をめぐっては、都市的な性格を考える人や、纏向遺跡の人々が各地の勢力を従えていたと考える人、大和を中心に各地と協力したまとまりが誕生したと考える人、各地の勢力が大和という地を選んだだけで大和の勢力に主体性はなかったと考える人などいろいろである。いずれにしても、かなり広域的な勢力が大和を中心にまとまり、やがて巨大な箸墓古墳を造営する時代へと続くことはまちがいないであろう。

この纏向遺跡と河内の遺跡も大和川で結ばれている。纏向遺跡では東日本の土器量が多く、河内の遺跡では吉備を中心とした西日本の土器量が多いという事実から、両地域が東西の窓口となり、大和川を介して各地をまとめる役割を果たしていたのだろう。

このようにみてくると、弥生時代の開始から古墳時代が始まるまでに、大和川が大きな役割を果たしていたことがわかる。大和川を介して大和と河内が結ばれ、それがこののちの日本の形成へとつながっていくのである。

三　前期古墳と大和川

大和川と淀川　出現期の古墳が集中する奈良盆地東南部のオオヤマト古墳群は、大和川流域に形成されている。また、馬見古墳群も大和川の支流の一つである葛城川流域に分布する（図7）。そ

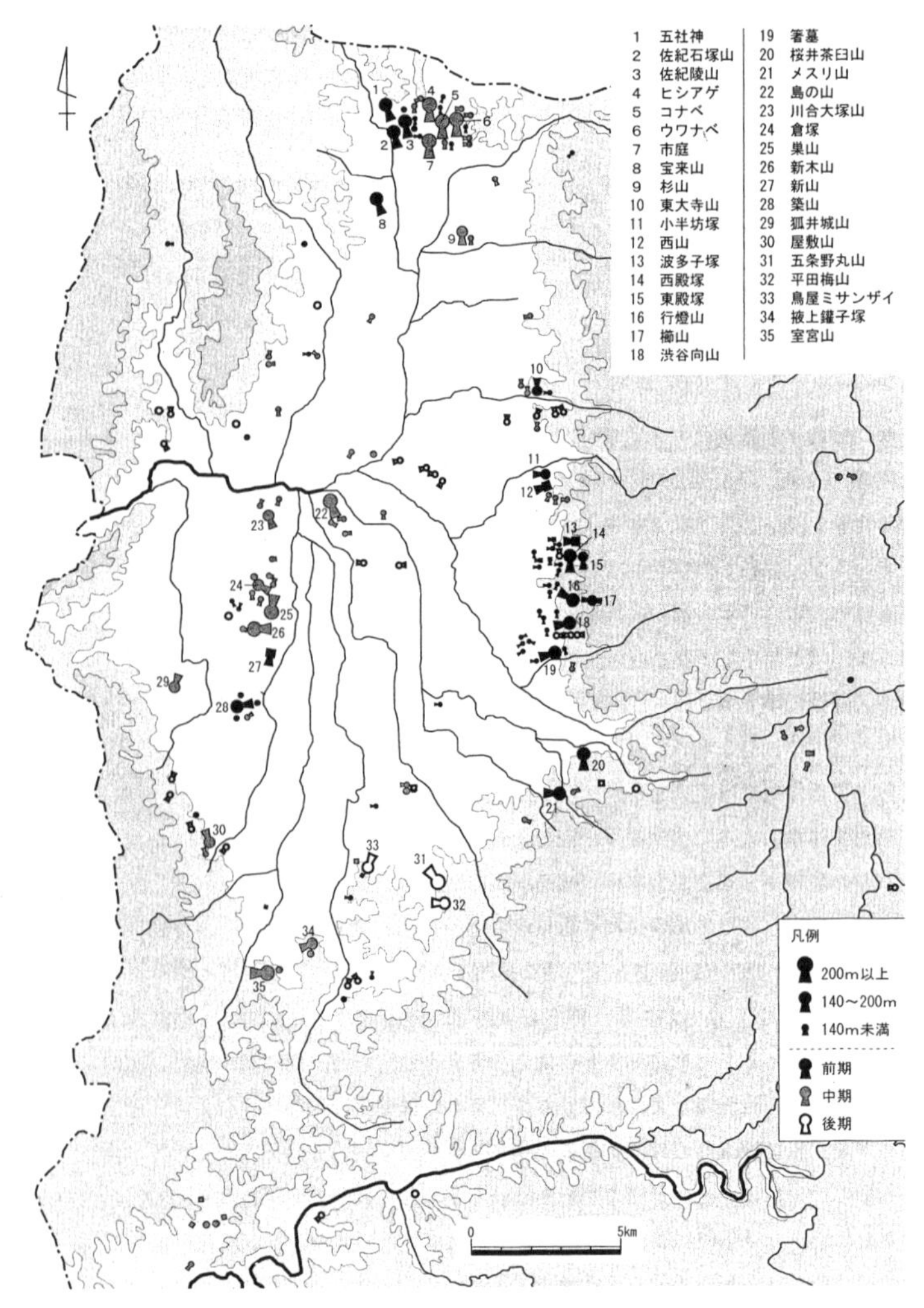

図7　大和における主要古墳の分布

のため、一般には古墳時代前期から大和川水系が重視されていたと考えられている。しかし、河内の大和川水系に大型の前方後円墳が少ないことから、大和川水系のまとまりは弱かったという考えもある。そして、淀川水系には前期古墳が多く、とりわけ銅鏡の分布が顕著なことから、むしろ淀川水系を重視するべきだと考えるのである。河内にも十数基の前期古墳から成る玉手山古墳群があるが、玉手山古墳群は銅鏡の出土が少なく、大和の王権との関わりは薄かったと指摘される。

しかし、銅鏡の分布のみで王権との関係を語ることはできないだろう。玉手山古墳群の前方後円墳の墳丘は、大和の前方後円墳との関係が考えられる。玉手山九号墳は桜井茶臼山古墳、玉手山三号墳は西殿塚古墳、玉手山一号墳はメスリ山古墳、玉手山七号墳は行燈山古墳の墳丘形態の影響を受けていると考えられる。また、埴輪も玉手山三号墳と東殿塚古墳の朝顔形埴輪など、大和の円筒埴輪製作技術の影響が強く反映されている。竪穴式石室も大和と共通する構築技法がみられる。

それに対して、淀川水系の前期古墳では継続的な埴輪生産がみられず、墳丘や竪穴式石室も独自性が強い。このような実態から考えると、河内は前代から大和と一体化しており、銅鏡を配付して同盟関係を確認する必要などなかったと考えてはどうだろう。銅鏡などの副葬品で互いの関係を語るのは問題があるのではないだろうか。むしろ、墳丘形態や石室形態などにこそ、親縁性を見出せるのではないだろうか。

竪穴式石室石材　前期古墳と大和川の関係を考える際に、忘れてならないものに竪穴式石室石材がある。大和と河内の境近くにある芝山と亀の瀬付近では、芝山火山岩と呼ばれる玄武岩や安山岩を産出する。板状に剥離する性質があり、薄いレンガ状となることから、竪穴式石室石材として、大和・河内の主な前期古墳の石材として利用されている。箸墓古墳でも多数確認されており、石室だけでなく墳丘の一部にも使用されていると考えられる。とりわけ芝山の石材が多用されており、芝山を聖なる山とみる信仰もあったのではないかと思われる。

この石材も大和川の水運を利用して運ばれていると考えられるが、芝山の石材を大和へ運ぶには、亀の瀬の難所を越えなければならない。後にもみるように、亀の瀬は渓谷となっており、滝もあって近世でも船で通過することはできなかった。古墳時代も同様に石材を積載した船で大和川を遡ることはできなかっただろう。亀の瀬を陸送で越えたのちに大和に入ってから水運を利用するか、そのまま陸運したか、どちらかであろう。

『日本書紀』崇神天皇十年九月条に、倭迹迹日百襲姫命（やまとととひももそひめのみこと）の墓に、大坂山の石材を人々が手送りで運んだとある。これが箸墓古墳である。大坂山の石材とは、箸墓古墳から多数出土している芝山火山岩のことである。しかし、大坂山とは二上山の北側を通る大坂道の坂、すなわち穴虫峠付近のことと考えられる。芝山とのあいだには、明神山系が立ちはだかる。これをどのように理解すればいいのだろう。実際に、大坂山から箸墓古墳まで手送りで石材を運ぶことは考え難いだろう。筆者は、芝山の石材を手送りで明神山系を越えて関屋へ運び、そこから陸送したのではないかと思う。関屋からの運搬を大坂山と表現したのではないだろうか。

芝山の石材は神戸市西求女塚古墳にも運ばれており、これは大和川を舟運で下って河内湖、瀬戸内海を経由して運ばれたのであろう。いずれにしても、芝山の石材が大和川と密接につながっているのは間違いない。

玉手山古墳群と松岳山古墳群　次に、大和川流域の河内の前期古墳群をみておきたい。玉手山古墳群は、大和川と石川との合流点から南へのびる玉手山丘陵上に営まれた前期古墳群である（図8）。玉手山古墳群が造営されていた古墳時代前期前葉から中葉にかけて、河内平野には顕著な古墳がみられない。この事実から、玉手山古墳群を造営した勢力は、中河内から南河内にかけての広い範囲、すなわち河内の大和川流域を治めた首長の古墳群だったと考えられる。当然ながら、大和川水運を掌握していたのであろう。玉手山三号墳から出土したと考えられる安福寺所蔵の割竹形石棺が、讃岐の鷲ノ山産の凝灰岩であることも、大和川水運掌握の事実を示すものだろう。

一方、玉手山古墳群の東方一キロメートルにある松岳山古墳群は、玉手山古墳群よりもやや遅れて造営が開始され、玉手山古墳群の造営が終わったのちもしばらく造営が続いていた（図8）。二〇メートル前後の円墳や方墳が次々と築造されるなかで、松岳山古墳のみ全長一三〇メートルの前方後円墳として登場する。松岳山古墳やその西に位置する茶臼塚古墳では、竪穴式石室だけでなく、墳丘まで大量の芝山火山岩が使用されている。大古墳でなければ使用できなかった芝山の石材を大量に使用していること、大和川左岸の絶壁の上に築造され、周辺に集落や可耕地がみられないこと

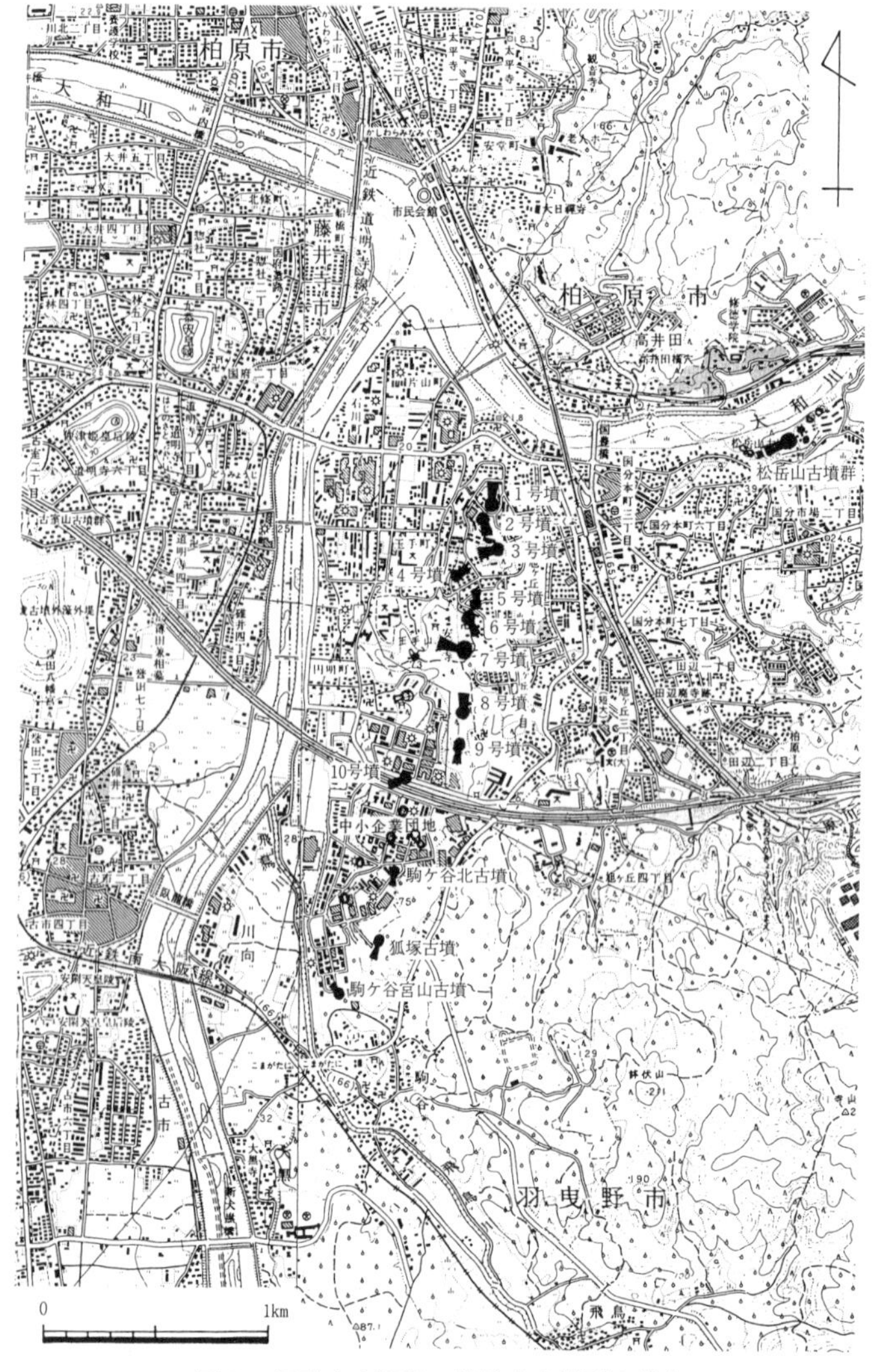

図8　玉手山古墳群・松岳山古墳群の分布

などから考えると、松岳山古墳群の被葬者集団も大和川水運に関わっていたと考えられる。それだけでなく芝山火山岩の切り出しや搬出を職掌とする集団だったのではないだろうか。松岳山古墳群を構成する古墳は小規模な古墳が多いにもかかわらず、副葬品は充実している。この事実を、支配する土地をもたないが、王権と深く関わっていた生産集団であったためと考えてみたい。松岳山古墳や茶臼塚古墳の墳丘にみられる垂直の板石積みは、百済に源流を求めることができそうである。松岳山古墳からは、百済系の土器も出土している。水運を利用して、はるか朝鮮半島まで往来していたのではないだろうか。そして、朝鮮半島との関係のなかで、顕著な働きをしたのが松岳山古墳の被葬者だったのではないだろうか。それゆえ、巨大な前方後円墳の築造が許されたのだろう。地域を治める首長としての玉手山古墳群、石材産出と水運を職とした集団の松岳山古墳群。同じ大和川水系に位置する二つの前期古墳群には、このような性格の差異があったのである。

前期後半になると　前期後半になると、奈良盆地北部に佐紀古墳群が出現する。オオヤマト古墳群の築造時期とやや重なると考えられることから、両古墳群の関係をどのように理解するかは、古墳時代研究の課題となっている。筆者は親縁性をもちつつも、やはり異なる集団と考えるべきだと考える。佐紀古墳群も大和川水系と考えることができるが、亀の瀬の難所を考えると、むしろ淀川水系の利用を考えたほうがいいであろう。平城山(ならやま)を越えるとすぐ木津川である。物資の輸送ならば、淀川を利用したほうが便利だろう。大和川水系を重視するオオヤマト古墳群と淀川水系を重視する佐紀古墳群と位置づけて考えるべきであろう。

遺跡や古墳の立地において、川は重要な位置を占める。川を制することができなければ、大古墳群を造営することはできなかったのであろう。

四　渡来人と大和川

河内湖沿岸に定着する渡来人　古墳時代中期（五世紀）になると、朝鮮半島から多数の渡来人がやってきたと考えられる。とりわけ、河内湖沿岸には渡来系氏族の痕跡が顕著である。瀬戸内海から河内湖へ入り、その沿岸に定着する集団が多かったのであろう。そして、その渡来系の人々や彼らの有する技術は、大和川を通じて河内へ、大和へと広まっていった。

このころ河内湖の堆積が進み、河内湖の水は大阪湾に流れ込みにくくなっていた。そこで、現在の大川が掘られた。大川は明らかに人工の水路である。上町台地の先端近くで、大規模な法円坂倉庫群が発見され、その年代は五世紀前葉と考えられている。『日本書紀』仁徳紀に記される「難波堀江」の開削記事との関連が注目される。この大川掘削によって、河内湖の排水が進んだだけでなく、瀬戸内海から河内湖への舟運が可能となった。大川のほとりには、難波津も整備されたのである。

河内湖沿岸では、五世紀前半ごろに韓式系土器や竈の焚口周囲に取り付けられたU字形土製品な

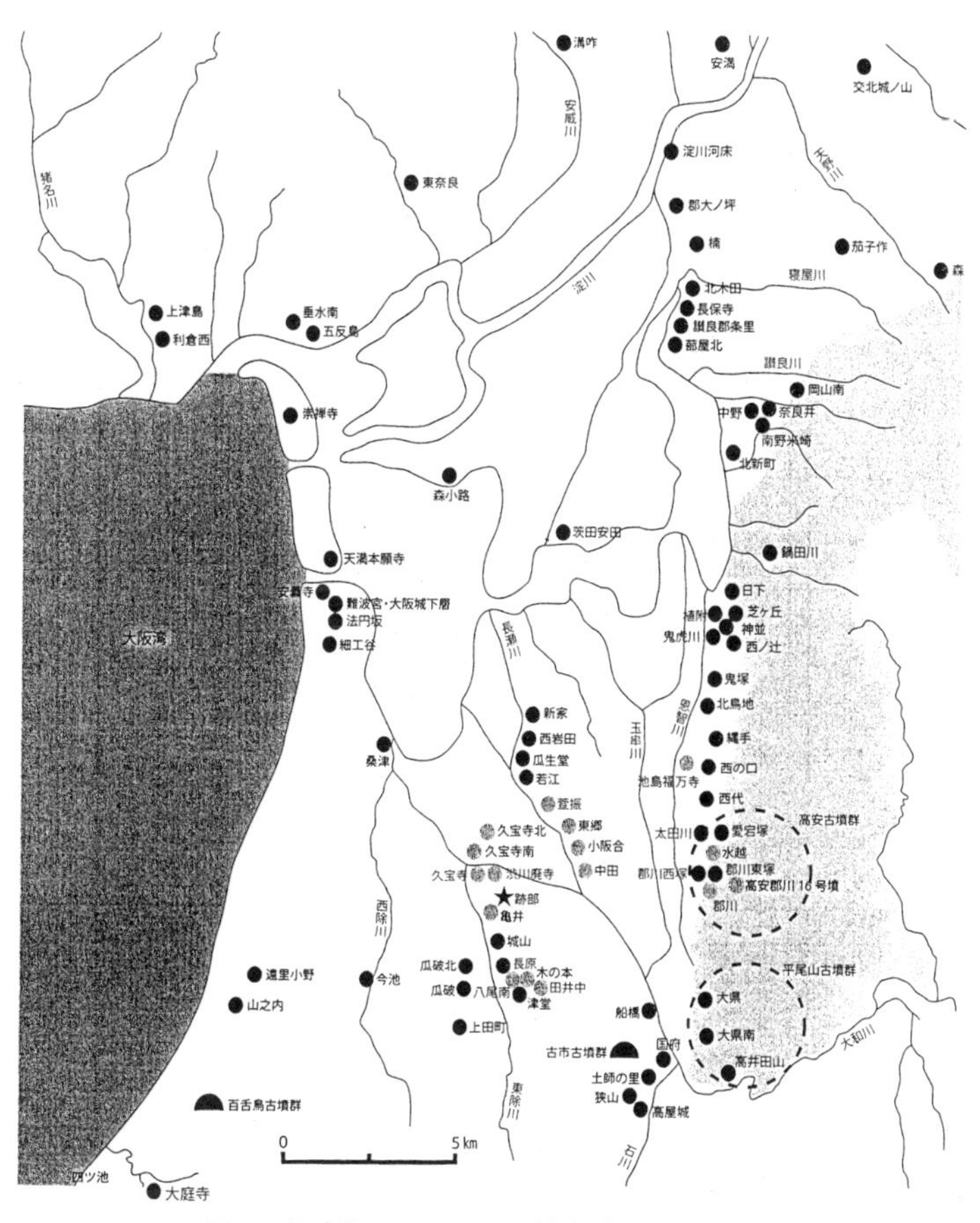

図9　河内湖周辺における韓式系土器出土遺跡

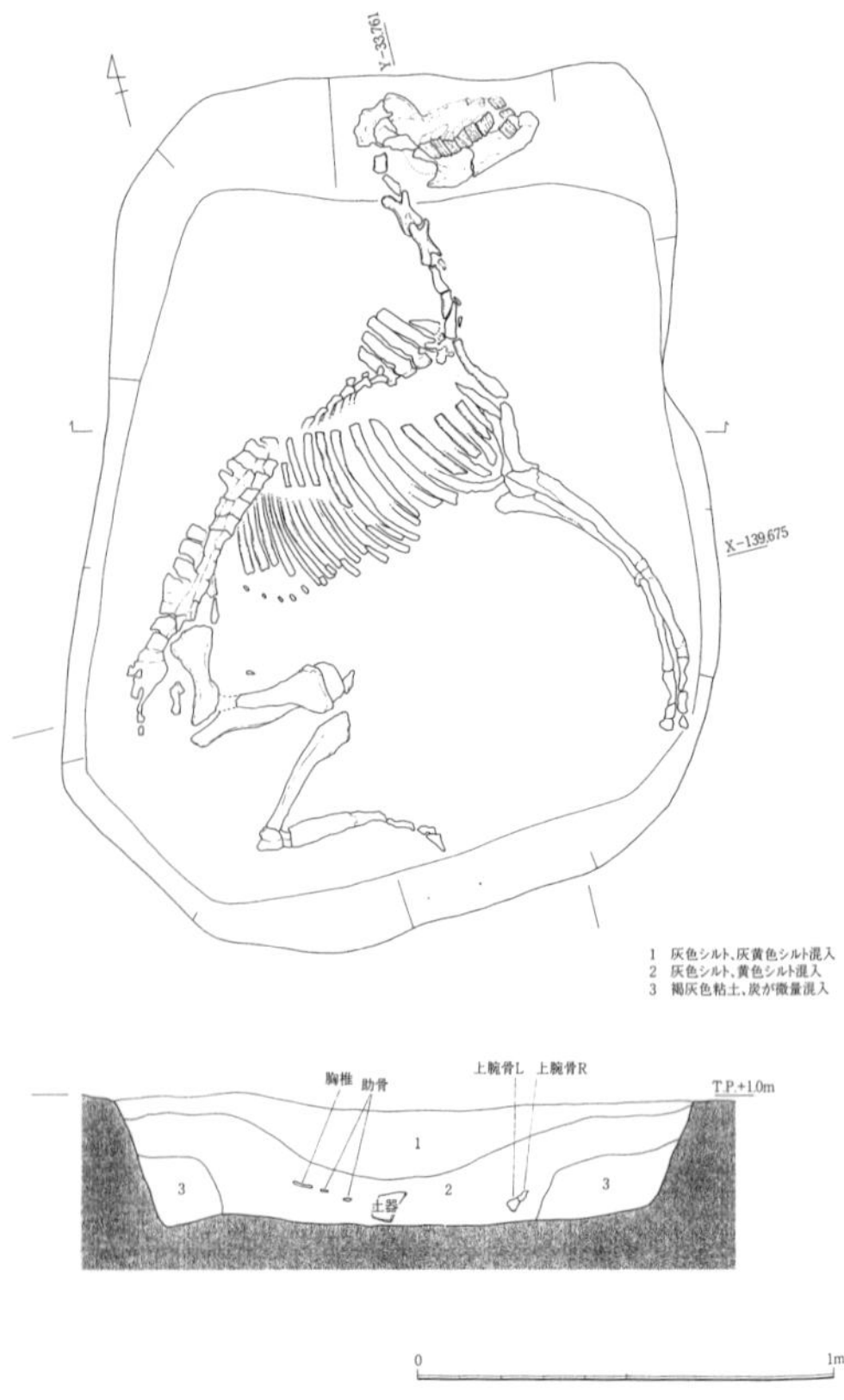

図10　蔀屋北遺跡の馬埋葬土坑

どが多数出土する（図９）。馬の生産や須恵器の生産も始まったようである。一例として、四條畷市の蔀屋北遺跡をあげておく。

蔀屋北遺跡は、竪穴建物八二棟、掘立柱建物九七棟、井戸二九基などが確認されている五世紀前半から六世紀初頭にかけての大規模な遺跡である。韓式系土器だけでなく、馬骨の出土が多く、馬の埋葬土坑（図10）、馬具なども出土することから、馬飼集団の集落と考えられている。船材を転用した井戸もあり、河内湖に隣接することから、船着場の存在も想定される。馬を船に乗せて、多数の渡来人がこの地にやってきたようである。馬骨の出土は東大阪市から寝屋川市付近にかけてみられ、河内湖周辺では、馬の飼育が盛んだったのであろう。

古墳時代中期に生産が始まった須恵器は、朝鮮半島南部からその技術がもたらされたと考えられている。ロクロの使用や窖窯焼成の革新的な技術であり、初期の須恵器窯は各所にみられるが、やがて堺市から大阪狭山市にかけての陶邑古窯址群と呼ばれる大規模な生産遺跡で一元的に生産されるようになる。

それ以外にも、金工技術などに新たな技術がみられ、古墳時代中期になって刀剣などの武器や甲冑などの武具、馬具などの生産技術も発展し、大量生産されるようになる背景には、渡来系氏族の存在が大きな位置を占める。

五世紀後半の変化　五世紀後半ごろにも渡来人の大きな波があったようである。この時期には、

写真１　高井田山古墳横穴式石室

大和・河内では百済からの渡来人の影響が顕著になる。

柏原市高井田横穴群内に、高井田山古墳がある。この古墳は、初期の横穴式石室を埋葬施設とし、豊富な副葬品を有している。横穴式石室の源流は、漢城期百済にあると考えられ、そこには夫婦が合葬されていたと考えられる。当時の日本では、同じ石室内に埋葬されるのは血縁者に限られていたようだが、中国や朝鮮半島では夫婦合葬が普及していた。また、高井田山古墳からは百済の武寧王陵から出土した火熨斗（ひのし）と酷似する火熨斗が出土している。さらに、石室内に大量の須恵器を持ち込んだ葬送儀礼も朝鮮半島の風習が持ち込まれたと考えられる。これらの事実から考えると、単に朝鮮半島の影響を受けたとすませることはできない。おそらく、朝鮮半島の百済から渡って来た夫婦が埋葬されていると考えて間違いないであろう（写真1）。

百済は現在のソウルにあたる漢城に都をおいていた。しかし、五世紀中ごろには北の高句麗から攻められ、四七五年に蓋鹵王が殺害されて漢城は陥落した。その後、南の熊津（現在の公州）に都を遷して復興した。この混乱期に、百済から多くの人々が倭にやってきた。『日本書紀』には蓋鹵王の弟の昆支の渡来が記され、倭に着く前に生れた子がのちに武寧王となった。これら王族は人質としての意味もあり、王族の血を倭に残しておくという意味もあったのであろう。百済が見返りとして求めたものは、倭の軍事的支援であった。

これら王族とともに、さまざまな技術者や学者も渡来したようである。高井田山古墳は、その規模と副葬品から王族クラスの人物の古墳と考えられ、同じ時期に、高井田山古墳から北へ二キロメートルの大県遺跡で、大規模な鍛冶生産が始まる。高井田山古墳被葬者のもとに従ってきた鍛冶工人らによるものであろう。高井田山古墳は、大和川を見おろす尾根の先端に立地している。この地が選ばれた理由は、大和川を下って瀬戸内海を抜けると、故郷の百済に帰ることができる。せめて魂だけでも故郷の百済へ帰ることができるようにという思いで、この地に古墳を築いたのであろう。

渡来系氏族の定着　六世紀になると、集落では渡来系の資料が乏しくなるが、群集墳にはミニチュア炊飯具やかんざし、指輪など渡来系とされる副葬品をもつ古墳が多くみられる。河内では河南町一須賀古墳群や羽曳野市飛鳥千塚古墳群から多数のミニチュア炊飯具が出土しており、渡来系氏族との関わりが想定されている。柏原市平尾山古墳群ではかんざしが多く出土しており、ミニチュア炊飯具の出土も知られている。被葬者集団のなかに渡来系氏族が含まれていることは間違いないであろう。中河内から南河内にかけては多数の渡来系氏族が居住していたようである。河内湖の奥や大和川を遡ったところに渡来系氏族の影響が色濃くみられる。大和への入り口にあたる大和川周辺に、王権が計画的に配置したのであろう。

七世紀後半になると、渡来系氏族を中心に寺院の建立が盛んになる。大県郡には仏教を深く信仰する知識によって智識寺が建立されていた。智識寺に限らず、大県郡の河内六寺と呼ばれる寺院は、渡来系氏族を中心とする知識によって建立されたと考えられる。知識とは、仏教の信仰に基づいて、寺院の建立や仏像の製作などに私財を投じる行為や、それに参加する人のことである。天平一二年（七四〇）に智識寺の盧舎那仏（るしゃなぶつ）を礼拝した聖武天皇は、東大寺の大仏の造立を決意した。盧舎那仏は華厳経の本尊とされ、当時理解できる人が少なかった華厳経を、この地の知識らはすでに理解していたことがわかる。これも渡来系氏族の教義理解の深さと新しい情報をいち早く取り入れることができたことによるのであろう。

大和川は、彼ら渡来系氏族がやってくる道となり、その流域に定着の場を提供した。そして大和川を通じて人々の往来、技術や学問、文化の導入が可能となったのである。

第二章 古代の大和川

一　大和川水運と裴世清

裴世清の来朝　古代の大和川では、水運が盛んに利用されたことであろう。漁撈などが行われるとともに、重量のある物資の運搬に船は欠かせなかったと考えられる。例えば、古墳の石棺や建築材としての材木、屋根に葺く瓦など。また、物資だけでなく人を運ぶこともあったと考えられる。『日本書紀』仁徳三〇年条には、皇后磐之姫が、難波津から引き船で木津川（山背河）を遡ったことが見える。しかし、大和川水運に関わる史料は見られない。出土品としては、縄文時代以来多数の船材が出土しているが、その利用目的を明らかにすることはできない。

その中で、『日本書紀』推古一六年（六〇八）にみえる隋使裴世清は、大和川水運を利用したと考えられる。推古一五年（六〇七）に遣隋使として派遣された小野妹子らの帰国に伴って裴世清が来朝した。四月に筑紫、六月に難波に到着した。難波では三十艘の飾り船に迎えられ、新館に入った裴世清は、八月三日に海柘榴市の衢で飾騎七五匹に迎えられ、京に入った。そして、一二日に朝廷に召された。この京とは推古天皇の小墾田宮である。

海石榴市は現在の桜井市金屋付近と考えられるが、その付近の大和川沿岸のどこかであろう。小墾田宮の北東約六キロメートルにあたる。もし、陸路で河内から大和に向かったのならば、飛鳥は河内の南東にあるので、当然小墾田宮の北か西のどこかで迎えられたはずである。その位置が飛鳥

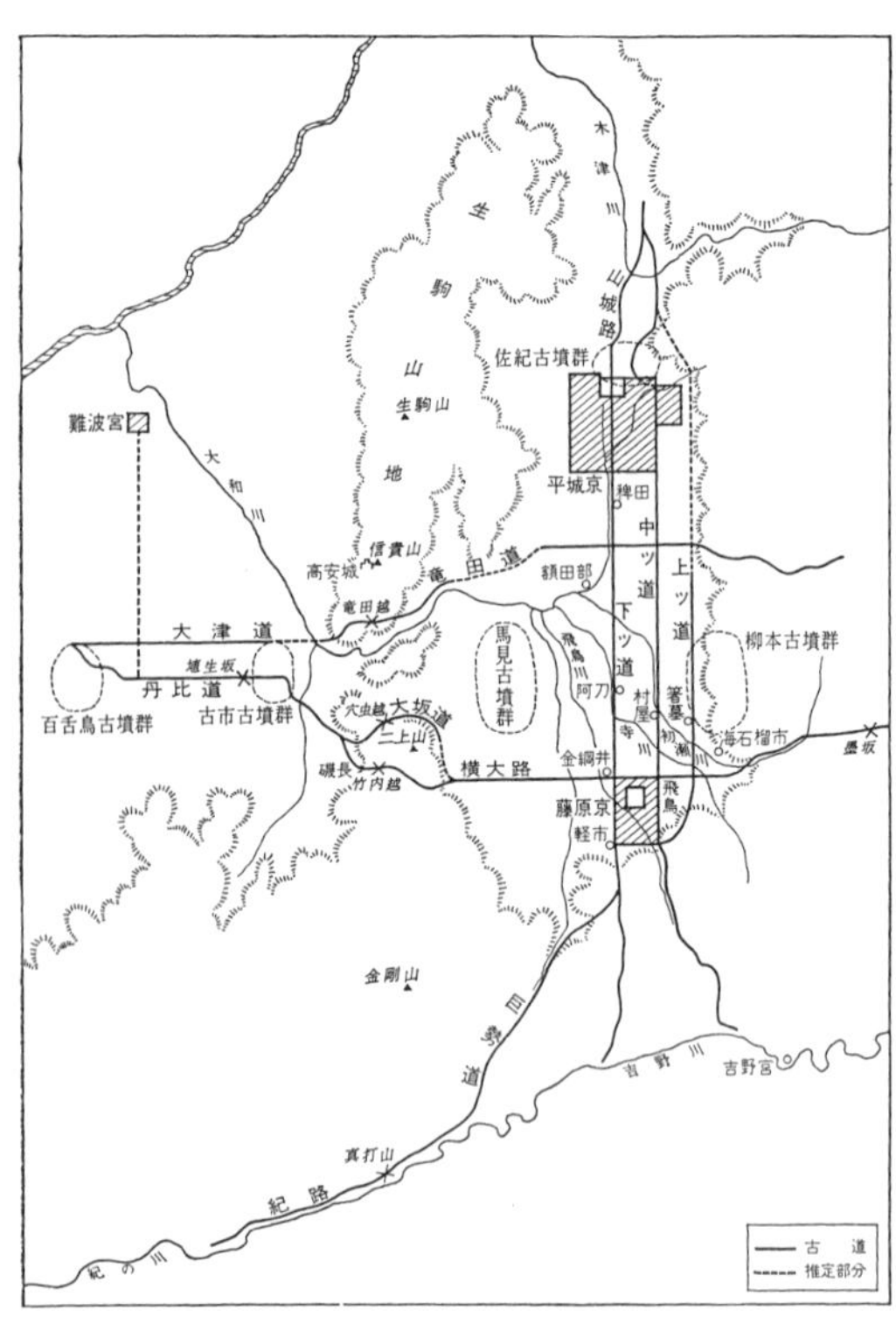

図11　大和・河内の古道

のはるか北東であること、海石榴市が大和川のほとりであることから、裴世清らは大和川水運を利用したと考えられる。岸俊男氏は水運の利用を考え、多くの研究者がこれを支持している（図11）。

しかし、中村太一氏や近江俊秀氏は陸路を利用したと主張する。中村太一氏は、『隋書』東夷伝倭国条に、「今清道飾館」とあることから、裴世清を迎えるにあたって道路整備がおこなわれたとする。しかし、これは海石榴市から飛鳥までの道を整備したと考えてもいいだろう。近江氏は、海石榴市は陸上交通の結節点であり、衢には外交使節を迎える館があり、そこで穢れが祓われたという。海石榴市が市の立つような地だったので、道路が各方面に通じていたことは間違いないが、道路が通じていたことが使節の陸路の利用を示すとはいえないだろう。海石榴市が穢れを落とす場所だったとする考えも、海石榴市がそのような場所だったという史料がまったく見えないので根拠がない。海石榴市の立地から考えると、大和川水運を利用したと理解するのが自然であろう。

推古一八年（六一〇）十月八日に、新羅の使人が京に入るために阿斗河辺館（あとのかわべのやかた）に安置された。阿斗の位置は確定できないが、飛鳥に近い位置に求めると、岸俊男氏の比定どおり、田原本町坂手付近の阿刀（あと）でいいと考えられる。阿刀は大和川の支流の一つである寺川のほとりにあたる。推古一六年の記述と合わせ考えると、国外からの使人らは大和川を舟で遡ったと考えるのが妥当であろう。また、裴世清と新羅の使人が異なる館に入っていることから、先述のような海石榴市が外国使節を迎える場であり、穢れを祓う場だったという説が成り立たないことを示している。

大和川水運の利用と限界　裴世清らは、底が平らな川船に乗って難波津から河内湖に入り、旧大和川を遡って大和に至ったのであろう。ただ、河内と大和の国境にあたる亀の瀬を船で遡ることはできなかったと考えられ、この間は一旦陸にあがり、輿や馬などで峠を越え、大和に入って再び船に乗ったのであろう。亀の瀬は近世においても滝などがあり、船で遡ることはできなかった。古代においても同様に亀の瀬を船で遡ることはできなかったと考えられる。

また、大和川は通常は水量の少ない川であり、川船であっても船底をこするようなことがあったと考えられる。近江氏はそれゆえ大和川水運が利用されたとは考えられないという。しかし、大和

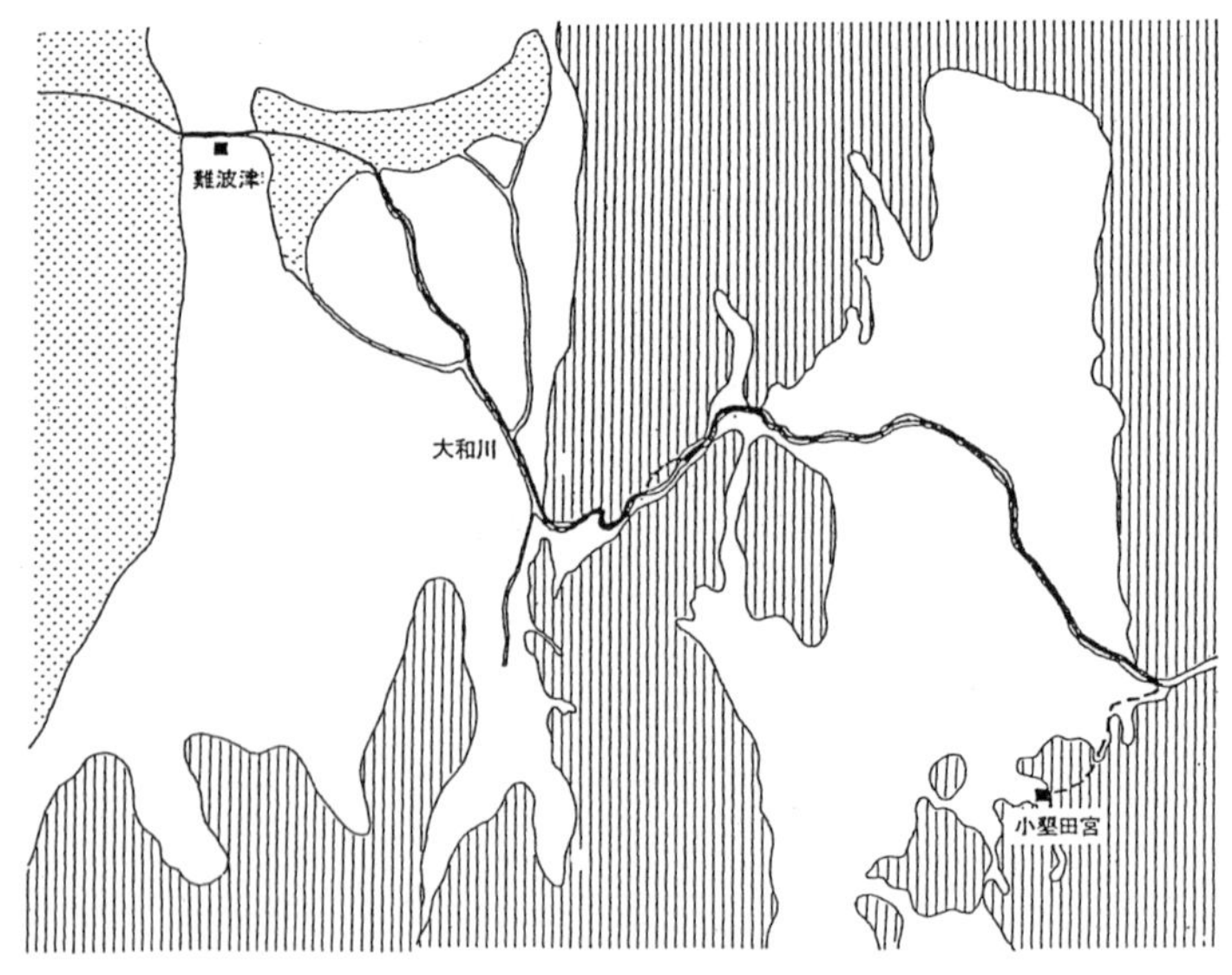

図12　７世紀初頭の大和川水運

川の川幅全体の水量を考える必要はなく、あらかじめ船が通る部分のみ掘り下げていたのではないだろうか。二メートル前後と考えられる船の幅より少し広い範囲を掘り下げておけば、船は進めるのである。おそらく縄をつないで引き船で遡ったと考えられるが、それでも難渋したことであろう。場合によっては、河床を掘りながら進むようなことがあったかもしれない。難波に入ってから飛鳥に至るまでに二か月近くもかかっているのは、このような作業を進めたり、水量の増加を待っていたためではないだろうか（図12）。

また、難波から飛鳥まで水運を利用すれば、順調に進んでも数日かかると思われる。当然ながら、その途中に休憩施設や宿泊施設があったはずである。おそらく、渋川、船橋、斑鳩などに宿泊施設や官衙、市などがあったと推定される。渋川はかつて物部氏が本拠とした地であり、それらの施設が存在しただろう。七世紀前半には渋川廃寺も建立されている。船橋付近は、のちに河内国府が置かれた地であり、近くには恵我之市(えがのいち)が置かれていた。斑鳩は厩戸皇子(うまやとのみこ)の宮があった地である。おそらく、これらの場所で休憩をとりながら、時間をかけて飛鳥へ入ったのであろう。

いずれにしても、古代に大和川水運を利用したと考えられる記述は『日本書紀』の二件のみであり、この後には見えない。海外からの使者を都へ迎える交通が、不便な水運であったことは、当時の政権にとって恥ずかしいことであっただろう。そして、遣隋使として派遣された小野妹子らからは、隋には幅の広い直線道が通じていることを聞き、国家としての体裁を整えるためには道路の整備が必要であると考えていただろう。そこで、不便な水運に代わって道路が整備されることになった。

ところで、裴世清は大和川を遡る船の上からどのような景色を見たのだろう。後には大和川付近には次々と寺院が建立されるが、このころはまだ建立されていなかった。斑鳩寺の建立に着手したころであろうか。そして、生駒山地には樹木が生い茂っていたと想像される方もあるかもしれない。しかし、実際には生駒山地ははげ山になっていただろう。柏原付近の山は、大県遺跡などの鍛冶生産に伴う炭を作るために、樹木はことごとく伐採されていたことだろう。そして、そこには累々と小さな古墳が築かれていた。平尾山古墳群である。柏原付近に限らず、高安千塚古墳群や山畑古墳群などの造営によって、生駒山地はほぼはげ山となっていただろう。裴世清は、どのような思いでこの景色を眺めたのだろうか。想像してみるのも楽しいものである。

二　難波より京に至る大道を置く

「難波大道」の調査　大和川水運の限界を知った推古天皇らは、道路の整備を急いだことであろう。それが、『日本書紀』推古二一年（六一三）十一月条の「難波より京に至る大道を置く」であると考えられる。この大道について、岸俊男氏は難波宮中軸線をまっすぐ南にのびる南北縦貫道路を想定し、この道路に直交する竹内街道を通り、竹内峠を越えて大和の横大路を経て飛鳥へ至ると想定した（図11）。その後、堺市から松原市にかけての大和川今池遺跡における一九七九年度の発掘調査で、難波宮中軸線の延長上で幅一八メートルの道路遺構が発見された。この道路は、調査担当者の森村健一氏によって「難波大道」と命名され、これ以降「難波大道」の名称が広く使用されるようになり、現在では遺跡名ともなっている。「難波大道」の側溝から七世紀後半の土器が出土し、岸氏の想定どおり推古朝に遡る可能性が高いと考えられ、「難波大道」の名称が与えられたのである。それ以降、岸氏の想定した、難波津—「難波大道」—竹内街道—横大路説は定着し、多くの書物で引用されてきた。さらに堺市内で「難波大道」に関連する遺構から六世紀あるいは五世紀後半に遡る土器が出土したとして、このルートの設定はさらに遡るという見解が森村氏や近江俊秀氏によって示されていた。

しかし、このルートが推古朝に遡るという決定的な根拠はなく、少数ながら疑問を呈する研究者もあった。そのなかで、二〇〇七年度に実施された、同じ大和川今池遺跡内の調査でも「難波大道」の遺構が確認された。そして、道路遺構に先行する下層土坑から七世紀中ごろの土器が出土し、「難波大道」設置の年代が七世紀中ごろ以降であることが確認された。しかも、一部に残っていた路面盛土からも七世紀中ごろの土器が出土し、道路の設置は七世紀中ごろである可能性が強くなった。このように、推古朝に遡る可能性がなくなった道路を「難波大道」と呼ぶのは問題が大きいと考える。名称を変更するべきと考えているが、ここでは「　」をつけて「難波大道」と記述することにする。

この調査によって、「難波大道」が推古二一年に設置された大道であることは否定されることになった。これに伴って、「難波大道」に直交する竹内街道の年代も推古朝とは考え難くなった。

渋河道ルートの提唱　それでは、推古二一年に設置された大道とは、どの道路のことなのだろうか。それは、大和川に沿った渋河道、竜田道と考えるべきだろう。このルート上には、七世紀初頭～前葉に建立された寺院が建ち並ぶ。古代寺院は主要道路に沿って建立されたと考えられるのである。

難波から飛鳥へのルートは、難波津から上町台地最高所の道路（のちの熊野街道）を通り、四天

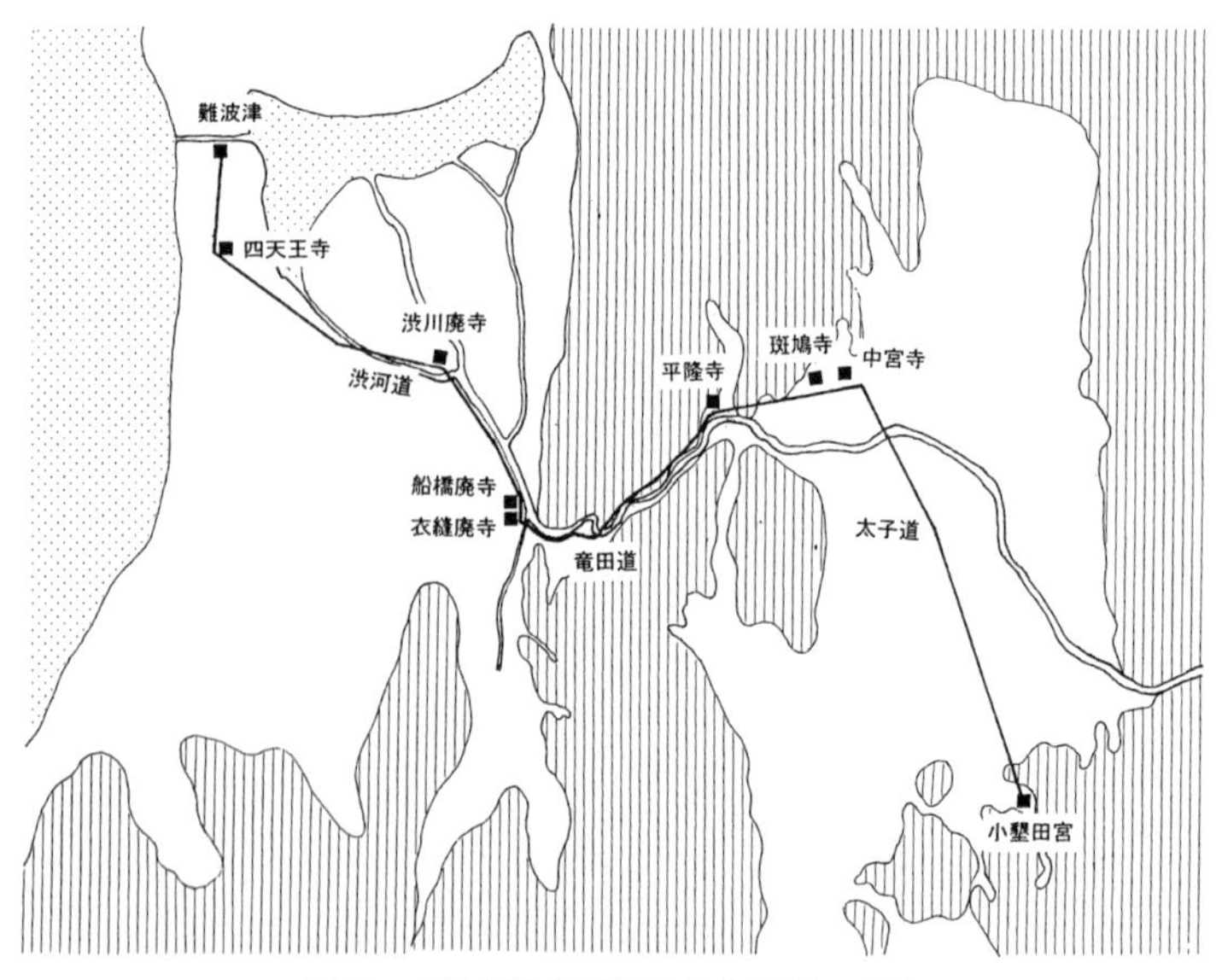

図13　7世紀前半の難波から飛鳥への道

王寺で折れて平野を経由して渋川に至る。渋川からは、旧大和川左岸堤防を進み船橋に至る。この道路が『続日本紀』天平勝宝八歳（七五六）に見える「渋河路」であろう。ここでは、この道路を渋河道と呼ぶ。船橋から石川を渡り、大和川左岸堤防を進むと山間部に入る。そして、現在の柏原市青谷付近で大和川を右岸に渡り、さらに大和川に沿って東へと進んだ。この道路は『日本書紀』にもたびたび見える竜（龍）田道である。竜田道を斑鳩に至ると、そこからはすでに飛鳥への道路として太子道（筋違道）が設置されていたはずである。太子道は、田原本町内での発掘調査でも確認されている（図13）。

このルートに沿って、四天王寺、渋川廃寺、船橋廃寺、衣縫廃寺、平隆寺、斑鳩寺

（法隆寺）、中宮寺などの寺院が次々と建立されている。そして、このルートは河内と大和の国境を越えるルートの中で、もっとも高低差の少ないルートである。さらに、大和川に沿ったルートであることも注目される。それまで水運として利用されていた大和川に沿って道路を設置するというのは、自然な考えであろう。しかも、大和川に沿って渋川や船橋、斑鳩などに設けられていたと考えられる諸施設をそのまま利用できるのである。

厩戸皇子による道路整備　そして、このルートを中心となって設置、整備したのは厩戸皇子（聖徳太子）であったと考えられる。四天王寺は厩戸皇子との縁がある寺である。また、渋川周辺には、奈良時代の「法隆寺伽藍縁起並流記資財帳」で法隆寺領が広がっていたことがわかっている。この地はもと物部氏の本貫地であり、丁未の変によって物部本宗家が滅んだのち、渋川の地は厩戸皇子一族の上宮王家領となっていたのだろう。それが六四三年の山背大兄皇子の死によって、法隆寺領に編入されたと考えられる。そして、厩戸皇子の拠点であった斑鳩を通る。このルート設定には厩戸皇子が深く関わっていたはずだ。厩戸皇子は難波津の向こうの中国を強く意識して道路を設置したのであろう。沿道の古代寺院も、日本に仏教が定着していることを示すとともに、道路を通る人々に寺院の壮大な伽藍を見せる視覚的効果もねらっていたのだろう。推古二一年に設置された大道のルート決定に、大和川の存在が大きな意味をもっていたのである。

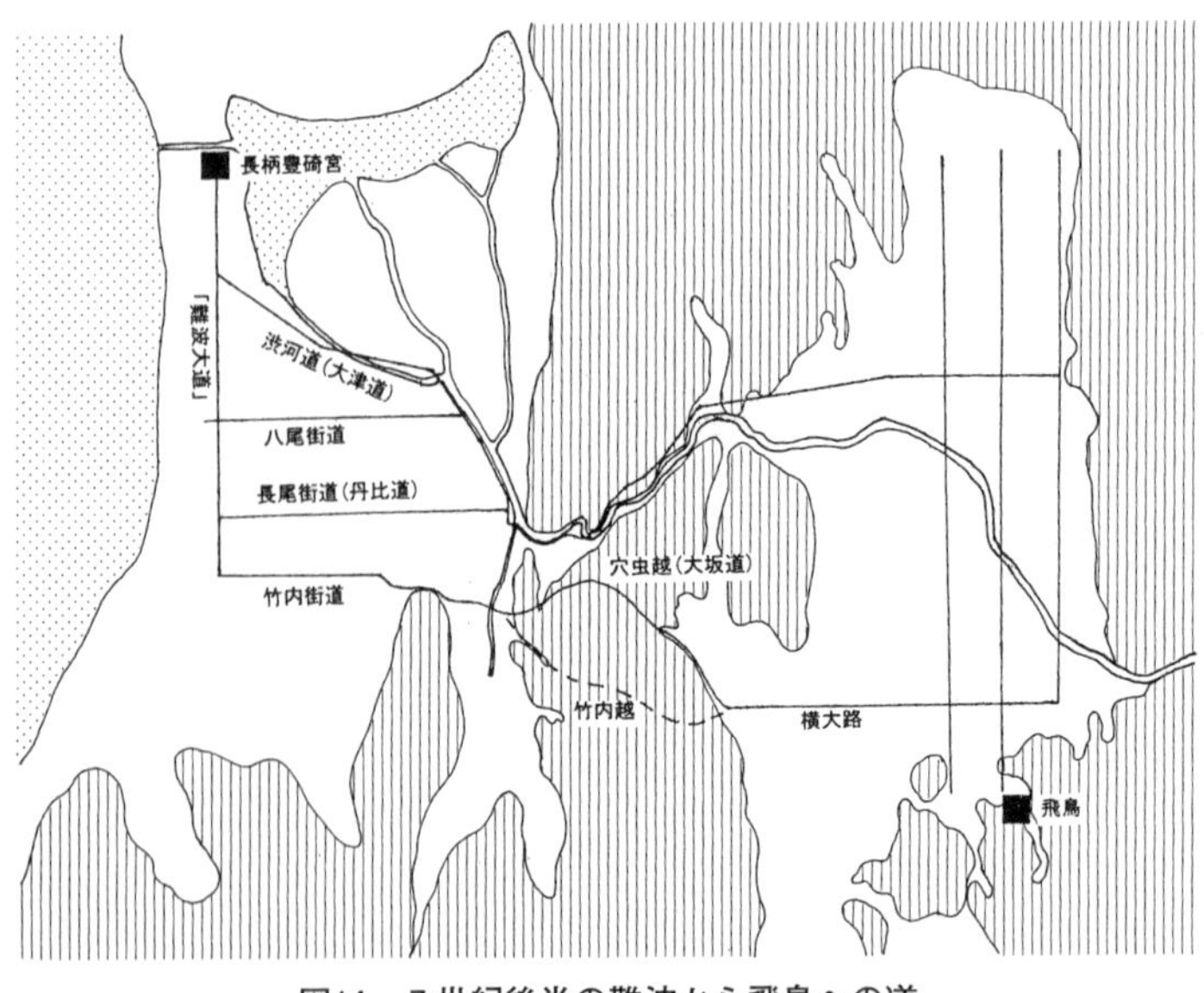

図14　7世紀後半の難波から飛鳥への道

七世紀中ごろの道路整備　「難波大道」の設置は七世紀中ごろと考えられる。また、竹内街道や長尾街道周辺では、六世紀後半から七世紀前半にかけて、斜行する道路や地割が存在したことが最近の発掘調査で確認されている。それが、八世紀までには地割や建物の方位が正方位となっている。両道に沿って建立された寺院の多くも七世紀中ごろに建立された。おそらく、岸氏が想定した「難波大道」、竹内街道などの正方位道路の設置は七世紀中ごろだったのであろう。そこで注目されるのが、『日本書紀』白雉四年（六五三）六月にみえる「処処の大道を修治る。」という記事である（図14）。

大化改新によって、難波の地に長柄豊碕宮（ながらとよさきのみや）が造営されることになった。豊碕宮は白雉三年（六五二）ごろに完成したようである。これが、難波宮跡の調査で確認されている前期難波宮の遺構と考えられる。そして、翌白雉四年に整備された大道とは、豊碕宮の中軸線を延長した「難波大道」であり、それに直交する長尾街道、竹内街道だったのであろう。難波から飛鳥への正方位をとる新しいルートが完成したのである。おそらく、長尾街道は竜田道への連絡道として、竹内街道は穴虫越えの大坂道への連絡道として設置されたのであろう。竹内峠越えの道も存在したが、あくまでも裏道、迂廻路であり、基本ルートが大坂道だったのは間違いない。住吉から東へとのびる直線道は、一般に『日本書紀』雄略一四年にみえる「磯歯津道（しはづみち）」とされている。この道路の設置も七世紀中ごろであろう。よって、この道路も雄略紀に一度だけみえる「磯歯津道」と呼称するのはやめるべきである。七世紀中ごろに正方位道路が設定された大きな理由は、河内平野にのちの条里にもつながる正方位の水田区画を設定するためだったと考えられる。

七世紀中ごろには、大和川の存在を無視して、道路が設置されるようになった。物資運搬という水運は続いて利用されていたと考えられるが、大和川の存在感が薄れていたことは間違いないであろう。

三　奈良時代の行幸路

奈良時代の竜田道　七世紀中ごろ以降は、先述のように難波宮―「難波大道」―竹内街道―大坂

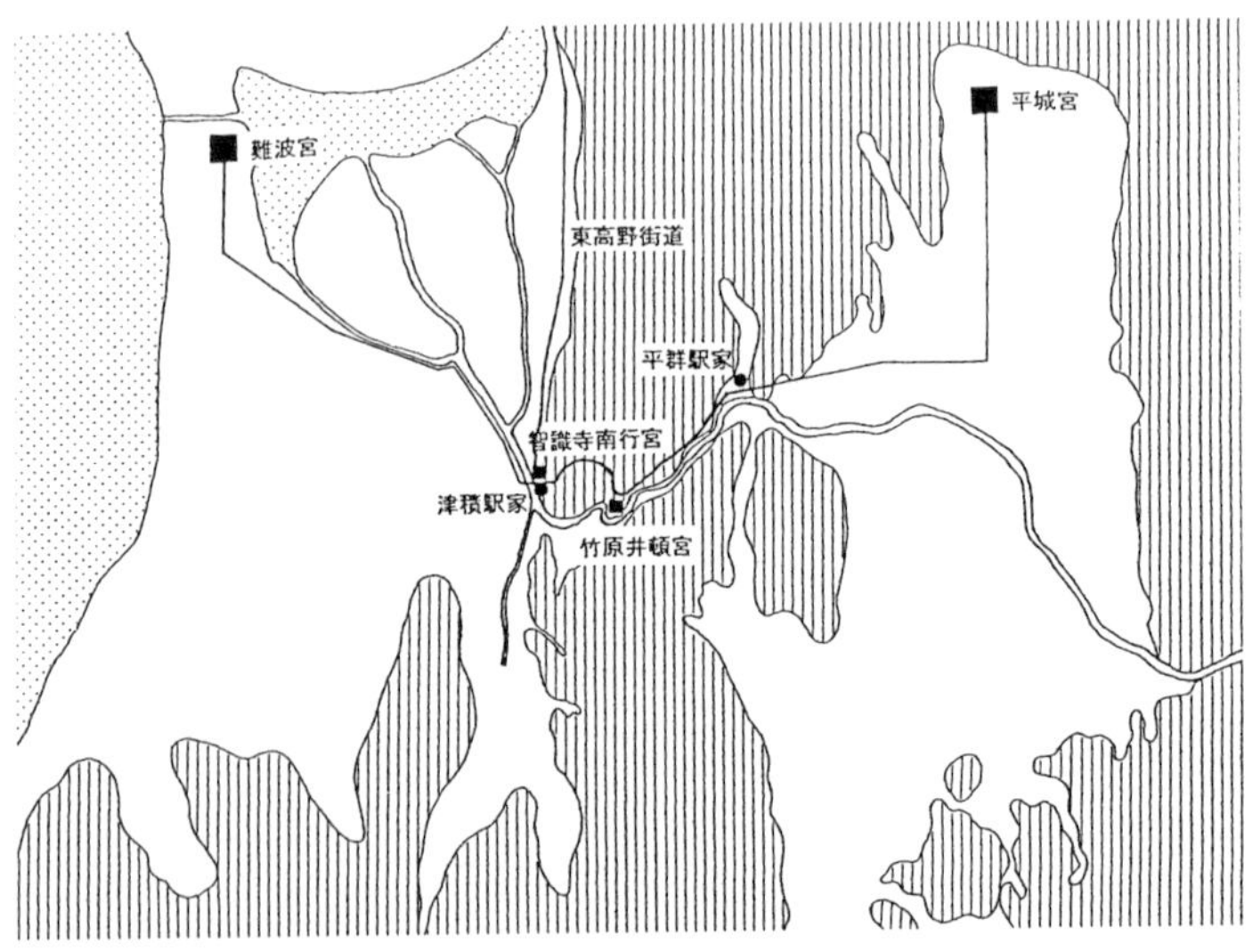

図15　8世紀の平城から難波への道

道―横大路―飛鳥というルートがメインルートとなったのだろう。しかし、都が平城京に遷った奈良時代には、再び竜田道、渋河道が重要路となった。天皇らが、たびたび難波宮へ行幸することになったからである。平城宮―平城京朱雀大路―北の横大路―竜田道―渋河道―難波京朱雀大路―難波宮というルートである。平城京遷都後、しばらくは七世紀代と同じように、柏原市青谷付近で大和川を左岸へと渡るルートが利用されていたと考えられるが、その後、青谷付近で大和川を渡らずに山越えで柏原市安堂町付近に下り、そこで大和川を渡って渋河道を進むことになったのではないかと考えられる（図15）。

天平一二年（七四〇）に、聖武天皇が智識寺の盧舎那仏を礼拝したことが『続日本紀』にみえる。これが、東大寺の大仏造立の契機となったと記されている。智識寺は大和川の右岸、現在の柏原市太平寺にあり、それまでのルートならば、青谷付近で大和川を渡り、船橋付近で石川を渡り、再度太平寺付近で大和川を渡らなければ智識寺へ行くことはできない。難波宮へ向かうためには、もう一度大和川を渡って難波宮へ向かうことになる。ところが青谷から山越えのルートをとれば、智識寺の南に下ってくるため、大和川を一度渡るだけで難波宮へ向かうことができる。天平勝宝元年（七四九）、天平勝宝八歳（七五六）に孝謙天皇が智識寺や河内六寺を参拝した際にも、山越えの竜田道が利用されたのであろう。そして、『万葉集』にみえる「河内大橋」が太平寺の西付近の大和川に架かっていたならば、大和川を船で渡ることなく平城宮から難波宮まで行けることになる。

大和川は普段は水量の少ない川であり、天皇をのせた輿をかついだままで川を渡ることもできたであろう。しかし、多数の皇族や官人らが、輿や船で渡るには苦慮したことであろう。そして、水量が多いときには、川の手前で足止めを食うこともあったはずだ。橋があれば、そのような心配は不要である。

河内大橋については本章―五で取り上げるが、それが設置された大きな理由は、聖武天皇の難波宮造営に関わると考えられる。聖武天皇は藤原宇合（ふじわらのうまかい）を知造難波宮司とし、難波宮の造営に着手した。そして、天平四年（七三二）ごろにほぼ完成したと考えられている。これに伴って、竜田道が山越えのルートになり、河内大橋が架橋されたのではないかと考えられる。そうすれば、平城宮から難波宮まで舟を使うことなく行けるのである。緊急連絡用に、渡しなどを利用せずに馬で連絡できるようにする。それが、竜田道の山越えルートへの変更の理由の一つであり、河内大橋の架橋もこれに伴うものであろう。もう一つ、この地には仏教を信仰する強固な知識集団が形成されていた。彼らが、天皇らの行幸を仰ぐために山越えルートの設置や河内大橋の架橋に協力したと考えられる。

駅路の整備　このルート変更に伴って、駅家が設置され、駅路が整備された。生駒山地西麓を南北にのびる東高野街道は、平安時代には南海道となった。そこには、樟葉駅（くずはのえき）、槻本駅（つきもと）、津積駅（つつみ）が置かれたことが『延喜式』にみえる。楠葉駅は枚方市楠葉付近、槻本駅は四條畷市中野付近に設置されたと考えられ、もう一つの津積駅は、柏原市安堂町に設置されたと考えている。「馬場先」「前田」「前畑」などの小字名などから駅家の存在が推定できる。近くからは墨書土器も出土している。その位置は、東高野街道（南海道）と山越えの竜田道が交差する付近に想定される。そして、樟葉駅家が奈良時代からの駅をそのまま利用したように、津積駅家の設置も奈良時代に遡るのではないかと考えている（図16）。

『日本霊異記』に大和の平群駅家（へぐりのうまや）がみえる。しかし、平群駅家は『延喜式』にはみえないため、奈良時代には存在したが、平安時代には廃止されたと考えられる。平群駅家は、斑鳩の西方の竜田道沿いに設けられていた可能性が高いと考えられる。そして、津積駅家が奈良時代にすでに存在したと考えると、平城宮から平群駅家、津積駅家を経由して難波宮へと駅路が整備されていたと考えることができる。平城宮から平群駅家までは約一六キロメートル、津積駅家から難波宮までもほぼ

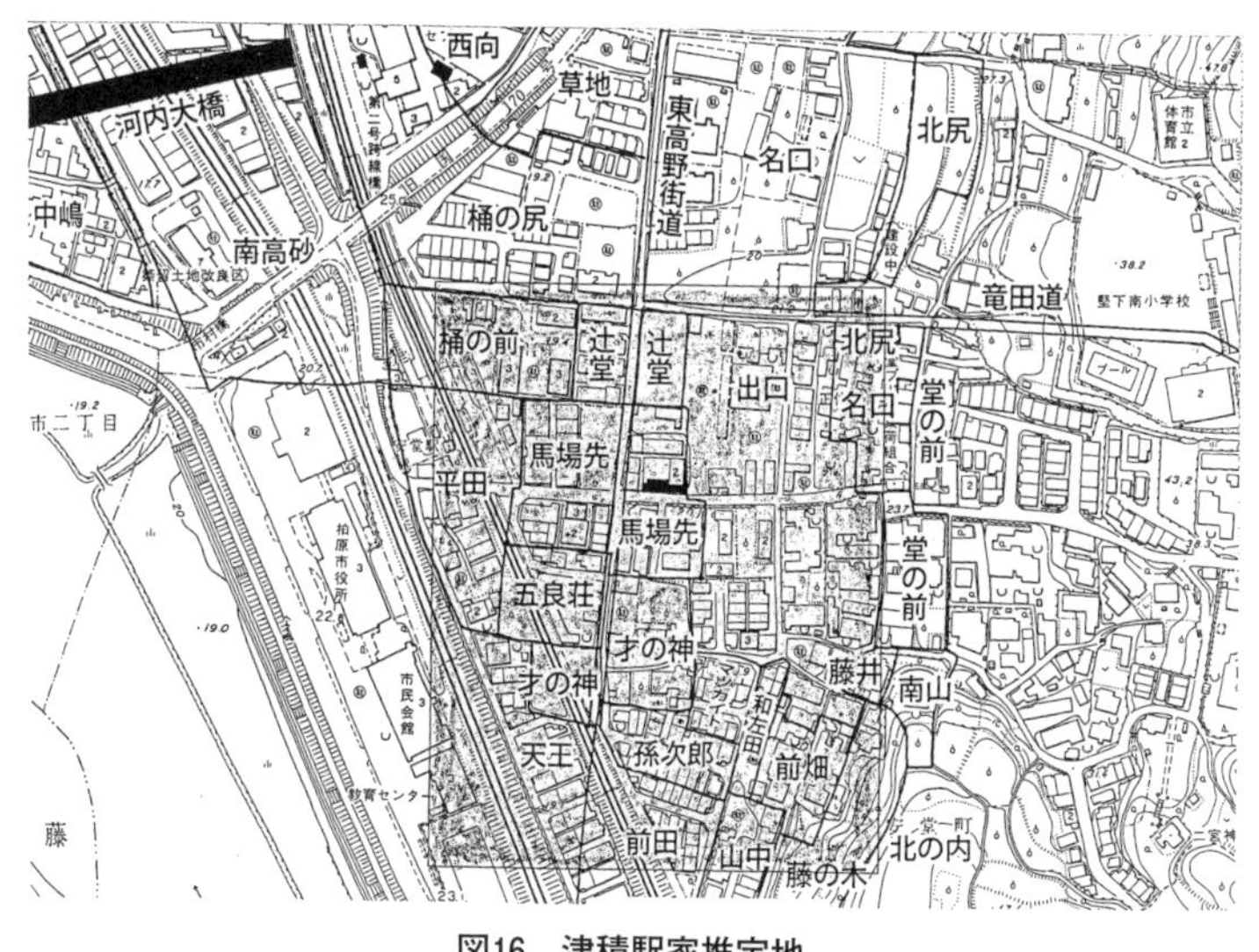

図16　津積駅家推定地

一六キロメートルとなり、駅家を三十里、約一六キロメートルごとに設置するという『延喜式』の規定に合致する。平群駅家と津積駅家の間は一二キロメートルほどであるが、この間は山越えの道となり、地形の険阻なところは距離を短くするという規定に該当する。

つまり、聖武朝難波宮の造営に伴って、平城宮から難波宮への駅路が整備され、平群駅家と津積駅家が設けられたが、平安時代になって平群駅家は廃止、津積駅家は南海道の駅として利用されることになったと想定できるのである。平群駅家の場所は特定できないが、奈良県三郷町の勢野（せや）東四丁目付近、おそらく平隆寺近辺と推定している。そこには「馬場垣内」という小字名もみられる。

『続日本紀』天平一七年（七四五）八月二五日に、聖武天皇が難波宮から平城宮への帰路に、「宮池駅」に宿泊したとある。「宮池駅」はほかにはみえないが、上記の行幸ルート上の平群駅家か津積駅家のどちらかの可能性が高いと考えられる。このとき、聖武天皇の病がひどく帰路を急いでいたこと、翌日に平城宮へ帰っていることを考えると、「宮池駅」は平群駅家の別名の可能性が高いと考えられる。夕刻になっての到着ということから考えると、できれば一日で平城宮まで帰りたかったのであろう。しかし、聖武天皇の病状悪化から一日での帰還を断念し、平群駅家で一泊することになったのではないだろうか。宮池駅家が平群駅家だとすると、平隆寺の西に「三宅畠」と呼ばれる地があったことが注目される。これらの理由から、平隆寺付近を平群駅家の候補地としてあげておきたい。

竜田道の変遷　大和川は、それほど水量の多い川ではないため、比較的容易に渡河できたであろう。それでも、行幸の一団が川を渡るには困難を伴う。それを避けるため、竜田道のルート変更と架橋によって、馬に乗ったままで平城宮と難波宮のあいだを往来できるようにしたのであろう。これによって、駅馬による緊急連絡も可能となる。これは、難波宮の重要性を示すものでもある。

ところが、比較的標高の低い山越えとはいえ、やはり山を越えるのは大変だったのであろう。平安時代になって竜田道が天皇の行幸路ではなくなると、また青谷付近で大和川を左岸に渡るルートに戻ったようである。近世にはこのルートが亀の瀬越え奈良街道となっていたことがわかっている。

四　竹原井離宮と大和川

竹原井頓宮（たかはらいとんぐう）の設置　平城宮から難波宮までは四十キロメートル余りの距離となる。天皇の行幸ともなれば、この距離を一日で行くことはできず、途中で宿泊することが必要となる。そのため、平城宮と難波宮の中間地点、竜田道に沿ったところに設けられたのが竹原井頓宮であった。

竹原井頓宮の初見は『続日本紀』養老元年（七一七）二月条で、元正天皇が難波宮から和泉宮へ行幸し、そこから平城宮への帰路に一泊した記録である。和泉宮から平城宮へは一日の行程では行けず、途中に設けられたのが竹原井頓宮だったが、その位置や規模は明らかにできない。

次に竹原井頓宮がみえるのは、『続日本紀』天平六年（七三四）三月条であり、聖武天皇が難波宮から平城宮へ還る際に竹原井頓宮で二泊している。この行幸に伴って、安宿（あすかべ）、大県（おおがた）、志紀（しき）三郡の田租が免除されている。『続日本紀』では、行幸に伴って田租を免除する記事がしばしばみえる。そして、それは新たに行宮（あんぐう）などを造営した場合に限られる。この事実と、田租の免除が三郡に及ぶ大規模なものであったことから、この行幸の際に竹原井頓宮で大規模な造営が行われたと考えることができる。

竹原井離宮の造営　柏原市青谷の青谷遺跡では、瓦葺きの建物や石敷き遺構などが発見されており、竹原井頓宮の遺跡と考えられている（写真2・3）。青谷遺跡から出土する軒瓦は、複弁蓮華文軒丸瓦と均整唐草文軒平瓦のセットであり、青谷式軒瓦と呼ばれている。この軒瓦の年代をめぐって、当初は八世紀中ごろと考えられていたが、その後の研究によって七三〇年代ごろではないかと考えられるようになった。

また、この軒瓦のセットは青谷遺跡の大和川対岸に位置する河内国分寺跡でも使用が確認されており、青谷遺跡が河内国分寺に先行すると考えられる。国分寺建立の詔が出されたのは天平一三年（七四一）なので、その直後に河内国分寺の建立に着手されたと考えると、青谷遺跡の瓦葺き建物が七三〇年代とすることに矛盾はない（図17）。

つまり、青谷遺跡で発見された瓦葺きの建物遺構は、天平六年（七三四）に聖武天皇が利用した竹原井頓宮の遺構であり、この建物群の完成によって田租免除が実施されたと考えられるのである。聖武天皇が造営した難波宮は、天平四年（七三二）ごろに完成していた。その後、行幸路の整備とともに竹原井頓宮の整備にも着手したのだろう。難波宮への往来が頻繁になることを想定しての整備であったことは間違いない。

ところで『続日本紀』では、行幸に伴う天皇の仮設の宿泊施設を頓宮もしくは行宮と記し、複数回使用される常設の宿泊施設を離宮もしくは宮と記している。そして、離宮、宮に比定される遺跡では、瓦が出土しており、瓦葺き建物の存在が想定されている。竹原井頓宮もこの造営によって離宮へと格上げされたのだろう。

写真 2　青谷遺跡（竹原井離宮跡）**左寄りの大和川右岸、正面は芝山。**（東から）

写真 3　青谷遺跡全景

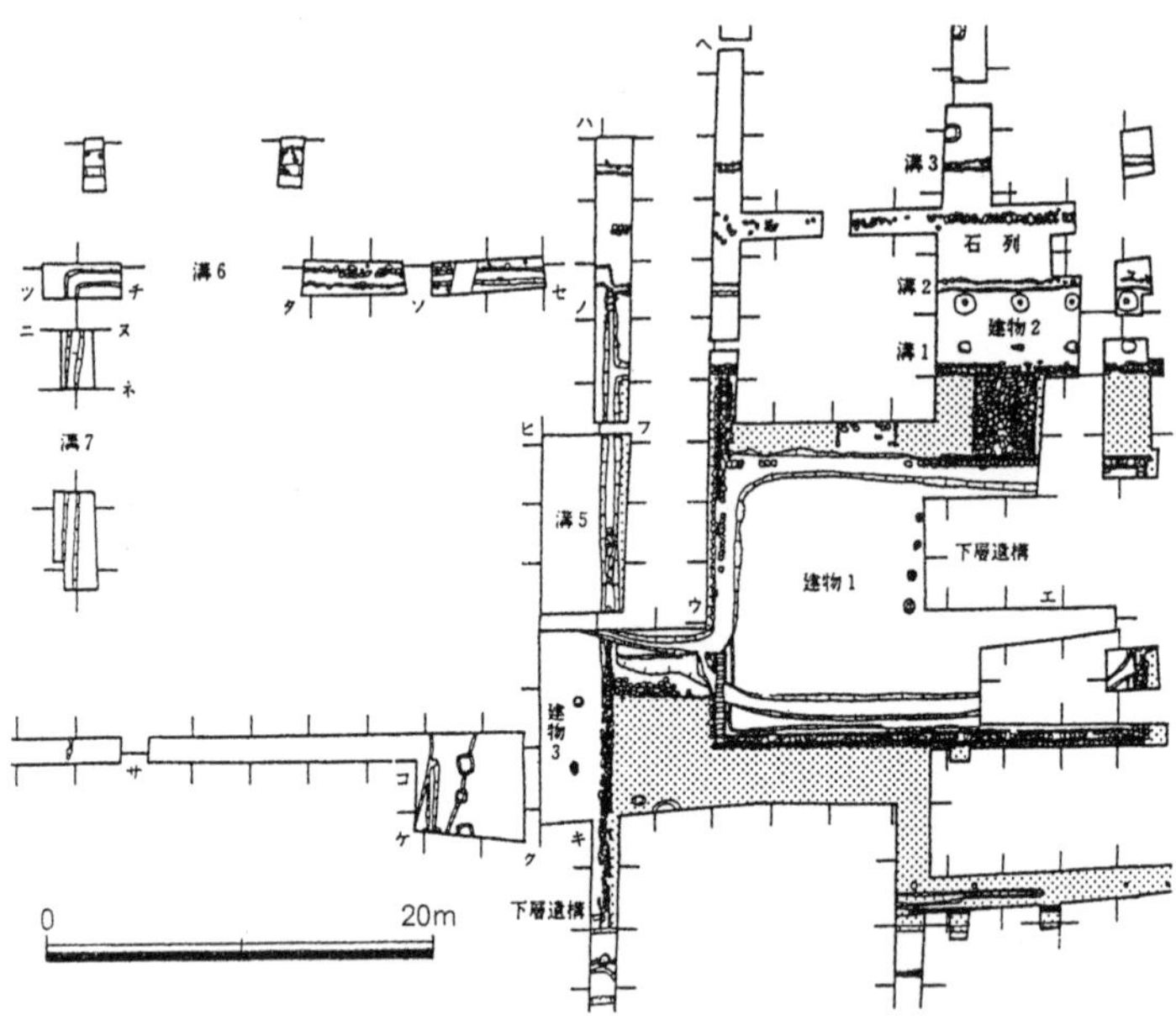

図17　青谷遺跡（竹原井離宮跡）遺構全体図

聖武は川のほとりを好んだようである。恭仁宮（くにのみや）跡を訪れると、青谷遺跡周辺の風景に似ていると感じる。聖武は南に川が流れ、川の向こうにも、背後にも山が迫っている風景が気に入っていたのであろう。青谷遺跡の地に竹原井離宮の造営を命じたのは聖武だったのだろう。そして、大和川の対岸には河内国分寺が造営された。大和に次ぐ大国である河内の国分寺の立地としては不適な地である。本来ならば、寺院は南に開けた土地に立地するものである。ところが、すぐ南に山が迫っているため南大門を設けることはできなかったと考えられる。そして、北へとのびる狭い二本の丘陵を利用して、伽藍を造営している。このような立地となったのは、この地をよく知っている聖武の指示だったと考えるべきだろう。

天平一六年（七四四）に元正太上天皇がまたも竹原井に宿泊している。この際には「竹原井離宮」と記されている。天平六年（七三四）の瓦葺建物の造営によって、竹原井離宮と呼ばれるようになったことを示している。

河内離宮とは　また、『万葉集』巻二十―四四五七番歌の題詞に、「天平勝宝八歳丙申二月朔乙酉廿四日戊申、太上天皇太皇大后河内離宮に行幸」とある。『続日本紀』には、同じ日に孝謙天皇が智識寺南行宮に宿泊したことが記されており、「太上天皇太皇大后」は「太上天皇天皇大后」の誤りと考えて、聖武太上天皇、孝謙天皇、光明大后の三人が智識寺南行宮に宿泊したと一般には考えられている。つまり河内離宮とは智識寺南行宮のことと考えるのである。

しかし、河内離宮といえば、河内を代表する常設の離宮であったはずであり、智識寺参詣のために設けられた仮設の行宮を河内離宮と記すことは考えがたい。やはり河内離宮とは竹原井離宮のことと考えるべきであろう。孝謙天皇は智識寺南行宮に、聖武と光明は竹原井離宮に宿泊していたと考えるべきだろう。このころ、聖武の体は衰弱しており、大和川のほとりの景色が美しい竹原井離宮で聖武は静養していたのである。眼前には大和川が流れ、対岸には河内国分寺の伽藍を望むことができる。竹原井離宮と河内国分寺の位置をここに決めたのも聖武であり、それは聖武が愛した風景だったのである。

竹原井離宮の解体　青谷遺跡の瓦葺建物は、その後いつの時期かに解体されたようである。回廊状に中心建物を囲む瓦葺建物が、掘立柱塀に改築されている。瓦葺建物は、称徳天皇が神護景雲三年（七六九）に行幸した由義宮（ゆげのみや）造営に伴って解体移築されたのではないだろうか。由義宮の造営に伴って、平城宮との中間地点にある飽波宮（あくなみのみや）が利用されるようになった。斑鳩町の上宮（かみや）遺跡で飽波宮に関連する遺跡が確認されている。飽波宮と由義宮が造営されると、竹原井離宮は不要となる。造営を急ぐ由義宮の建物の一部に、竹原井離宮の建物が移築されているのではないかと考える理由である。それは将来の発掘調査で明らかになることであろう。

宝亀二年（七七一）には、光仁天皇が竹原井行宮に宿泊している。このときには行宮と表記されていることから、青谷遺跡に掘立柱塀が設けられたのは、このときではないかと考えられる。その後、竹原井行宮（離宮）は利用されることがなく、長岡京遷都によって不要となったのである。

京都府大山崎町の山崎遺跡群から青谷式軒瓦が多量に出土しており、青谷遺跡の建物が移築されたと考えられている。おそらく間違いないであろうが、直接青谷遺跡から移築されたのではなく、由義宮から移築されたことも考えておくべきだろう。

大和川のほとりに造営された竹原井頓宮は、数奇な歴史をたどって廃絶したのである。これも大和川の歴史の一コマである。

五　河内大橋と大和川

万葉集にみえる河内大橋　『万葉集』巻九―一七四二・一七四三番歌に、「河内大橋」という橋を詠んだ歌がある。まず、全文を掲げておこう。

河内大橋を独り行く娘子を見る歌一首　幷せて短歌

しなでる　片足羽川の　さ丹塗りの　大橋の上ゆ　紅の　赤裳裾引き　山藍もち　摺れる衣着て　ただひとり　い渡らす児は　若草の　夫かあるらむ　橿の実の　ひとりか寝らむ　問はまくの　欲しき我妹が　家のしらなく

反　歌

大橋の　頭に家あらば　ま悲しく　ひとり行く児に　宿貸さましを

この歌は、高橋虫麻呂の歌である。歌の意味は、河内大橋を真っ赤なスカートの裾を引きずり、山藍で染めた服を着て、たった一人で渡っていく美しい娘は、夫がいるのだろうか、それとも独身なのだろうか、尋ねてみたいが、私はあの娘の家も知らないので尋ねることができない、というものである。反歌では、大橋のたもとに私の家があったなら、寂しげに一人で行く娘を泊めてあげるのに、と歌っている。ここでは、歌の意味は触れるだけにする。題詞から「河内大橋」と呼ばれる橋があったことについて考えたい。そして、その橋は丹塗りだったという。

高橋虫麻呂は、知造難波宮司であった藤原宇合の従者であった。おそらく、宇合に付き従って、あるいは宇合の指示で、平城宮と難波宮を往来することがあっただろう。とりわけ、宇合が知造難波宮司であった神亀三年（七二六）から天平四年（七三二）の間は、たびたび平城宮と難波宮を往来したことであろう。その際に詠んだと思われる歌が『万葉集』にも残されている。これについては、次項で紹介したい。

河内大橋とは　その虫麻呂が見た河内大橋とは、難波宮への往還路に架かっていた河内最大の橋だったことは間違いないであろう。そのように考えると、柏原市安堂町もしくは太平寺付近に架かっていた大和川を渡る橋であったと考えられる。片足羽川（かたしはがわ）とは、大和川のことであろう。この地は堅下郡（かたしもぐん）であり、大和川と石川の合流点付近の玉手山丘陵先端を片山という。この地は、大和川が宝永元年（一七〇四）に堤防を築いて付け替えられた地である。大和川付け替え地点は、この付近で大和川の川幅がもっとも狭い地点であった。当然ながら、橋が架橋されたのも、川幅がもっとも狭いこの地点であった（図18）。ただ、狭いと言っても三〇〇〜三五〇メートルの川幅があったと考えられる。大山崎町の山崎橋の長さが一八〇間（約三三〇メートル）だったので、これに匹敵する長さの橋だったようだ。

虫麻呂が詠んだ風景を想像すると、少し高台から河内大橋を見下ろしているのであろう。美しい娘は、声を掛けても届かないくらい離れていたようだ。そのように考えると、山越えの竜田道を越

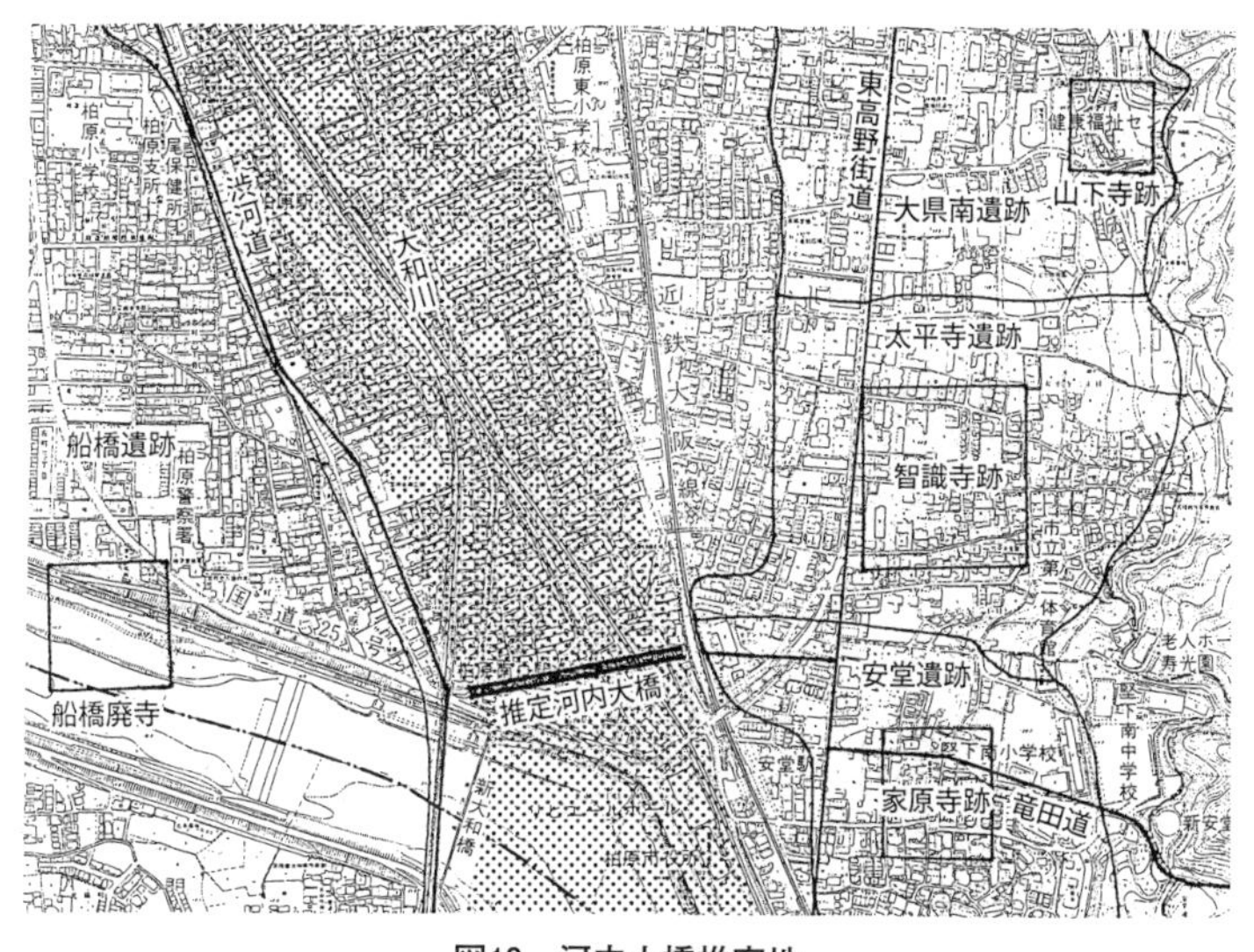

図18　河内大橋推定地

えて、河内平野を一望できる安堂町付近の高台からの風景を詠んだと考えるのが妥当であろう。この歌が詠まれたころには、竜田道は山越えルートに変更されていたと考えられる。

知識による架橋　もう一つ河内大橋に関わると考えられる史料がある。それは、和歌山県伊都郡花園村（現かつらぎ村）の医王寺にかつて所蔵されていた『大般若経』である。天平勝宝六年（七五四）の「家原邑知識経」と呼ばれる『大般若経』の識語に、橋の修理について書かれている。識語とは、この経が写された由来を書いたものである。そこには、河東の化主と称される万福法師という方がおられた。法師は天平一一年（七三九）から一二年の冬にかけて、橋を改修しようとしたが、できなかった。そこで、花影禅師がその意志を継いで、改修を成し遂げた、と書かれている。天平勝宝六年（七五四）九月二九日の日付がある。そして、その教化に預かるために、家原邑の男女長幼が写経をして四十三帙と五十二帙を完成させた、とある。つまり、仏教を信仰する知識の人々が、橋の改修完成を祈願して写経したというのである。おそらく、橋の改修費用や材料も知識の人々の寄進によるのであろう。そして、橋の設計や施工、労働力も知識の人々によるのであろう。そして、この橋とは河内大橋のことと考えてまちがいないだろう。

家原邑は、河内国大県郡（おおがた）にあり、現在の柏原市安堂町付近と考えられる。天平勝宝八歳（七五六）に孝謙天皇が参拝した河内六寺の一つ、家原寺があった地である。そして、すぐ北には智識寺があった。智識寺は文字通り知識の人々によって建立された寺院と考えられるが、河内六寺はすべて知識によって建立されたと考えられる。そして、その知識の人々は、橋の改修も行っていた。改修したのが知識だったのならば、最初に架橋したのも知識の人々だったのだろう。橋の架橋は、大河を渡る実用的な面もあっただろうが、彼岸へ渡る橋でもあると書かれている。信仰のための橋でもあったのだ。道昭や行基も各地で知識の力によって架橋をしている。

この大般若経から、河内大橋が天平一一年（七三九）ごろには、改修を要するほど傷んでいたこと、天平勝宝六年（七五四）に改修されたことがわかる。そして、虫麻呂が歌に詠んだ河内大橋を見たのは、七三〇年前後の可能性が高い。虫麻呂が見た河内大橋は美しい丹塗りの橋だったということなので、完成して間もなくの河内大橋を見たのではないだろうか。そのように考えると、七三

写真４　河内大橋推定地（西から）

写真５　河内大橋復元模型（柏原市市民歴史クラブ製作）

〇年ごろに完成した河内大橋は、およそ十年後には改修を要するほど傷んでいて、それから十五年後にようやく改修ができたということであろう。

行幸のための河内大橋　万福法師が改修を試みていた最中の天平一二年（七四〇）二月に、聖武天皇が智識寺の盧舎那仏を礼拝している。聖武天皇は、智識寺から難波宮へ向かう途中に河内大橋を利用したはずである。この時に、河内大橋が渡れる状態だったかどうか、怪しいところである。万福法師が、その前後に河内大橋の改修を試みていたということは、聖武天皇の智識寺礼拝と関係があるのだろう。聖武天皇に、美しく安全な橋を渡ってもらいたかった。そして、知識の力を知ってもらいたかったのであろう。

天平勝宝八歳（七五六）に河内六寺を参拝した孝謙天皇は、改修後の河内大橋を渡って難波宮へ向かったはずである。このように考えると、河内大橋の架橋や改修は、地元の人々の利便や宗教的意味もあったであろうが、それよりも天皇の行幸との関係が強かったのではないかと考えられる。知識の人々は、寺院の堂塔の柱と同様に、橋の欄干も丹塗りに仕上げていたのであろう。

河内大橋は、竜田道が山越えルートに変更されたことによって架橋されることになった。その大橋の架橋が知識の人々によるならば、山越えルートの整備にも知識の人々の協力があったのではないだろうか。聖武天皇による難波宮造営とそれに伴う行幸路の整備。それが、聖武天皇の智識寺行幸を招き、大仏造営につながった。その後、孝謙天皇による河内六寺巡拝など、大県郡の知識の人々にとっては、充実した日々であったことだろう。

それにしても、高橋虫麻呂が、よく『万葉集』に歌を残してくれたと感謝の思いでいっぱいである。この歌がなければ、大般若経だけで河内大橋を想定することはできなかった。虫麻呂は、河内大橋を後世に語るためではなく、美しい橋を渡る美しい娘を見て、その鮮やかさを詠んだだけであろう。そして、娘を誘いたいという恋心を詠んだのである。虫麻呂の恋心に感謝である。

六　万葉集と大和川

古代の大和川　近世以前の川の名称は、同じ川でも土地によって異なっており、現在のように上流から下流まで同じ名称で呼ばれることはなかった。たとえば、大和国（奈良県）では基本的に大和川とは言わなかった。河内国でも、宝永元年（一七〇四）の付け替え後は、大和との国境にある亀の瀬から下流までを大和川と呼んでいるが、付け替え前にはさまざまな名称で呼ばれていた。一般には亀の瀬から二俣までを大和川と呼び、そこから下流は久宝寺川・玉櫛川と呼ばれていた。そして、久宝寺川と玉櫛川を含めて大和川筋と表現した。しかし、これも時代や地域によってさまざまであり、決まった呼称があったわけではない。

古代には、大和川という名称を確認できない。しかし、現在の大和川や、その支流を詠んだと考えられる歌が『万葉集』にかなり残されている。ここでは、その中からいくつかを紹介してみたい。

まず、大和国内の大和川は泊瀬川（初瀬川）と呼ばれていた。上流は長谷寺のあたりと考えられるが、下流はどのあたりまで泊瀬川と呼ばれたか確認できない。泊瀬川を詠んだ『万葉集』の歌は十三首みられる。巻一―七九番歌は、泊瀬川を下り、佐保川を遡って舟で行く歌である。これは、藤原宮から平城宮へ遷都する際に舟で移動している様子を歌っている。

泊瀬川の歌

石走り　激ち流るる　泊瀬川　絶ゆることなく　またも来て見む（六―九九一）

泊瀬川　白木綿花に　落ち激つ　瀬をさやけみと　見に来し我を（七―一一〇七）

泊瀬川　流るる水脈の　瀬を速み　ゐで越す波の　音の清けく（七―一一〇八）

泊瀬川　流るる水沫の　絶えばこそ　我が思ふ心　遂げじと思はめ（七―一三八二）

泊瀬川　速み早瀬を　むすび上げて　飽かずや妹と　問ひし君はも（十一―二七〇六）

これらの歌は、いずれも泊瀬川の流れが激しいことを歌っており、飛鳥に住む人々にとって、大和川上流にあたる泊瀬川をどのように見ていたのかがわかる。

天雲の　影さへ見ゆる　こもりくの　泊瀬の川は　浦なみか　舟の寄り来ぬ　磯なみか　海人の釣せぬ　よしゑやし　磯はなくとも　沖つ波　凌ぎ漕入り来　海人の釣舟（十三―三二二五）

さざれ波　浮きて流るる　泊瀬川　寄るべき磯の　なきがさぶしき（十―三二二六）

は、泊瀬川に舟を漕ぎ寄せることができないと詠んだ歌であるが、これも泊瀬川の流れが激しいことによるのだろう。

巻十三の三二六三番の長歌には、

こもりくの　泊瀬の川の　上つ瀬に　い杭を打ち　下つ瀬に　ま杭を打ち　い杭には　鏡を掛け　ま杭には　ま玉を掛け（下略）

とあり、巻十三の三三三〇番の長歌にも、

こもりくの　泊瀬の川の　上つ瀬に　鵜を八つ潜け　下つ瀬に　鵜を八つ潜け　上つ瀬の　鮎を食はしめ　下つ瀬の　鮎を食はしめ（下略）

とある。どちらも亡くなった人を偲んだ歌であり、泊瀬川での祭祀の様子を歌ったものである。巻九の一七七〇番歌の題詞には「三輪川の辺に集ひて宴する歌」とあり、

三諸の　神の帯ばせる　泊瀬川　水脈し絶えずは　我忘れめや（九―一七七〇）

とある。この歌から三輪川が泊瀬川の支流とも、同じ川の別名とも考えられる。三輪川の歌はもう一首ある。

夕去らず　かはづ鳴くなる　三輪川の　清き瀬の音を　聞かくし良しも（十―二二二二）

竜田山と大和川　次に、竜田山を詠んだ歌にみえる滝や川は、亀の瀬付近の大和川のことであろう。竜田山は、大和と河内の国境に相当する亀の瀬北方の山の総称と考えられる。巻九の一七四七と一七四九番歌には、「滝の上」と詠まれており、亀の瀬の滝のことであろう。『大和名所図会』な

どの近世史料によると、亀の瀬付近は奇岩が露頭し、その上流に小さい滝があった。古代に遡っても地形はあまり変化がなかったと考えられる。どちらも高橋虫麻呂が竜田山の川のほとりに咲く桜を詠んだ歌である。竜田山はもみじの歌も多く、竜田道が桜やもみじの美しい川沿いの道であったことがわかる（写真6）。

島山を　い行き巡れる　川沿ひの　岡辺の道ゆ　昨日こそ　我が越え来しか　一夜のみ　寝たりしからに　尾の上の　桜の花は　滝の瀬ゆ　散らひて流る　君が見む　その日までには　山おろしの　風な吹きそと　うち越えて　名に負へる社に　風祭りせな（九―一七五一）

この長歌も虫麻呂の歌であるが、大和川沿いの竜田道の様子をよく表した歌である。「島山」とは柏原市国分市場にある芝山のことであろう。芝山を迂回するように大和川が流れており、東から見ると、あたかも大和川に浮かぶ島のように見えることから島山と呼ばれたのであろう（写真7）。その島山を迂回するように続く川沿いの岡のほとりの道。これは、柏原市青谷付近の風景を詠んだと考えられる。滝は亀の瀬の滝で、やはりその上に桜が咲いているのである。その桜の花を散らすような風を吹かせないでくれと、龍田大社の神に祈ろうというのである。龍田大社は風の神であり、現在も四月四日に例大祭、七月四日に風神大祭の風祭りが行われている。

海の底　沖つ白波　竜田山　いつか越えなむ　妹があたり見む（一―八三）

この歌は、白波が竜田山にかかる枕詞であり、竜田山の近くを流れる大和川にたつ白波を掛けたものだろう。この歌のように、大和を出ていくとき、あるいは帰るときに竜田山を大和の象徴のよ

写真6　亀の瀬（西から）

写真7　芝山（北から）

うに詠んだ歌は多い。

巻九の一七四二・一七四三番の歌に詠まれた河内大橋が大和川に架かる橋だっただろうことは前述のとおりである。

埋れ木に寄する

ま鉋持ち　弓削の川原の　埋れ木の　顕はるましじ　ことにあらなくに（七―一三八五）

この歌に詠まれた「弓削（ゆげ）の川原」は、大和川が分流していた八尾市二俣（ふたまた）付近のことであろう。次項で述べる由義宮が造営された地である。

これら大和川本流と関わる歌以外に、大和の大和川支流の巻向川（穴師川）、布留川（古川）、佐保川、寺川（倉椅川）、飛鳥川（明日香川）、曽我川（宗我川・広瀬川）などを詠んだと考えられる歌も多数ある。また、難波の堀江、すなわち大川を詠んだ歌も多く、大和川が流れ込んでいた河内湖である草香江を詠んだ巻四の五七五番歌などもある。

これら『万葉集』に詠まれた大和川、あるいは大和川に関連する歌から、大和川が万葉人に親しまれる川であったことが窺えるのである。

七　由義宮と大和川

由義宮の造営　二〇一七年、由義寺の塔跡が発見されたと報道があった。また、その周辺で行われた発掘調査で、由義宮に関連する遺跡ではないかという報道もあった。その地は、旧大和川が久宝寺川と玉櫛川に分かれる地にあたり、由義宮は称徳天皇と道鏡が造営した宮である。まず、史料にみえる由義宮と由義寺を紹介しておこう。

神護景雲三年（七六九）と翌四年（七七〇）に、称徳天皇が由義宮に行幸したと『続日本紀』は記す。それに先立つ天平神護元年（七六五）には、紀伊行幸の帰途に弓削行宮（ゆげのあんぐう）への行幸がみえる。弓削は称徳天皇が寵愛した道鏡の出身地であり、紀伊行幸の際に、弓削に立ち寄ることになったのだろう。その地で道鏡を太政大臣禅師としている。この行幸を機に、弓削の地に新たな宮を造ることになったと考えられる。そして新しい宮が完成し、これに「由義」という好字を冠して由義宮と名付けた。完成までに四年近く要している。

弓削行宮および由義宮は、河内国若江郡弓削郷に設けられた。現在の八尾市東弓削付近である。この地で付け替え前の大和川が分流し、久宝寺川と玉櫛川という二本の川の間に位置する。弥生時代以来、大和川はこの付近で分流していたと考えられる。二本の川に挟まれた地は、地質的にも安定しており、景観も美しかったであろう。そして、久宝寺川の左岸を通る渋河道は、称徳天皇が幼いころから難波宮への行幸時にしばしば通り、よく知る地でもあった（図19）。

神護景雲四年（七七〇）二月の由義宮行幸に先立って、一月二二日に大県・若江・高安等の郡の百姓宅で、由義宮に入る者に対価を与えている。ここにみえる由義宮とは、宮を取り囲む街区である京域と考えるべきであろう。大県・高安郡は玉櫛川の右岸に当たることから、京域は玉櫛川を越

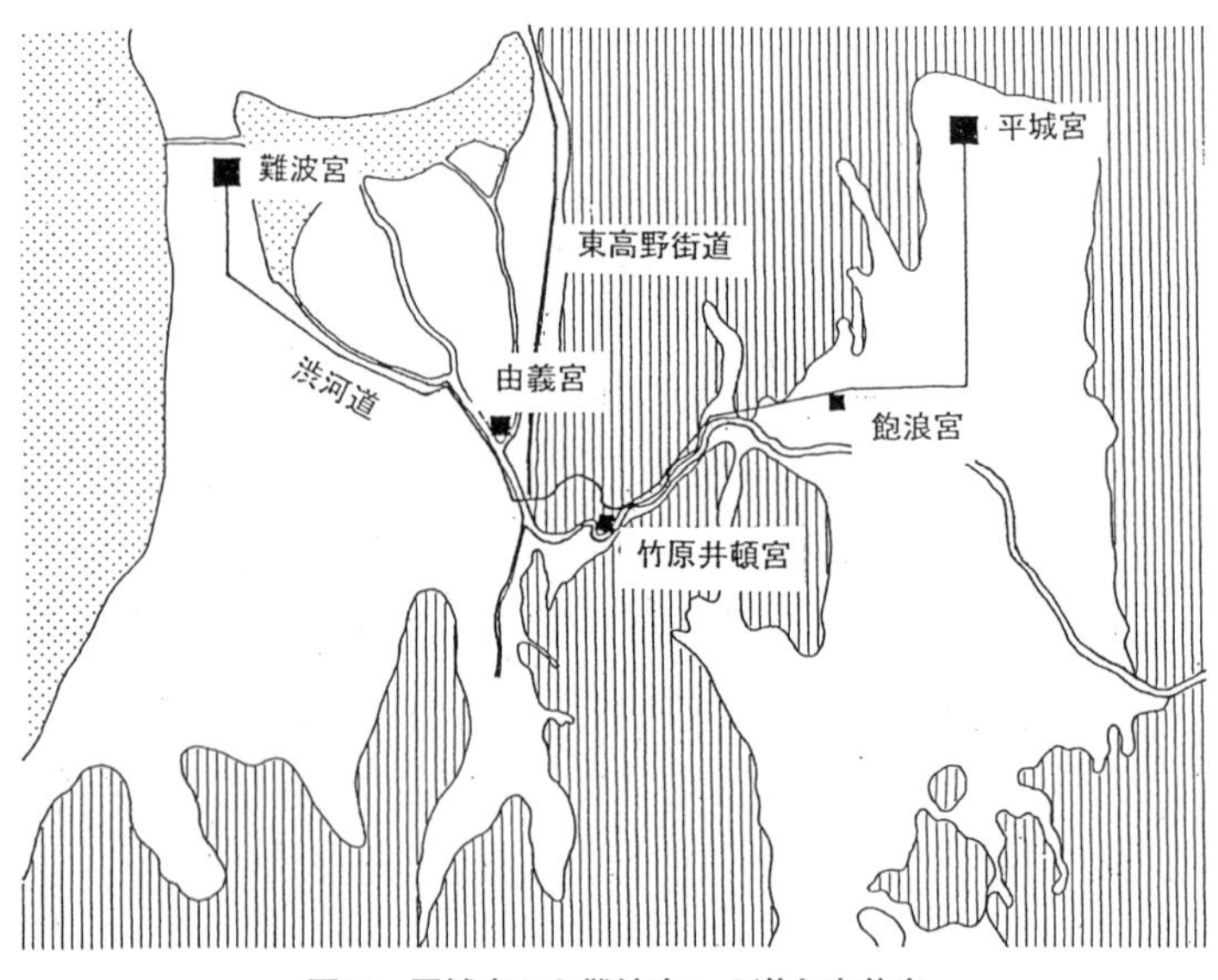

図19　平城宮から難波宮への道と由義宮

えて設定されていたことがわかる。おそらく、東限は東高野街道であろう。京内に宅が入る者を立退かせるということである。ここに志紀郡がみえないことから、京域は久宝寺川の左岸には広がっていなかったと考えられる。宮域は弓削郷内に納まっていたのだろう。ここでも大和川の流れが、宮・京の設定に大きな意味を持っていたことがわかる。

由義寺塔跡の発見　そして、八尾市東弓削で、一辺二〇メートルもある方形基壇が発見された。版築で築かれた大規模な基壇は、七重塔の遺構と考えられる。その規模から神護景雲四年（七七〇）四月五日に、由義寺の塔を造営した人々、工人に位階を与える、とある由義寺の塔跡で間違いない

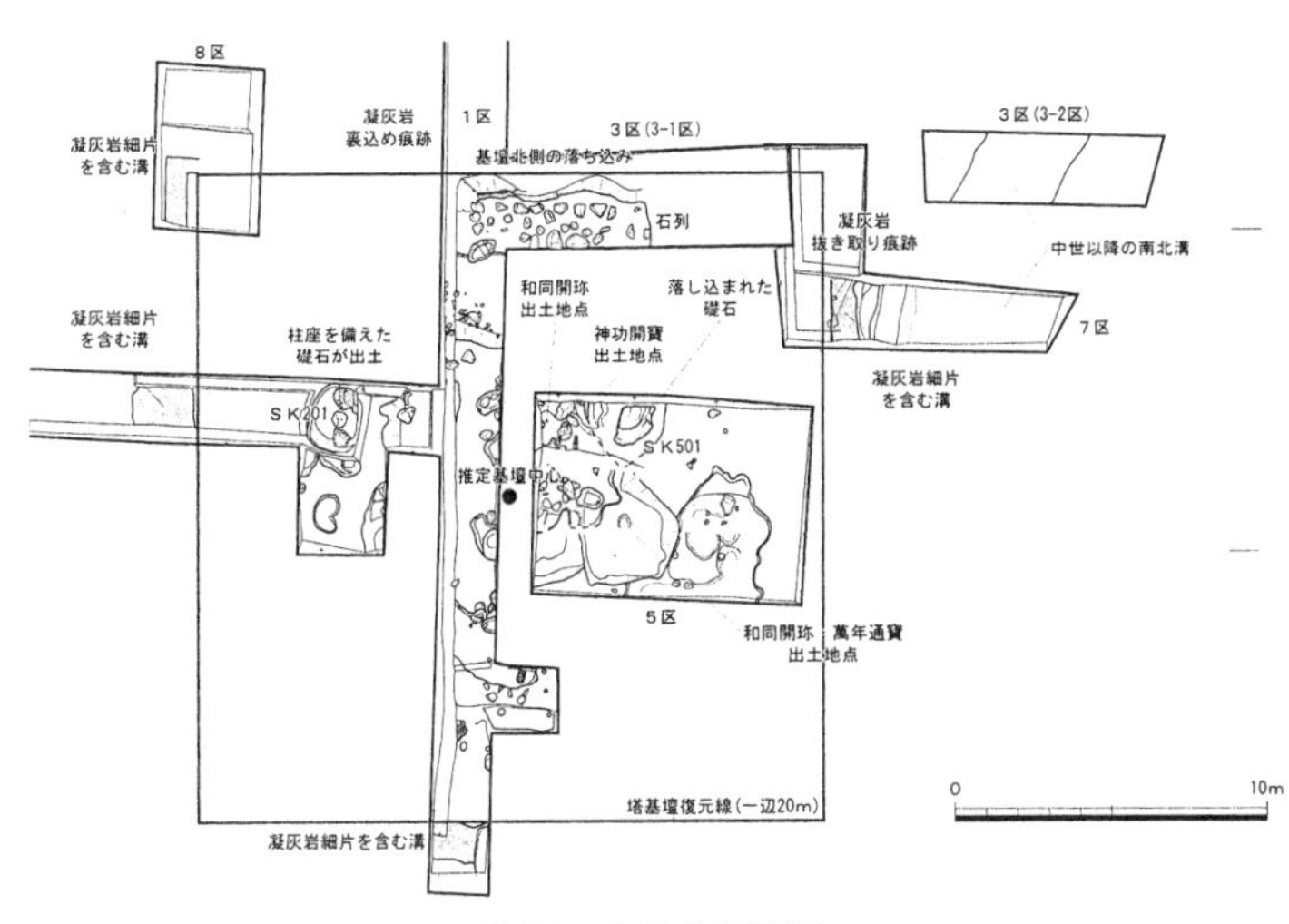

図20　由義寺塔基壇

であろう。そして、神護景雲四年（七七〇）に塔が完成したと考えていいだろう（図20）。

塔跡からは、東大寺系や興福寺系など平城京内の主要寺院に関連する瓦が出土している。さらに摂津や河内国分寺の瓦も出土することから、摂津職や河内職なども瓦の供給に協力していたのではないかと考えられている。つまり、有力寺院や官をあげて瓦を持ち寄って建立されたと考えられるのである。建立を急いでいたことと、称徳天皇や道鏡の権力が発揮されたのではないかと考えられる。

由義寺は、史料上では神護景雲四年（七七〇）に初めてみえる寺院名であるが、天平神護元年（七六五）の弓削行宮行幸の際に、称徳天皇が弓削寺に行幸し、礼仏した記事がみえる。このとき、弓削寺に二〇〇戸の食封（じきふ）が与えられている。食封とは、皇族や官人、寺社などに、そこから納められる租税の大半が支給される制度である。

この弓削寺と由義寺は同一の寺院と考えてまちがいない。宮だけでなく、寺院名も弓削から由義に変えたのである。弓削寺は、周辺で出土する瓦に七世紀後半のものがみられることから、創建は七世紀後半に遡ると考えられる。天平神護元年（七六五）に称徳天皇が参拝するよりも前に完成していた寺院ということになる。当初の弓削寺も伽藍が整備されていたのならば、塔が存在した可能性は高いと考えられる。おそらく三重塔であろう。

そして、大規模な七重塔のみを新たに造り、食封も塔の建立のためのものであったと考えられる。称徳天皇は西大寺に巨大な塔を建立しようとするなど、大規模な塔を求めていたのである。

それが発掘調査によって発見された基壇であり、神護景雲四年（七七〇）に完成したのであろう。ここで注意しておきたいことがある。この由義寺の造営過程を考えると、このたび発見された塔跡は、由義寺に伴うものではあるが、由義寺そのものではないということである。塔跡は史跡由義寺跡とされているが、あくまでも由義寺塔跡であって、由義寺跡ではない。奈良時代には、伽藍から離れて塔を建立し、塔の周囲を築地や回廊で囲んで塔院を形成するようになる。弓削寺の場合は、すでに存在する寺院に、さらに塔を新たに造ったのだから、伽藍からかなり離れた地に塔を建立したと考えられる。しかも七重塔であるならば、建立するために最低でも百メートル四方ほどの空間が必要だったと考えられる。この塔院を区画する施設は未確認である。凝灰岩片が出土していることから、基壇の周囲は凝灰岩切石による壇上積みで化粧されていたと考えられ、塔は完成していたのである。そうであるならば、塔院を囲む何らかの区画施設が存在した可能性が高い。ただ、塔の建立から四か月後に称徳天皇が亡くなっていることから、区画施設が未完成だったことも考えられる。

つまり、現在のところ確認できているのは塔基壇のみで、塔院も由義寺（弓削寺）の伽藍も、いまだに確認できていないのである。まして、由義宮の位置については、まったく不明である。

由義宮造営の意義　ところで、由義宮の造営に伴って、天平神護元年（七六五）には大県郡・若江郡の租が免除されている。また、神護景雲三年（七六九）には大県郡・若江郡の租と、安宿郡・志紀郡の租の半分が免除されている。前者は弓削行宮造営、後者は由義宮造営に伴う租税の免除であろう。若江郡は由義宮が位置する郡なので、免除は当然であろう。しかし、京内に含まれる高安郡が免除されていないにもかかわらず、ごく一部のみが京内に含まれたと考えられる大県郡の租が二度にわたって免除されている。なぜ大県郡なのか（図21）。

それは、大県郡の人々が由義宮造営に全面的に協力していたからではないだろうか。大県郡には仏教を信仰する有力な知識の人々が存在した。その知識衆が、由義宮や由義寺の塔の造営に積極的に協力していたのではないだろうか。仏教による政治をめざす称徳天皇と道鏡は、由義の地に仏教による宮を造ろうとしていたのだろう。大県郡の知識衆は、仏教興隆のため、積極的に由義宮造営に協力した。だから租が免除されたのであろう。由義宮が完成すると、河内六寺は外京のような位

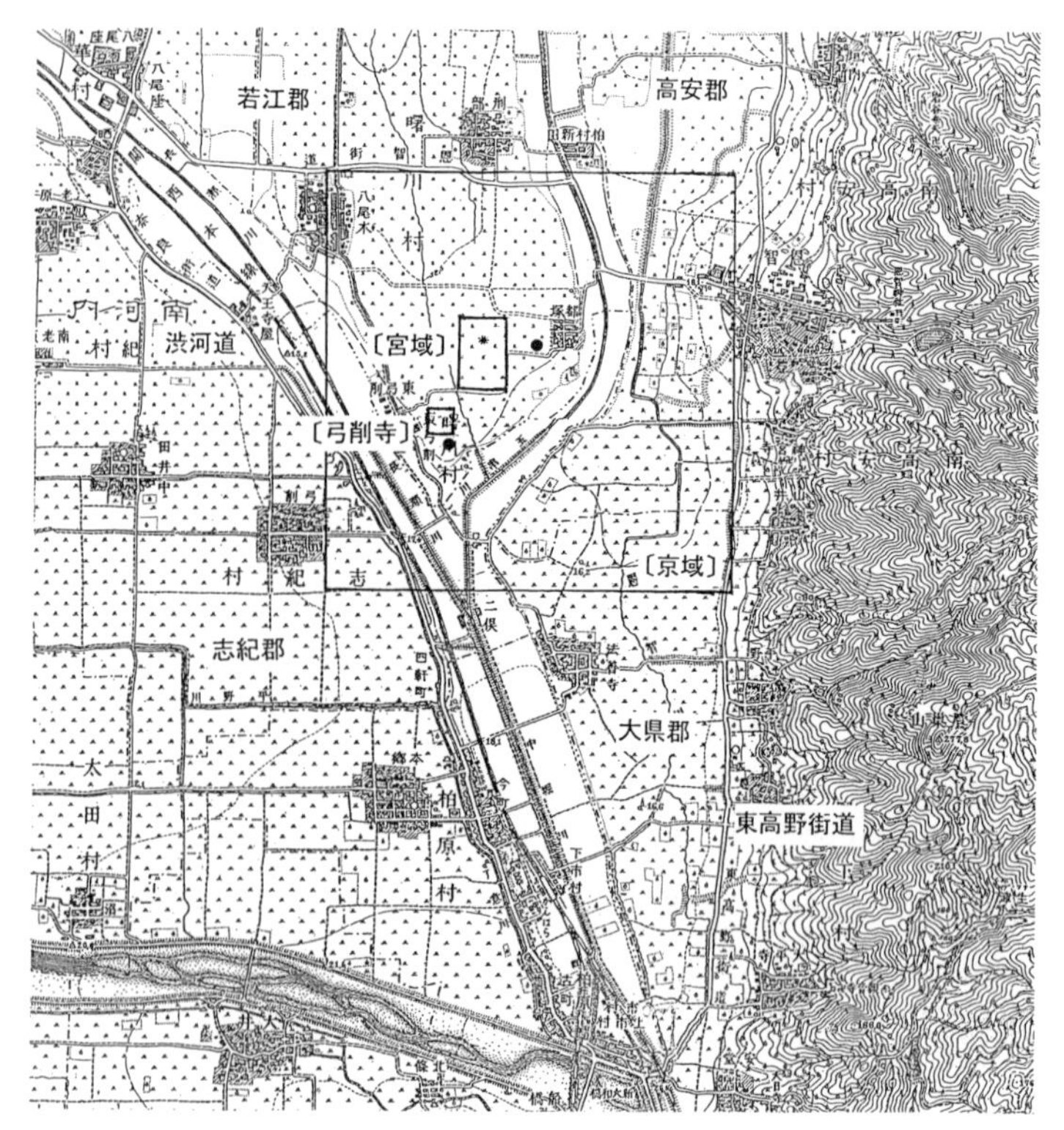

図21　由義宮・弓削寺推定地

置にあたる。知識衆も仏教の都を夢見ていたのであろう。

称徳天皇が由義宮を造営したのは、決して道鏡の出身地という理由だけではなかった。この地に仏教の都を造ろうとしていたのだ。平城京のように、在来の氏族が権力をもつ地ではなく、仏教信仰に篤い渡来系氏族が多い地を選んだのだ。そして、大和川が生み出す景観も、その重要な構成要素だったと考えられる。

八　和気清麻呂の大和川付け替え

和気清麻呂の付け替え工事　大和川の付け替えといえば、誰もが宝永元年（一七〇四）の付け替え工事を思い浮かべるであろうが、それよりも九〇〇年以上前の延暦七年（七八八）に大和川の付け替え工事が実施されていた。その工事を行ったのは、和気清麻呂であった。

和気清麻呂は、備前国藤野（和気）郡に生まれ、天平宝字年間（七五七〜七六五）に出仕するようになった。そして、神護景雲三年（七六九）の道鏡を天皇にするべき、という宇佐八幡宮の神託事件に関与することになった。称徳天皇から神託の真偽を確かめてくるように命じられた清麻呂は、「天皇は皇族に限られる。無道の人はすみやかに除くべし」という託宣を持ち帰り、称徳と道鏡の怒りをかい、大隅に流される。

光仁天皇即位によって許された清麻呂は、桓武天皇のもとでおおいに活躍する。延暦二年（七八三）に摂津大夫となった清麻呂は、長岡京遷都にも関わっている。翌年長岡京遷都が実現し、延暦七年（七八八）に大和川付け替えの実施となる。

宝亀元年（七七〇）、志紀・渋川・茨田などの堤を三万人で修造という記事をはじめ、八世紀後半には河内国はたびたび水害に見舞われていた。そこで、河内国の洪水対策が重要課題となっていたのである。

『続日本紀』によると、延暦七年（七八八）三月一六日に和気清麻呂が次のように奏上したという。「河内・摂津両国の国境に川を掘り、堤を築いて、荒陵の南から河内川を西方に導き、海まで流そうと思います。そのようにすれば肥沃な土地がますます広がり、開墾することができます。」そこで清麻呂にこの事業を担当させ、延べ二三万人余りに食料を支給してこの事業に従事させたということである。

ここでは、この事業の成否が記されていないが、『日本後紀』延暦一八年（七九九）二月二一日の和気清麻呂薨伝には、「費やす所巨多、功遂に成らず」とあり、この工事は失敗したことがわかる。

まず、『続日本紀』にみえる「河内川」とはどの川のことなのか。大和川であることは推測できるが、もう少し詳細に考えてみたい。阪田育功氏の研究によると、七世紀は付け替え前の久宝寺川の東を流れる矢作ルートが大和川の本流であった。ところが、八世紀になると矢作ルートの流量が減り、平野川ルートの流量が増加したことがわかっている。つまり。平野川ルートが大和川の本流となっていたのである。これが河内川であろう。そして、荒陵（あらはか）とは、荒陵寺とも呼ばれる四天王寺周辺のことで、その南に東西方向に川を掘ろうとしたのである。つまり、上町台地を掘り下げ、平野川の水を西の大阪湾まで流そうとしたのである。しかし、上町台地は非常に硬い。水を流すまで掘り下げることができず、二三万人を投入しながら断念したということである。延べ二三万人といえば、膨大な人数のように思われるが、宝永元年（一七〇四）の付け替え工事に従事した人々が延べ二八〇万人だったことを考えると、早々に断念したものと考えることができる。

付け替えの痕跡　その工事の痕跡は、現在でもはっきりと残っている。JR大和路線の東部市場前駅付近から西北西に向かって人工的に掘り下げたと考えられる地形が続いている。大阪市立天王寺中学校や四天王寺庚申堂の南の道がその痕跡である。それは谷町筋を越えて茶臼山の河底池まで続く。その西は海食崖で大きく落ち込んでいる。奈良時代には海がすぐそばまで迫っていた。谷町筋付近でもっとも掘り下げられており、九メートル程度の掘り下げが確認されている。しかし、実際に平野川の水を流すためには、さらに五メートルほどの掘り下げが必要だっただろう。断念もやむを得なかったのである（図22・23、写真8）。

実は、この清麻呂の付け替えルートの位置には、古代の渋河道が通っていたと考えられる。平野から東部市場前駅付近まで、南東から北西へと直線道がのびていた。現在の国道二五号もこのルートを継承している。そして、この直線道をそのまま北西に延長すれば、四天王寺の南西角へと行き

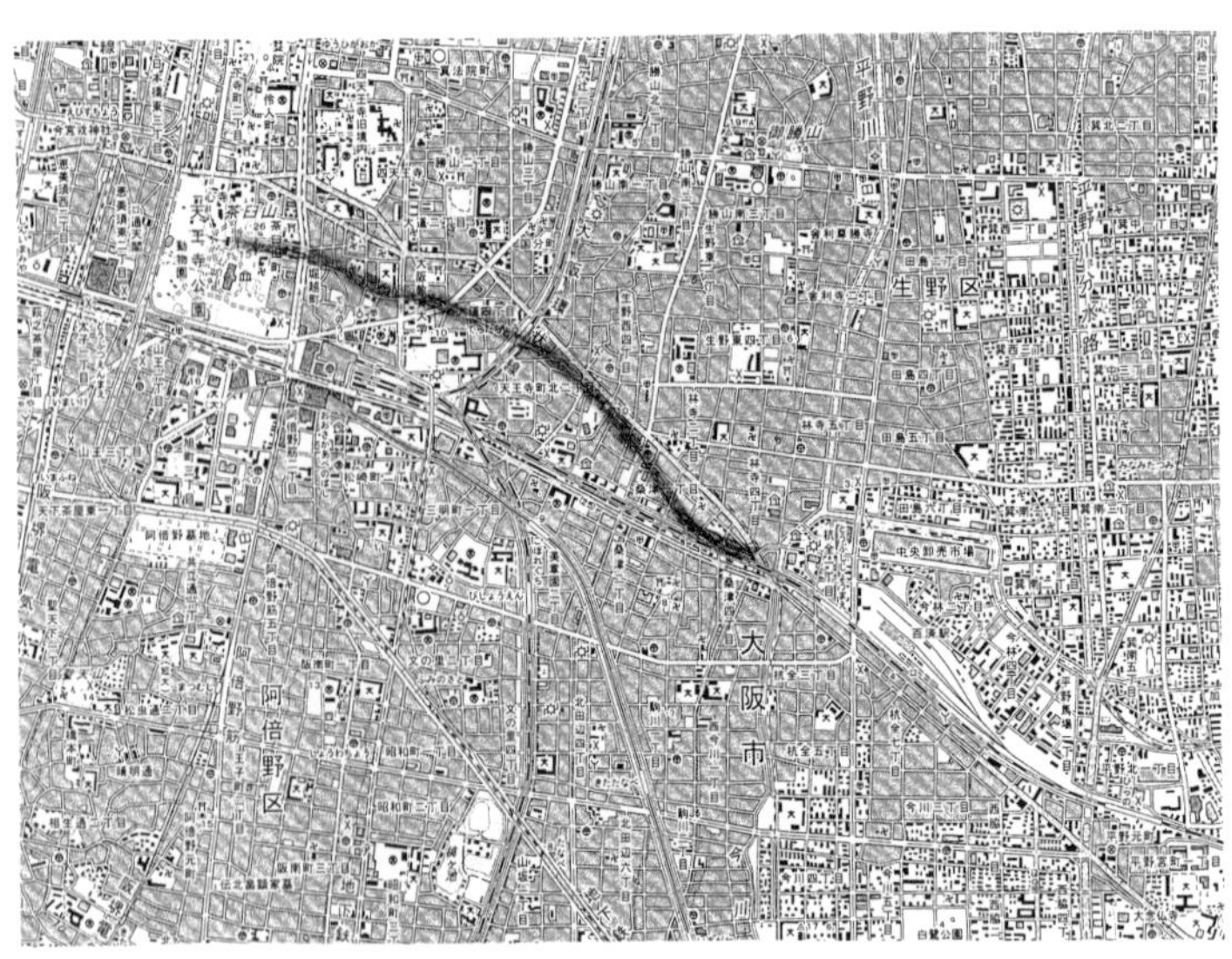

図22　和気清麻呂の付け替え痕跡

つく。おそらく、これが推古朝に設定された渋河道であろう。ところが、東部市場前から四天王寺のあいだには、直線道の痕跡が認められない。そして、このあいだに清麻呂の付け替え痕跡がみられるのである。つまり、清麻呂の付け替え工事によって、推古朝から続いた渋河道が破壊されたのである。近世奈良街道も、平野から東部市場前駅付近まで直線的にのび、そこから清麻呂の付け替え痕跡をトレースするようにして曲線を描きながら四天王寺へと続いていた。

付け替えの背景　しかし、大和川付け替えのためとはいいながら、天皇の行幸路であった渋河道まで破壊することが許されたのだろうか。それは、延暦三年（七八四）の長岡京遷都と深く関わっていると考えられる。難波

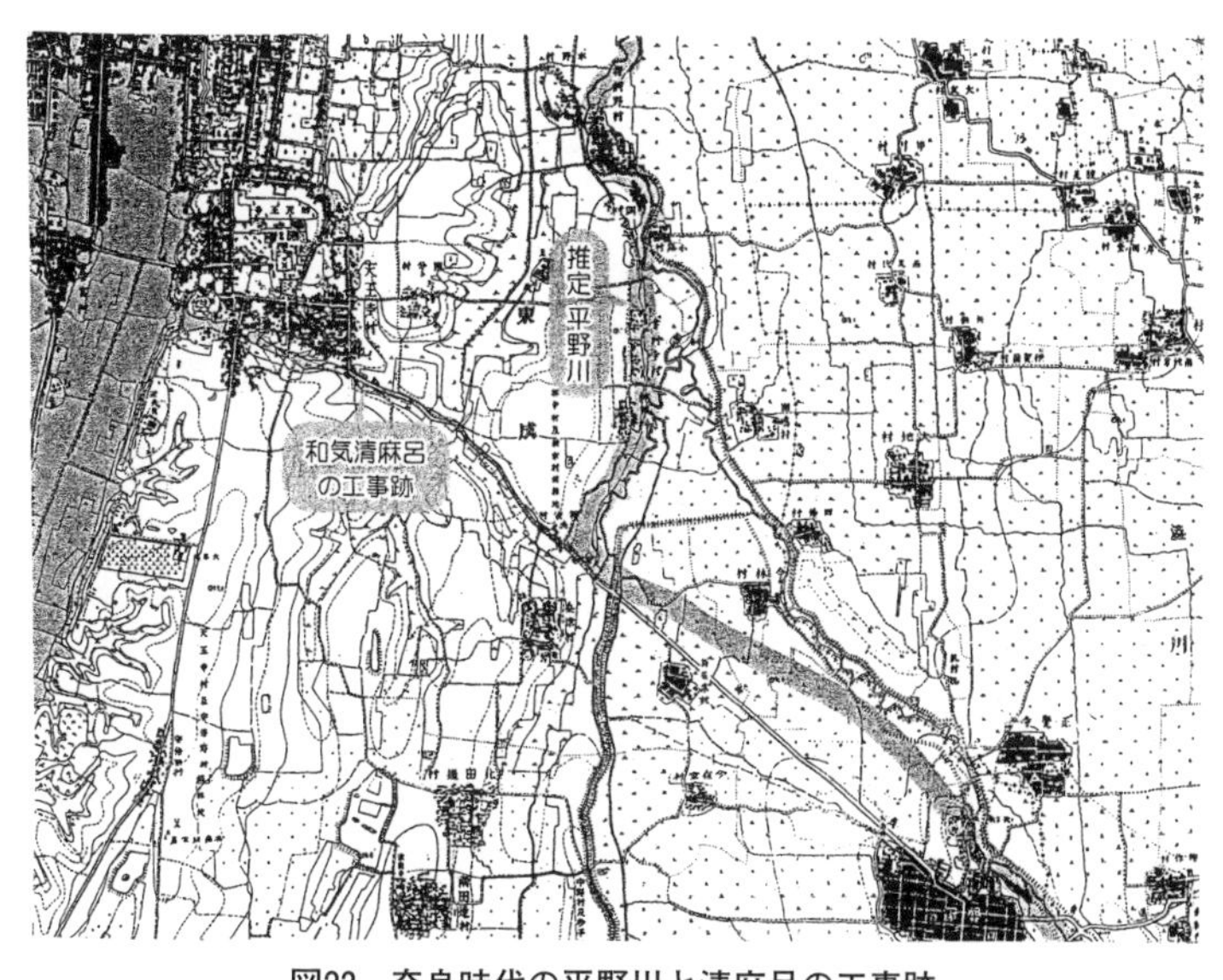

図23　奈良時代の平野川と清麻呂の工事跡

宮の主要建物が、長岡宮へ移建されていることが、難波宮の瓦の出土や建物規模が一致することなどから確認されている。長岡京遷都によって、難波宮は不要となり、破壊されたのである。これに伴って、渋河道も行幸路としての使命を終えた。その道が破壊され、川となっても問題はなかったのである。

このとき、清麻呂は摂津大夫であった。難波宮の廃絶にも積極的に取り組んでいたことだろう。そして、長岡京遷都が順調に進まないとみると、平安京遷都を進言し、平安宮造宮大夫に就任し、平安京の造営を進めたのも清麻呂であった。清麻呂は、淀川ルートを重視していたようである。そのため難波津も廃絶したのではないだろうか。大和川の付け替えは、確かに河内の洪水を

写真8　和気清麻呂の掘下げ跡　正面にあべのハルカスが見える。（北から）

防ぎ、肥沃な耕地を生み出すことも目的だったと考えられるが、清麻呂のほんとうの目的は、淀川ルートの整備だったのではないだろうか。そのために、大和川の土砂が淀川に流れ込む状況を打開し、大和川を直接大阪湾へと導くことを考え出した。これによって、淀川に流れ込む土砂を減らし、大型の船が山崎や淀まで淀川を遡れるように考えていたのだろう。

和気清麻呂は延暦四年（七八五）に三国川の付け替え工事も実施している。その目的は、淀川の治水と舟運整備と考えられる。この工事によって、大川を経由することなく淀川への舟運が可能になったと考えられる。しかし、大川から淀川へ入るほうが便利であり、このルートの整備が望まれていたはずである。摂津大夫であった清麻呂は、長岡京遷都を推進する人物でもあった。実質は淀川の治水、舟運整備によって長岡京の利便性を高めることが大きな目的であったと考えられる。清麻呂の頭のなかには、淀川の整備が大きな課題としてあったのであろう。大和川付け替えもその一環だったと考えることができる。

第三章 大和川付け替え前史

一　天井川となる大和川

天井川とは　川はいつも同じところを流れていると思っている人が多い。しかし、川は自然のままではどんどん流れを変えていくのである。洪水によって運ばれてきた土砂が川の周辺に溜って小高くなる。これを自然堤防という。しかし、大規模な洪水がおこると、自然堤防を越えたり破壊したりして、水が堤防の外側まで流れ出す。その水は低いところを流れて新しい川を造り出す。このようなことを繰り返して川は流れてきたのである。大阪平野も、洪水のたびに流れを変える大和川が運ぶ土砂によって造られてきた。

しかし、洪水のたびに流れを変えられると、そこに暮らす人々にとっては困ったことになる。そこで、堤防を築き、あるいは堤防を大きくして、川の流れを固定しようとする。ところが、流れを固定すると天井川となってしまう。流れを固定すると、河床に土砂が溜まり、水深が浅くなり、洪水の危険性が高まる。そこで、洪水対策のために、さらに堤防を大きくする。それでも河床には土砂が溜まる。さらに堤防を大きくする。これを繰り返しているあいだに、周囲の土地よりも河床のほうが高い天井川となるのである。

天井川になると、一たび洪水がおこったときの被害が大きくなってしまう。周囲の土地のほうが低いのだから、川の水がすべて周囲に流れ出す。そして、その水は川に戻ることなく、いつまでも

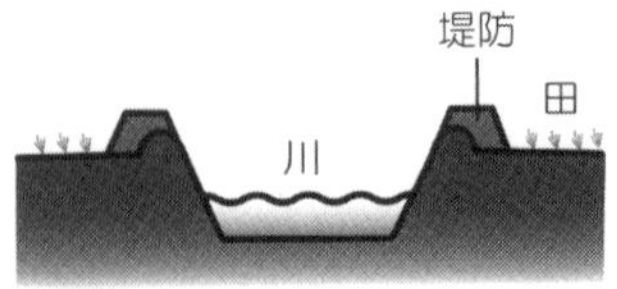

1 川がいつも同じところを流れるように堤防をつくる。

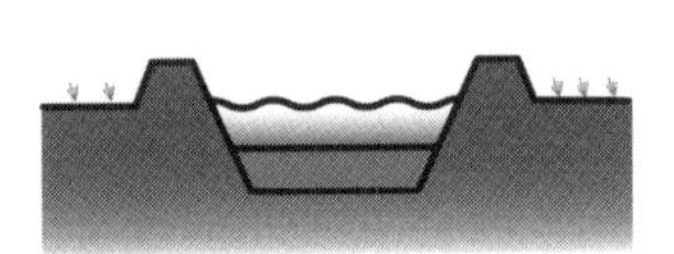

2 土砂がたまって川底が高くなる。

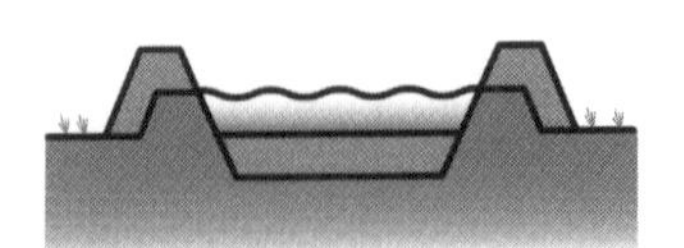

3 川底が高くなるため堤防を高くする。

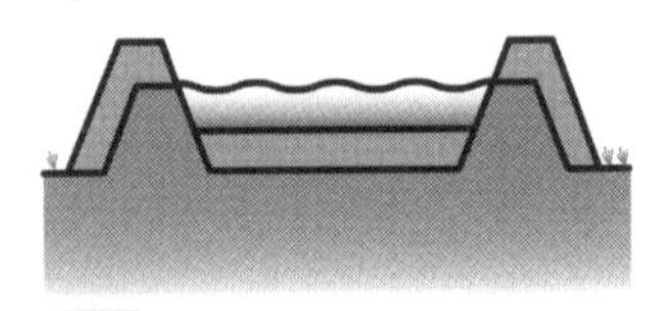

4 さらに川底が高くなり、堤防をもっと高くする。

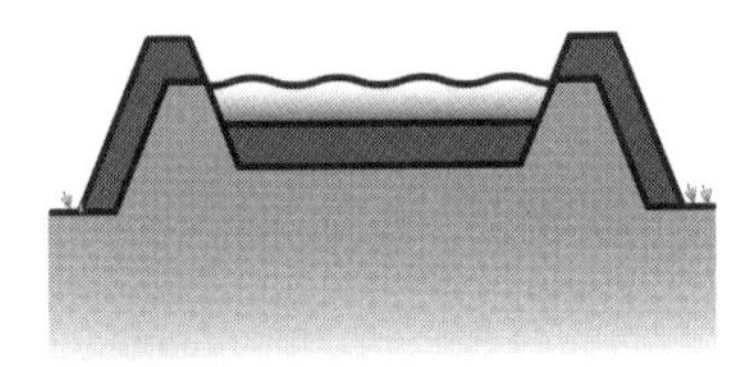

5 これをくり返しているとまわりの土地より高くなり、天井川となる。

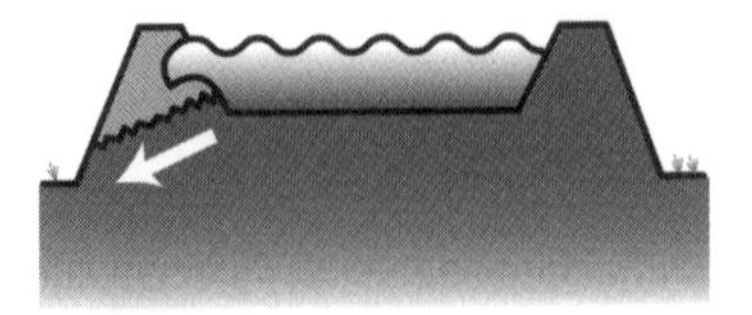

6 天井川になると、洪水がおこったときの被害が大きくなる。

図24　天井川になるまで

滞ったままになってしまう。洪水の被害が大きくなるのである。最近の洪水でも、被害が大きいところはほとんど天井川である（図24）。

大和川流路の変化と固定

大和川の流路変遷については、発掘調査成果などを基にした阪田育功氏の詳細な研究がある。それによると、基本的に大和川の本流は現在の長瀬川（付け替え前の呼称では久宝寺川）付近のルートであった。七世紀には久宝寺川のやや東、阪田氏が矢作（やはぎ）ルートと呼ぶ流れが本流であった。そして、この流路の土砂堆積が進んだ結果、八世紀には平野川ルートが本流となった。そのため、和気清麻呂の河内川（大和川）付け替えが行われたのである。その後、九世紀には玉櫛川ルートが本流となり、十世紀には再び久宝寺川ルートの流量が多くなった。それ以降は付け替え前の久宝寺川と玉櫛川の二本の流れを中心とした流れになっていたようである。そして、一三世紀ごろに、人工的に堤防を築いて、この流れを固定するようになったと考えられる。

旧大和川は、数か所の発掘調査で確認されている。八尾市佐堂遺跡では、久宝寺川の右岸堤防が確認され、堤防盛土の下層から一三世紀前半の土器が出土している（図25）。また、八尾市跡部遺跡では、久宝寺川の左岸堤防が確認され、やはり堤防盛土から土器が出土している。土器にはさまざまな年代のものが含まれていたが、もっとも新しい年代の土器は一三世紀後半のものであった。

これらの調査成果から、久宝寺川は一三世紀ごろに人工的に堤防を築いて流れを固定するようになったと考えられる。大東市の深野池は西側が低く、東側は水量によって池の端が大きく変化して

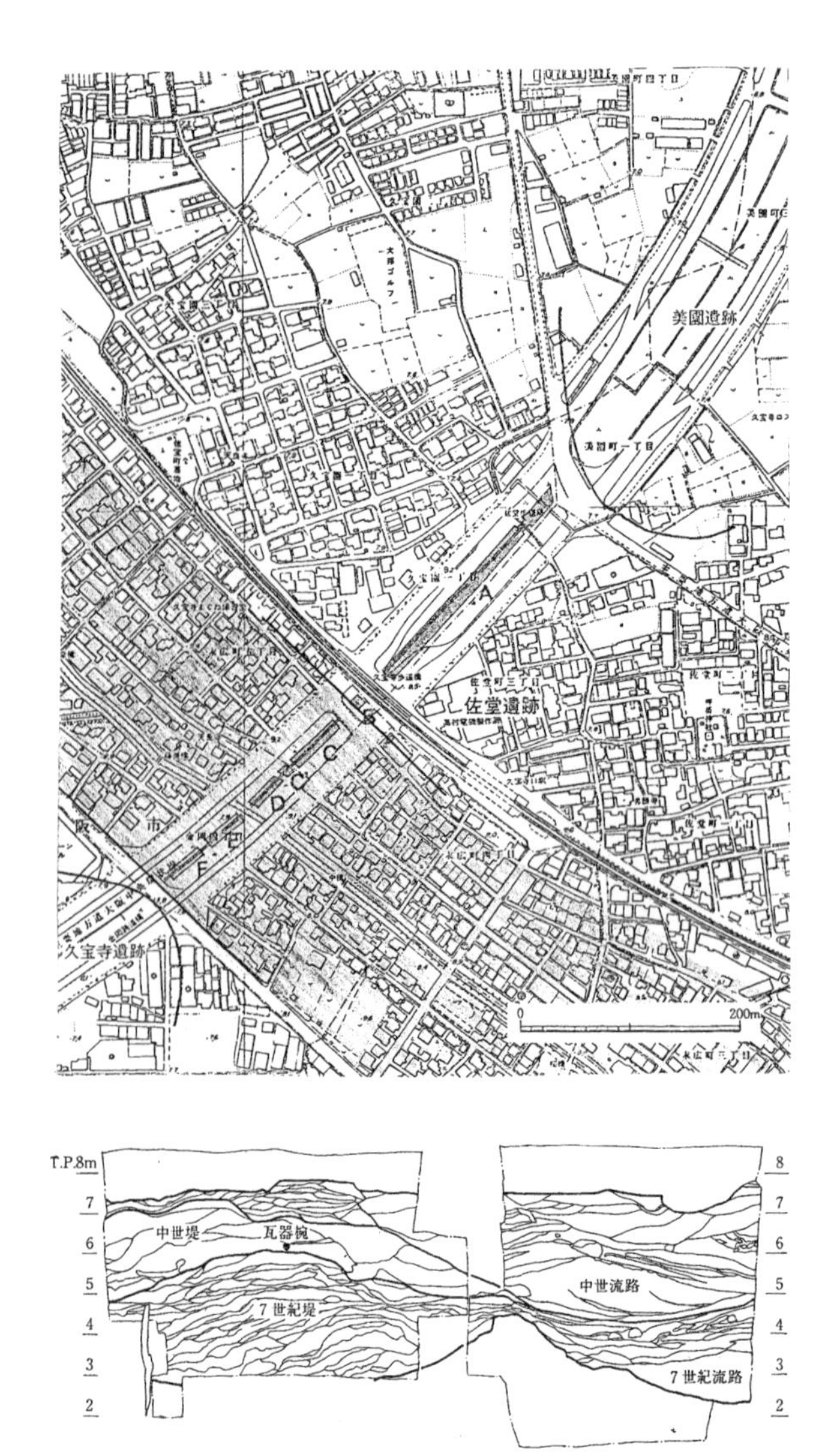

図25　佐堂遺跡調査地と旧大和川右岸堤防断面

いたと考えられる。その池の西側に、一三世紀ごろに集落が出現するということである。やはり、池の西側に堤防を築いたようである。どうやら、旧大和川筋では、一三世紀ごろに堤防を築いて流路を固定しようとしたようである。そして、それは流域全体に及ぶ連続堤防だったと考えられる。

現在の感覚からすると、堤防を連続して築くのがあたりまえのように思えるが、近世には堤防の一部を開けておき、あるいは堤防の一部を低くしておき、出水時にはそこから水を流し出すことも少なくなかった。現在の遊水池のようなもので、普段は水田として利用しながらも、増水時には水田を放棄してそこに水を導くのである。しかし、大阪平野のように人口が多く、少しでも多くの生産を求められる地では、連続堤防を築いて川の近くまで水田を開くことが求められたのであろう。一三世紀ごろにほぼ一斉に連続堤防を築いているようである。

その後、しばらくは大和川では大規模な洪水はなかったようである。連続堤防の効果であろう。ところが、一六世紀ごろから河床の土砂堆積が進み、一七世紀、つまり江戸時代になると急激に土砂堆積が激しくなったようである。

天井川となる大和川　延宝三年（一六七五）の「古大和川附換前水害下調図（堤防比較調査図）」（中家文書）を見ると、この時点で、大和川筋全体が周囲の田畑よりも河床のほうが二〜三メートルも高い天井川だったことがわかる。これは、現在に残された地形から考えても誇張した数字ではない。ところが、延宝三年の五十年前は大和川流域ではすべて天井川ではなかったとされている。

連続堤防の構築から二百年以上も天井川になっていなかったということをそのまま信じていいのかどうか問題もあるが、天井川だったとしても問題となるほどのものではなかったのだろう（写真9）。

ところが、直前十年間で一挙に河床が高くなったという。被害を訴えるために作成された絵図と考えられるので、多少の誇張はあるかもしれないが、幕府の検分等もあるため、あまりでたらめな数字ではないだろう。それでは、どうして一七世紀になって一挙に土砂堆積が進むことになったのだろう。

それは、山が荒れるようになったためである。最近も、山が荒れたために水害が大きくなったという話を耳にする。山の草木が減り、保水力がなくなると、雨水が一挙に山を流れ、土砂を押し流して被害が大きくなるのである。現在ならともかく、江戸時代ならば山には樹木が生い茂っていたのではないか、と思われる方もあるかもしれない。しかし、江戸時代になると、急速に山が荒れだしたことがわかっている。

人口増加により、建築材や燃料として山の樹木の利用が多くなったことがあげられるが、もっとも問題だったのは、夜間の明かりとして利用するために、松などを根から掘り起こすようになったことであった。夜間の副業などのために明かりが必要となるが、油やろうそくは高価で庶民は利用できない。そこで、ヤニなどの油分が豊富な松などの樹木の根を利用するようになったのである。根を乾燥させて火をつけると、弱い明りではあるが、かなりの時間燃え続ける。これをヒデ（肥

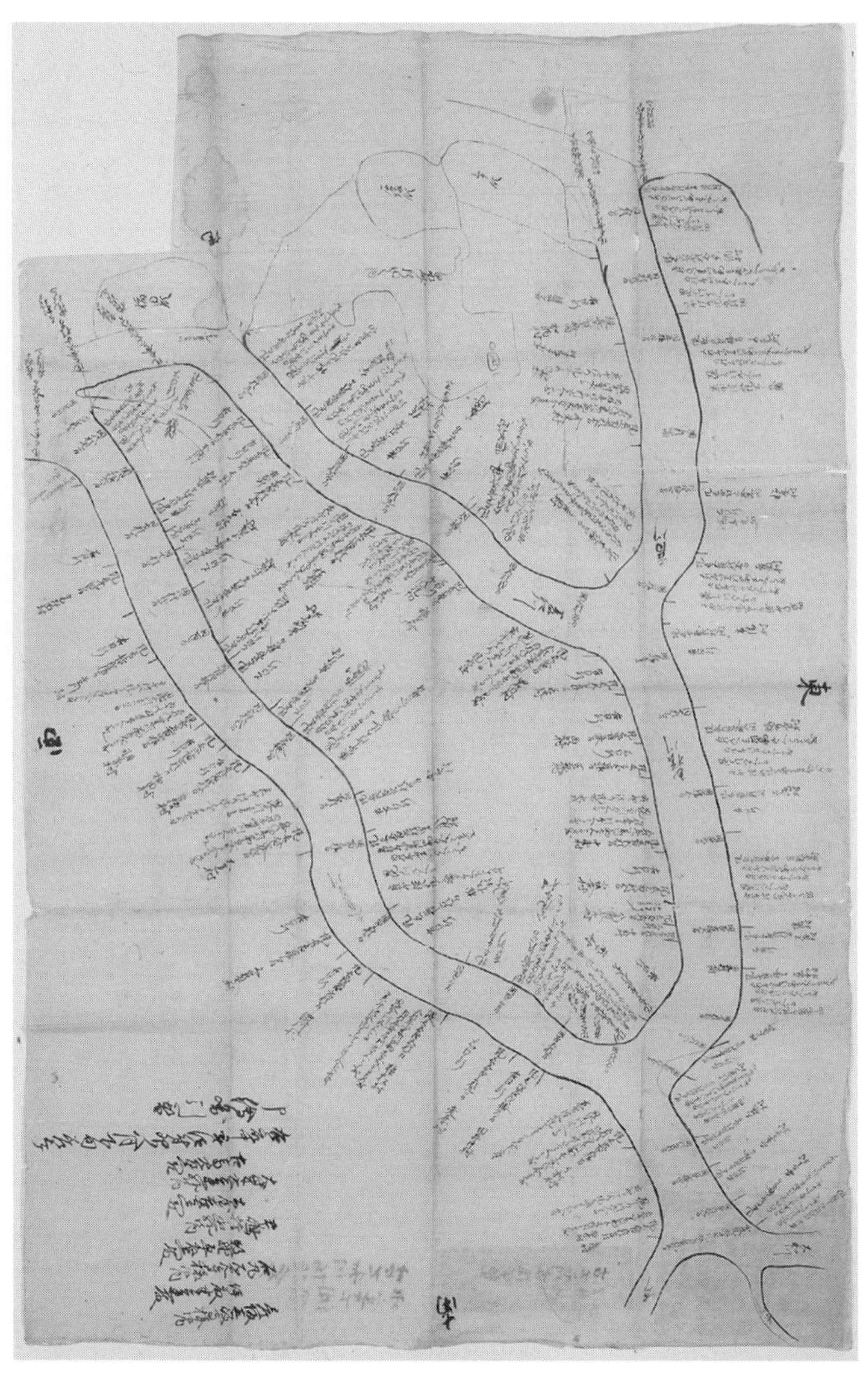

写真９　「古大和川附換前水害下調図（堤防比較調査図）」（中家文書）

松）などといい、ヒデを燃やすための石でできたヒデ鉢や、鉄の皿に脚の付いた松あかし、松とうがいなどの道具も普及していた。

また、河内や大和は花崗岩質の山が多く、花崗岩の風化した真砂（まさ）は、雨水とともに土砂となって流れ出しやすいという性質がある。つまり、近畿の山は悪条件がそろっていたのである。

幕府も対策を講じていた。樹木の掘り起こしの禁止や植樹の奨励などの触れをたびたび出している。

万治三年（一六六〇）三月に、「山城、大和、伊賀三ケ国の山々木の根掘候ニ付、洪水の節淀川・大和川へ砂押流埋候間、向後不掘木根様、其上連々植苗木候様ニ急度可被相触之者也」とある。木の根を掘ることが土砂流出の原因であると認識していたことがわかる。

寛文六年（一六六六）三月には、「山川掟之覚」が出されている。そこには、第一に木の根を掘り出すことが土砂流出の原因なので、今後草木の根を掘り起こしてはならない。第二に樹木のないところには、苗木を植えて土砂流出を防ぐこと。第三に川の中に田畑を開いたり、竹や葭を植えたりしないこと、を命じている。

さらに貞享元年（一六八四）には、「山川掟」の徹底とそれを監視するための土砂留役人（どしゃどめやくにん）の任命を行っている。しかし、これらはあまり効果がなかったようである。人々の生活は多様化していたため、明かりが求められていた。そして、土砂流出で洪水被害を受けるのは山から遠く離れた川筋の人々であり、山裾の村々に植樹を奨励しても、なかなか進まなかったと思われる。土砂留役人は年に一～二回、取り締まりのために村々を廻っていたようであるが、山に入ることはなく、各村から状況を聞くだけであった。村々は役人をもてなし、何も問題ないと答えて次の村に送り届ける。その負担が大きかったという記録が残っているが、山に植樹をする負担に比べれば軽いものだったのだろう。

このようにして、江戸時代になると急速に天井川化が進み、そのために洪水被害が大きくなった。そのようなか、河内の人々のあいだから大和川の付け替えを求める声が上がり始めたのである。

二　大和川付け替え運動と幕府の検分

大和川付け替え運動の始まり　大和川の付け替えを求める運動がいつから始まったのか、正確にはわからない。しかし、幕府による最初の付け替えを検討する検分が行われたのが万治三年（一六六〇）であったことがわかっている。よって、その直前に付け替えを求める嘆願書が出され、それを受けて幕府の検分となったことは間違いないであろう。

そこで注目される史料がある。寛政八年（一七九六）の「新大和川掘割由来書上帳」である。これは、河内国丹北郡城蓮寺村の文書であり、付け替え後百年近く経過して作成されたものではあるが、内容はほぼ正確と考えられる。そこには、「下河内村々願始より元禄十六未年迄、凡四拾五ケ年ニ成申由」とある。江戸時代には、昨年を二年前、一昨年を三年前と数えるので、元禄一六年（一七〇三）の四十五年前となると、万治二年（一六五九）となる。万治二年に初めて付け替えの嘆願書が出され、それを受けて翌年に幕府の検分があったとすると整合的である。よって、付け替え運動の開始は万治二年と考えていいだろう。

同じ「新大和川掘割由来書上帳」には、「下河内ノ内芝村三郎左衛門・吉田村次郎兵衛与申者、度々江戸江詰、願上」とあり、付け替え運動の中心人物として二人の名をあげている。この二人は、河内郡芝村の曽根三郎右衛門（一六三九〜一七〇六）と河内郡吉田村の山中治郎兵衛（一六三四〜一六九六）である。そこに中甚兵衛の名はない。中甚兵衛（一六三九〜一七三〇）は、このとき江戸にいた。甚兵衛が付け替え運動に関わっていたのかどうかわからないが、二人と同年代であり、近隣の村でもあったので、顔見知りであっただろう。二人が江戸に下ったときに、行動を共にすることはあったかもしれない。

幕府の付け替え検分　万治三年（一六六〇）三月に、山の樹木の根を掘り返すことを禁止した「土砂留令」が出されたあと、一〇月に片桐石見守貞正（かたぎりいわみのかみさだまさ）、岡田豊前守善政（おかだぶぜんのかみよしまさ）の付け替え検分があった。志紀郡太田村の柏原（かしわばら）家文書によると、志紀郡弓削村柏原村領内の大和川堤防から住吉手水橋まで杭を打ち、間縄（けんなわ）を引いて付け替えルートを検討したようである。弓削村と柏原村の境界付近とすると、宝永元年（一七〇四）に付け替えられた地点よりも一・五キロメートルほど北になる。これに対して、新川が予定された地域の河内国志紀郡・丹北郡、摂津国住吉郡の村々が迷惑を訴え、その結果、付け替えではなく、従来どおりの木の根掘りの禁止と苗木の植樹を命じて決着している。

二回目の検分は、寛文五年（一六六五）五月に行われている。小姓組松浦猪右衛門信定、書院番阿倍四郎五郎政重らが、淀川・木津川・大和川の巡視を行った。その結果が寛文六年の「山川掟之覚」などであろう。やはり、草木の根の掘り起こし禁止、山への植樹や、川幅を狭めるようなことをしない、焼畑の禁止なども命じている。さらに、寛文六年八月二一日には、淀川・大和川・木津川に堤川除破損修復奉行を派遣し、堤防の修復などを行ったようである。ここでも、山が荒れないようにすれば洪水はなくなると考えていたようである。

三回目の検分は、寛文一一年（一六七一）一〇月に、永井右衛門直右、藤懸監物永俊によって行われた。このときには、柏原村領・船橋村領内から住吉手水橋まで一町（約一〇九メートル）ごとに牓示杭が打たれた。牓示杭とは、範囲等を明確にするための目印の杭である。この牓示杭が川の中心となり、川幅が百間であれば両側五十間ずつが河床となるのである。万治三年（一六六〇）よりも付け替え地点が南に移り、宝永元年の付け替えルートにほぼ一致している。この際には付け替え担当役人まで決まっていたようだ。やはり、新川予定地周辺の村々が迷惑を訴えたが全く取り上げられなかった。「川床の百姓先祖より所持の田地川ニ成候得は、渇命ニはなれ乞喰ニ罷成候、然上永生無益と思詰自害仕死中候百姓も御座候、狂乱仕候百姓は多御座候」（太田村柏原家文書）という混乱ぶりだったようだ。ところが、理由ははっきりしないが、翌寛文一二年（一六七二）二月に、突然付け替え中止が発表され、三月には牓示杭も抜かれて新川予定地の百姓らは安堵したという。

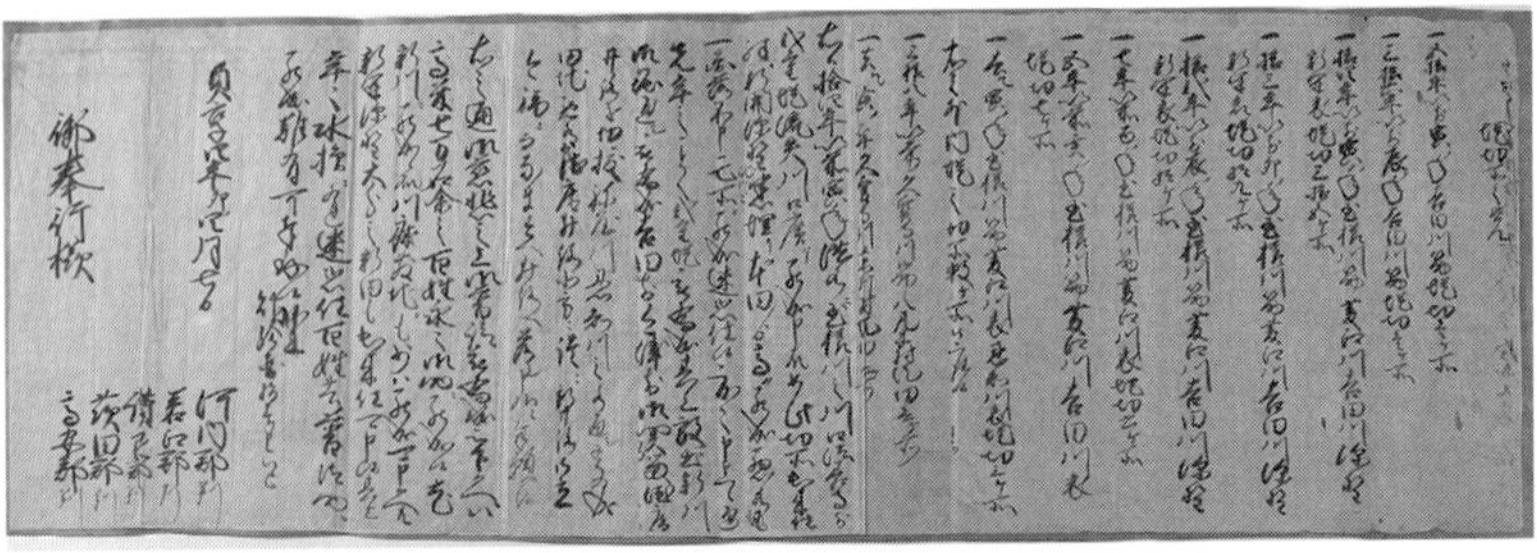

写真10　「堤切所之覚」（中家文書）

玉櫛川筋の洪水と幕府の検分　延宝四年（一六七六）三月に、四回目の付け替え検分が行われている。これに先立つ延宝二年（一六七四）六月に、淀川・大和川で大洪水があった。玉櫛川筋では三五か所で堤が切れ、玉櫛川川口（入口）の大県郡法善寺前二重堤も壊滅した。淀川でも茨田郡で堤が切れ、河内方面に水が流れ込んでいる（写真10・11）。

　このころ、大和川では玉櫛川の流量が増え、このときの堤切れも玉櫛川筋に集中し、久宝寺川筋では切れていない。流路を固定した結果、流量の多い久宝寺川筋の河床が高くなったため久宝寺川から玉櫛川へと本流が移っていたのである。しかし、玉櫛川筋の流末は深野池・新開池であり、流れが滞りやすかった。当然洪水被害が増加するため、二俣の分岐点に二重堤を設け、玉櫛川への流量を抑えていたのである（写真12）。二重堤とは、本堤防への水当たりを弱くしたり、流量を抑えるために川の中に設けられた堤防のことで、大和川にも数か所に設けられていた。法善寺前二重堤が、いつ、どのように設けられたのかわからないが、その目的が玉櫛川への流量抑制のためであったことは間違いない。このような大規模な工事は

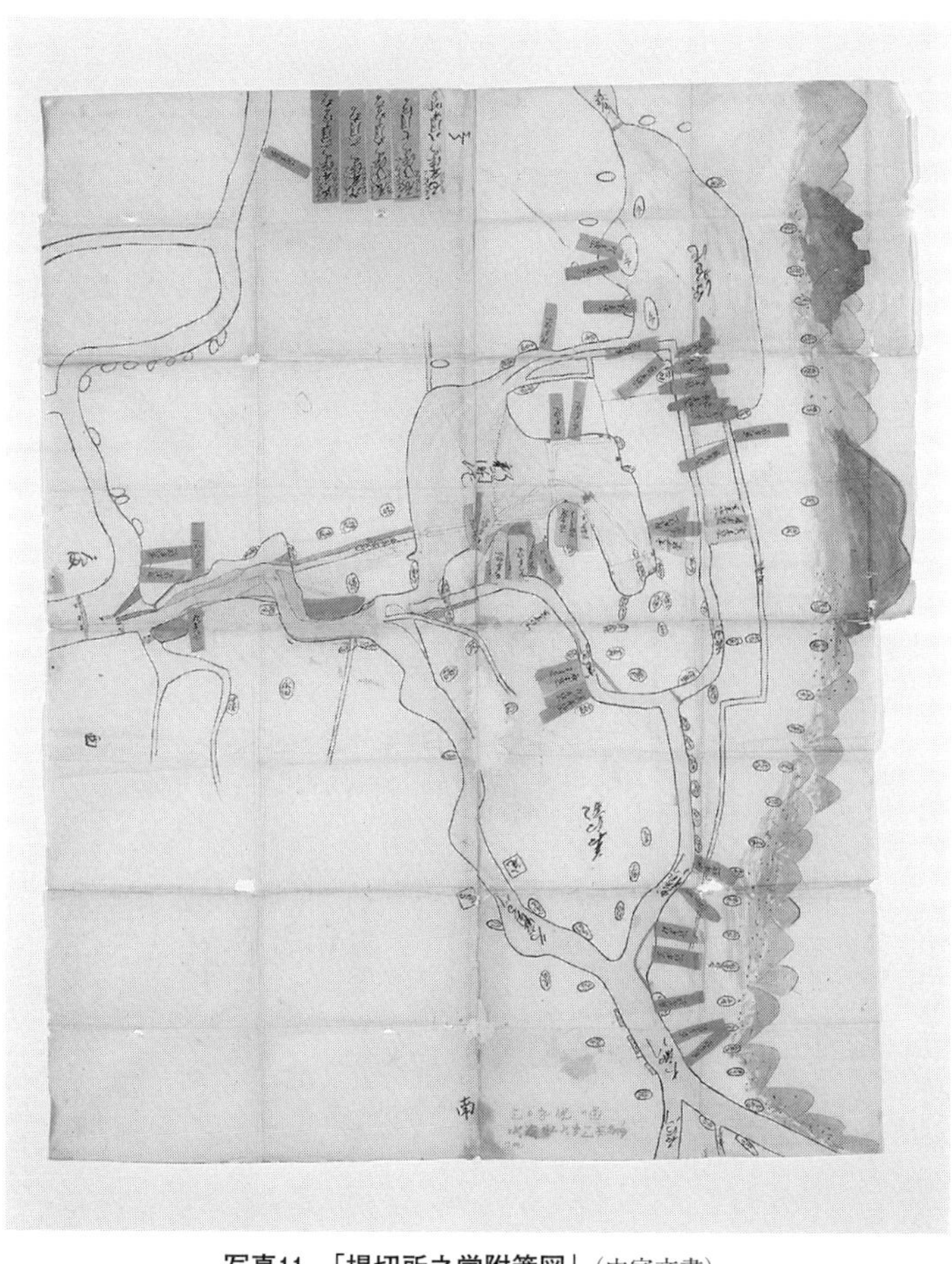

写真11　「堤切所之覚附箋図」（中家文書）

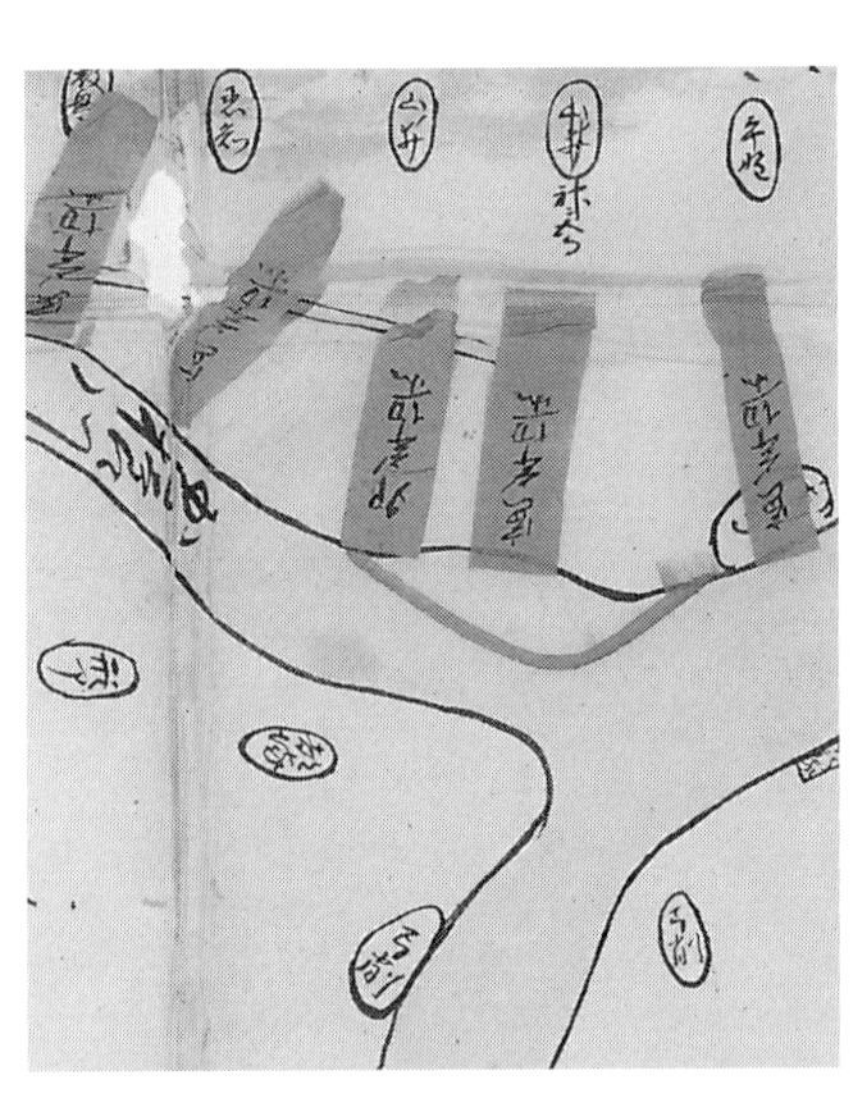

写真12　「堤切所之覚附箋図」法善寺前二重堤部分（中家文書）

幕府が関与しなければできなかったと考えられるので、あるいは寛文六年（一六六六）八月以降の工事で設けられたのではないだろうか。その法善寺前二重堤が決壊したため、玉櫛川への流量が一挙に増え、玉櫛川筋での大洪水となったのである。

翌延宝三年（一六七五）六月にも大洪水があった。このときも玉櫛川筋の一九か所で堤が切れているが、やはり久宝寺川での堤切れはなかったようである。両川の洪水被害の差が、のちの付け替え運動に大きな影響を与えることになる。延宝二年は寅年にあたるため寅年洪水、三年は卯年にあたるため卯年洪水といい、両年を合わせて寅卯洪水と呼ばれた。この洪水は、前後に例を見ない洪水として、人々の記憶に焼き付けられたようである。

寅卯洪水を受けて、幕府は延宝四年三月一五日に大坂西町奉行彦坂重紹、船手頭高林又兵衛らが付け替え検分を実施した。これに対して付け替えに反対する新川計画地流域の村々は、大勢で西町奉行へ詰めかけ、一方付け替えを求める人々も、吉田村の山中治郎兵衛に扇動されて詰めかけ、大坂は大騒ぎになったという。

この際の付け替え反対派の嘆願書が残されており、その内容については項を改めて検討することにしたい。このとき、付け替え反対派を代表して、柏原村の忠右衛門ら九名が江戸まで訴えに下っている。そして、大混乱の末、付け替えはこのときも中止された。

五回目の検分と河村瑞賢　五回目の付け替え検分は、天和三年（一六八三）の二月から三月にかけて行われた。稲葉石見守正休、大岡備前守清重、彦坂壱岐守重紹らが摂津・河内を巡検している。この巡検には、伊奈半十郎、河村瑞賢という治水、土木に明るい人物も同行しており、淀川・大和川の抜本的な治水対策を考えていたと思われる。巡検は京都から始まり、賀茂川、白川、桂川、保津川を回って淀川へ、その後大和川を亀の瀬から玉櫛川筋を深野池・新開池へ、天野川、徳庵(とくあん)川、鯰(なまず)江(え)川などを経由して淀川河口へ、平野川を回って狭山池へ、そして依羅(よさみ)池、手水橋へと大変な巡検であった。それだけ幕府も真剣だったと考えていいのだろう。また、下河内を代表して芝村の曽根三郎左衛門(右)が呼び出されて事情を聞かれている。その結果、新川予定地として船橋村から田辺村を経由して安立(あんりゅう)町へ、また田辺村から阿倍野村まで牓示杭が打たれた。

このときも、新川予定地周辺二七の村々から付け替え反対の嘆願書が出され、二五か村の代表が江戸へ嘆願に下っている。このときの計画ルートは従来の案よりもかなり北に寄ったものとなっていた。そのため、従来は反対運動に参加していなかった村々が反対し、それまで参加していた村々の多くが参加していないことがわかっている。直接的な被害を被る村のみが反対していたことがわかる。そして、このときも付け替え必要なしという結論が下されたようである。付け替えを進めるべきという意見もあったようだが、河村瑞賢の意見が主に取り上げられたようである。瑞賢は従来どおりの山林乱伐の禁止、植樹の奨励、葭などの刈り取りなどのうえ、淀川河口の河道の直線化、拡幅などによって淀川の水の流れをよくすれば、大和川の洪水もなくなる。付け替えをして新川を造ると、すぐに河床が高くなり、船の運行が困難になるなど取るに足らない策だと決めつけた。そして、貞享元年(一六八四)二月から瑞賢の普請が開始されるのであるが、ここからは次項で触れることにしよう。

五回の付け替え検分を見ると、ほぼ五年周期で付け替え検分が実施されていたことがわかる。大規模な洪水が起こって付け替えの嘆願書が出され、その都度付け替えを考えて検分が実施されるのだが、莫大な費用を伴う大規模な工事の実施を考えたとき、なかなか踏み切れなかったのだろう。そこへ、新川予定地周辺の村々から付け替え反対運動が繰り広げられた。彼らの言い分ももっともなので、付け替えはやめておこうとなっていたようである。乱伐の禁止と植樹の奨励などで何とか乗り切りたかったのであろう。

三　河村瑞賢の治水工事

瑞賢の第一期治水工事　天和三年（一六八三）、五回目の付け替え検分の結果、河村瑞賢が淀川河口の工事を実施することになった。瑞賢は伊勢国度会郡東宮村で生まれた。明暦三年（一六五七）の江戸大火の際に、木曽の山林を買い占めて巨利を得ている。また、東廻り航路、西廻り航路の整備、鉱山開発など多方面でその能力を発揮した。現代風に言えば実業家であった。その治水、土木的な知識を期待されて、天和三年九月に幕府から淀川・大和川の治水工事を一任された。幕府の信頼が厚かったのであろう。

瑞賢は、淀川の水が海へうまく流れ込むようになれば、大和川の洪水被害も抑えられると考えた。川を付け替えると、流出する土砂で新川の河床が高くなり、船の運行が困難になるなど、悪影響のほうが大きいと考えたのである。そして、貞享元年（一六八四）二月一一日に工事に着工した。

まず、淀川の流れをよくするために、河口の九条島の中央に、幅四〇間（七二メートル）の新川を掘削した。この川はのちに安治川と名付けられた。瑞賢も三〇〇年後に、そのほとりにＵＳＪができるとは思ってもいなかっただろう。工期はわずか二十日。両岸は石積みで護岸された。その掘削土で堤を築き、堤上に松を植えた。この堤は瑞賢山と呼ばれ、船の航行の目印とされた。また、淀川と中津川の分流する長柄に蛇籠を積んで、淀川のほうの流量が増えるようにした。蛇籠とは、

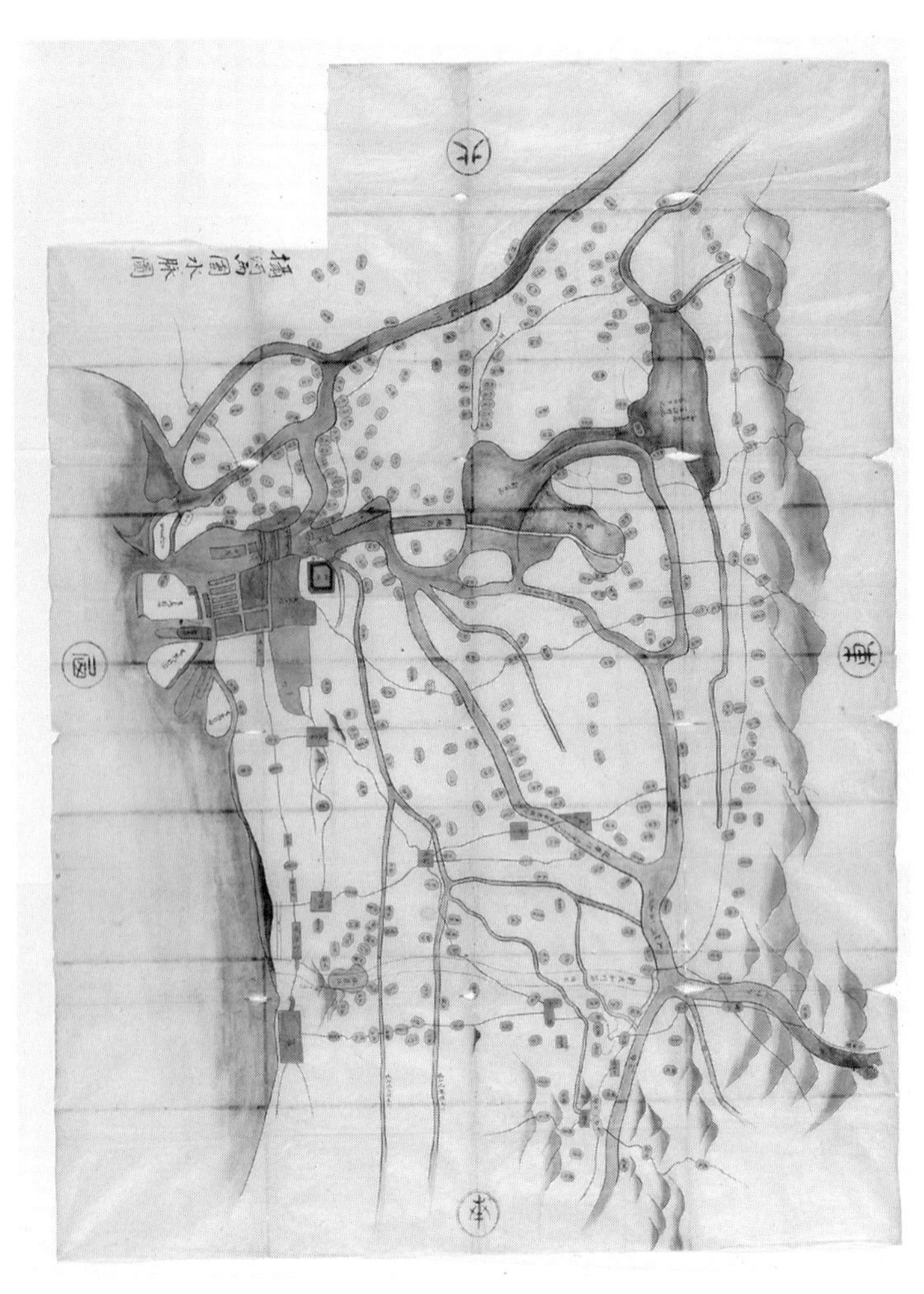

写真13　「摂河両国水脈図」（柏元家文書）

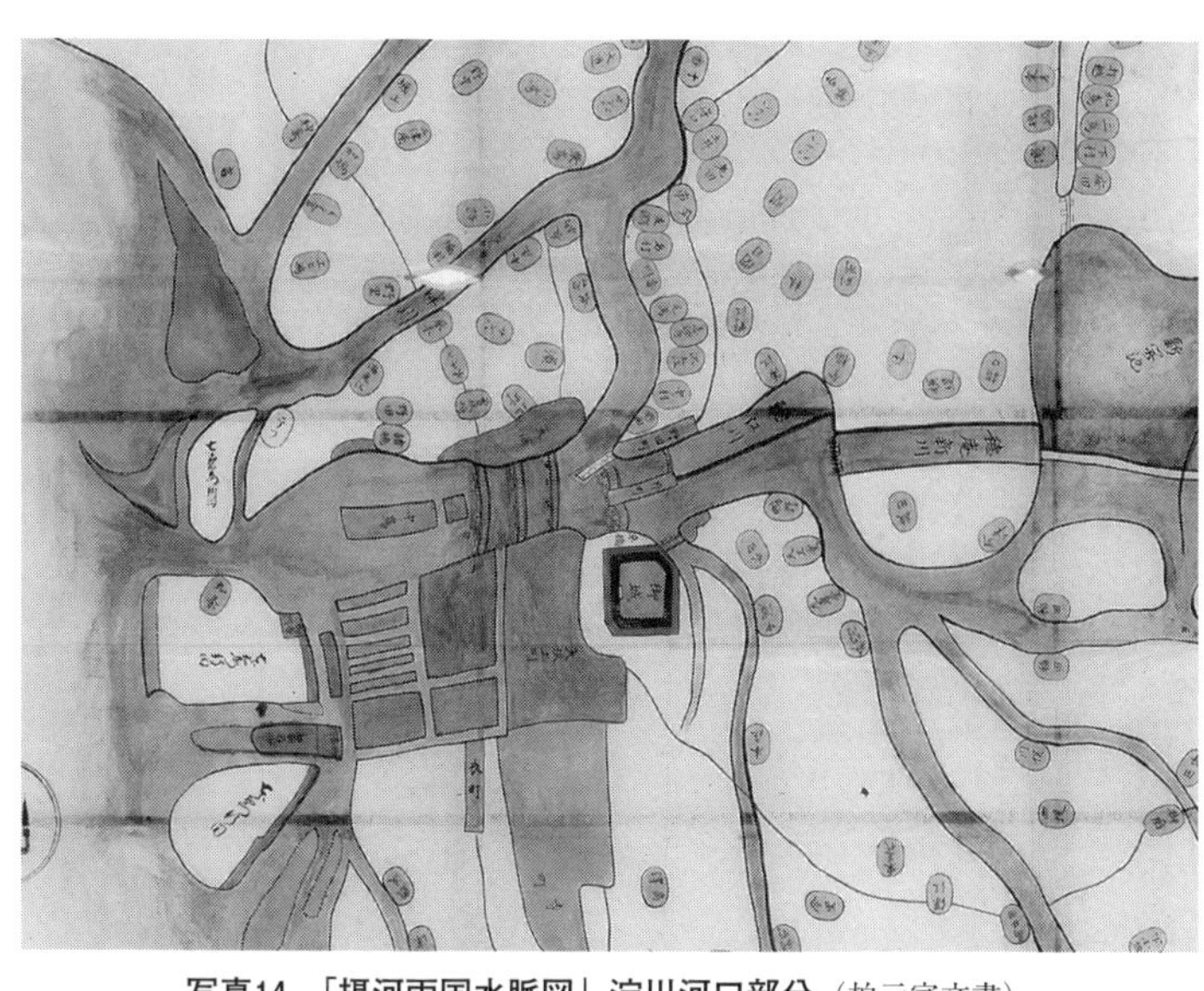

写真14　「摂河両国水脈図」淀川河口部分（柏元家文書）

石を詰めた竹の組み物のことである。さらに堂島川を掘り下げ、土佐堀川との分流を促した。これによって、淀川の流れはかなりよくなった（写真13・14）。

堀田正俊の刺殺事件　ところが、その年の八月、瑞賢が工事の中間報告のために江戸滞在中に、若年寄の稲葉正休が大老の堀田正俊を刺殺するという事件がおこり、工事は一時中断された。この刺殺事件は、大和川付け替え問題が原因であったという説がある。堀田正俊が、大和川付け替えを主張する正休の考えではなく、淀川の治水工事を主張する瑞賢の策を採用したためと一般には言われている。しかし、それはあり得ないだろう。検分直後には正休は付け替えを考えていたようであるが、のちには瑞賢の策に納得し、瑞賢の治水工事のために奔走していたようなので、それは考え難い。このとき、正休の報告と瑞賢の報告内容に相違があったことを咎められたためという説もあるが、それが殺人となるであろうか。さらに、堀田が経費増大等を理由に、正休に工事中止を要求したためという説もあるが、結局はすべて憶測である。刺殺の理由は何もわからない。二人のあいだには、それ以前からさまざまな意見の対立があったようである。大和川の問題もその一つかもしれない。しかし、付け替え問題だけを事件の真相とする説を信用することはできない。とにかく、この一件で瑞賢の工事が中断されたのは確かである。

事件の三か月後、工事の続行が決定され、翌一二月から瑞賢は工事を再開した。堂島川に通水し、川岸には道路を設け、橋なども整備された。これによって、淀川河口の状況はよくなり、インフラ整備も進み、大坂市中の人々は喜んだ。

翌貞享三年（一六八六）三月から、瑞賢は続いて大和川の治水工事に着手した。石川との合流点付近の船橋村・柏原村の堤外島が削除された。外島とは、河川敷に営まれた耕作地のことで、大和川筋各所に営まれていた。河川敷を耕作地にすると、水の流れを阻害することになる。幕府も外島の禁止をしばしば命じていたが、現実には外島はなくならなかった。それは、正式に耕作地と認められて、年貢も徴収されていたからである。その外島を廃止すると、年貢の減収となるので、現実的には外島の撤去は進まなかった。

また、森河内から京橋まで、すなわち淀川と合流する直前の流路を拡幅し、直線化した。さらに、河川敷の葭の刈り取りを進め、水の流れをよくするための工事を実施した。これらの工事を含めて、瑞賢の治水工事は貞享四年（一六八七）の五月に完工した。

瑞賢の工事が終盤に差し掛かった貞享四年一月ごろ、摂津・河内十五万石余りの百姓から、大和川付け替えを求める嘆願書が出された。それに対する幕府の答えは残っていないが、相当厳しく付け替え不要を申し渡されたようである。同じ年の三月には、付け替えをあきらめて治水工事の嘆願に変わっている。この嘆願については次項で詳細に検討するが、付け替え不要として三年余りにわたる工事が瑞賢によって行われていたのである。その工事の終盤に出された付け替え嘆願に幕府が怒ったのも当然であろう。

瑞賢の第二期工事　瑞賢による治水工事は、十年余りを経て元禄一一年（一六九八）五月から新たな工事が始まった。貞享年間の工事を第一期工事、元禄年間の工事を第二期工事とする。第二期工事では、西横堀川と木津川の間に、幅三〇間（五四メートル）、長さ一二町（一、三〇〇メートル）の堀江川が開削された。そして堂島の五か所に新地が開かれ、三七〇軒の家ができた。木津川河口の難波島も開削された。大和川でも久宝寺川の植松の突出部を削除し、小坂の用水樋を伏替え、高井田の外島も削除された。さらに淀川との合流点近くの今津、左専堂（させんどう）、放出（はなてん）でも外島が削除された。そのうえで、淀川河口に町人参加による新田開発を行い、元禄一二年（一六九九）二月に完工した。瑞賢はこれだけの工事をすべて終え、元禄一二年三月に江戸に帰った。そして、間もなく六月一六日に亡くなった。工事による疲労が原因だったのだろうか。

幕府の方針　瑞賢の治水工事は、水の流れをよくすることに終始した。これだけの工事にも関わらず、大和川の洪水が減ることはなかった。一方、大坂では水路が整備され、排水が良好になり、舟運も整備された。瑞賢の目的は、舟運や経済的効果など、大坂の発展、町人の恩恵が重視されていたと考えていいだろう。百姓の生活や米の生産などはあまり眼中になかったのである。

幕府も、瑞賢に任せきりだったわけではなかった。瑞賢が第一期工事中の貞享元年（一六八四）八月に、土砂留制度を整備し、土砂留担当大名による山裾の村々の巡視が始められたが、あまり効果がなかったのは前述のとおりである。また、貞享四年（一六八七）正月には川奉行を設置し、毎年の川浚いを含む川筋支配を行うようになった。その範囲は、「城州淀川筋川上宇治迄、同木津川筋川上笠置迄、河州大和川筋亀瀬迄、同石川筋富田林迄、その外河州枝川残らず」であった。川奉行は宝永元年（一七〇四）の付け替えに伴って廃止されたが、間もなく復活している。

同じ貞享四年（一六八七）九月には、「川筋御仕置」の高札が立てられた。そこには、まず、川筋の葭を四月・五月・七月・九月の年四回刈り取ること、流作を堅く禁止すること、それらの土は誰が取ってもいいこととある。流作とは、河川敷に無断で開かれた耕作地のことである。また、堤に不要な竹木を植えたり、堤の上に家を建ててはならない。堤から突き出した部分を造ってはならない。中州や外島の竹・木・茨・葭などは掘り捨てること。外島に小さい堤を造ってはならない。

これらをしっかり守ること、もし守れない者があれば罪とみなすこと、などが徹底された。しかし、どれほど効果があったか疑問である。

要するに、流れの妨げになるものをできるだけ取り除けば、洪水を防げると考えていたのである。それが、瑞賢の判断であり、幕府の方針でもあったのである。通常の降水量であれば、これでしのげただろう。しかし、自然はときに信じられないような大雨も引き起こす。そうなれば、川の中の障害物など関係ないような被害が起こるのである。抜本的な洪水対策とはならなかったのである。

四　大和川付け替え運動の転換

付け替え嘆願書　中家文書には、大和川の付け替えを求めた嘆願書が二通残されている。どちらも「乍恐御訴訟」で、ほぼ同文である。その一通の端裏書には、「貞享四年伊豫守様へ差出控」と書かれているので、一通が正式の嘆願書の写しで、もう一通はその下書きと考えられる（写真15）。

乍恐御訴訟

河州摂州水所村々百姓共ニ而御座候

一先年より奉願候、大和川之流、船橋村前より堺之北之方海迄、川違被為成被下候得ハ、水所拾五万石余之百姓、永々迄之御助ニ罷成候ニ付、乍恐川違御願申上候御事

一此以前、大坂辺ニ而所々川御普請も被成被下候へ共、大和川之土砂ニ而、新開池・深野池・

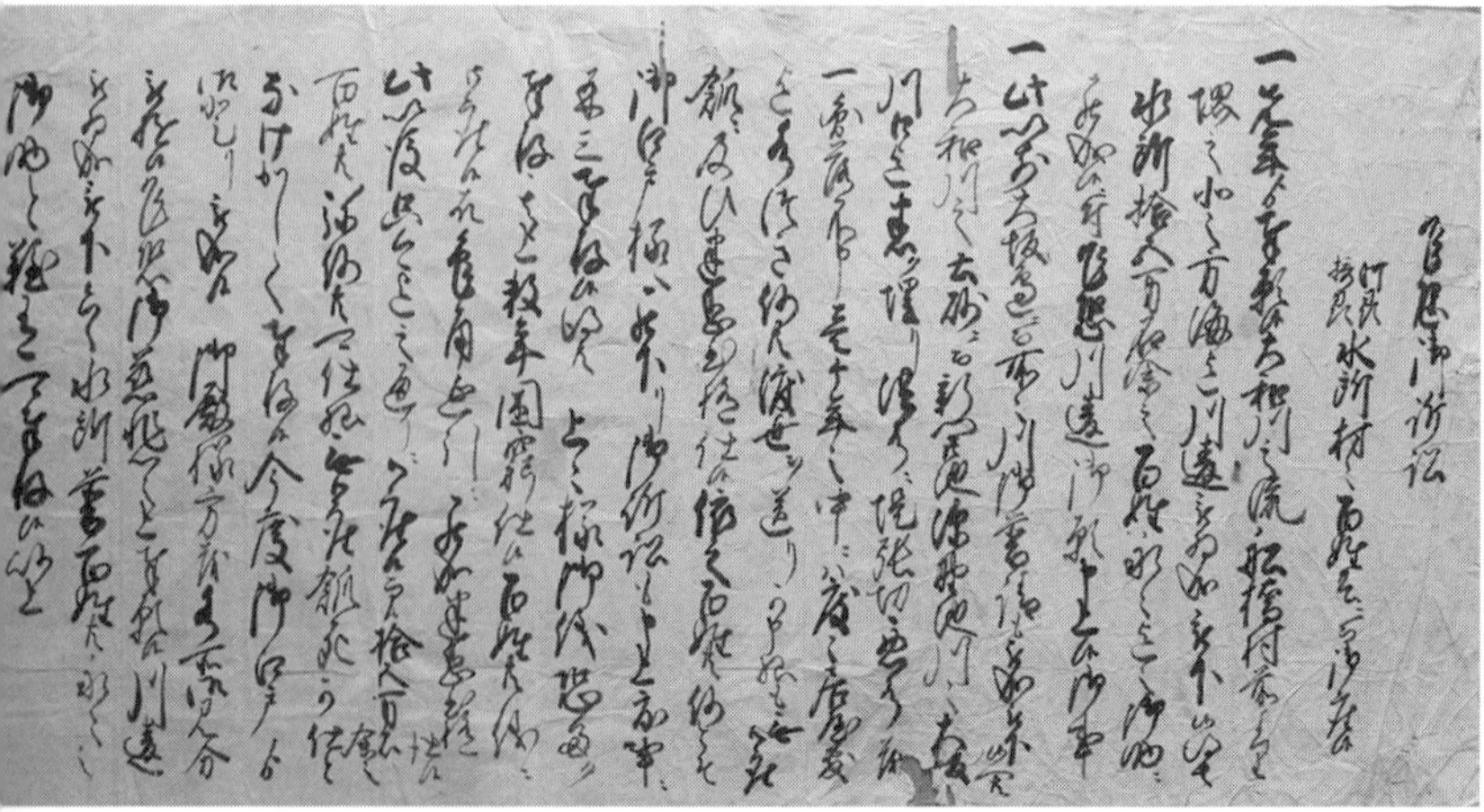

写真15　付け替え嘆願書「乍恐御訴訟」（貞享４年・中家文書）

川々、大坂川口迄悉ク埋り、洪水ニ堤張切、
悪水茂一圓落不申、壱ケ年之中ニハ、度々居
屋敷迄水つき、何共渡世ヲ送り可申様も無御
座、飢ニ及ひ迷惑至極仕候、
依之、百姓共何とそ御江戸様江下り、御訴訟
も申上度事ニ再三奉存候得共、上々様御儀恐
多ク奉存、其上数年困窮仕候百姓共儀ニ御座
候故、兎角延引ニ罷成、迷惑至極ニ仕候、此
以後、只今迄之通ニ御座候而ハ、拾五万石余
之百姓共、弥何共可仕様無御座、餓死可仕と
なけかしく奉存候、今度、御江戸より御登り
被成候　御殿様方茂水所御見分被遊候、乍恐
御慈悲之上、奉願候川違被為成被下候ハヽ、
水所普百姓共永々之御助と難有可奉存候、以
上

拾五万石余りの村々から出された嘆願書である。
拾五万石ならば、河内国河内・若江・讃良・茨田・

高安・大県（おおがた）・渋川郡と摂津国東成（ひがしなり）郡くらいの範囲となる。この村々が求めるのは、船橋村から堺の北の海までの川違（かわたがえ）（付け替え）である。このルートは、実際に宝永元年（一七〇四）に付け替えられたルートに一致しており、具体的なルートを示して付け替えを求めていることがわかる。大和川の洪水によって百姓の生活困窮を訴え、付け替えを求めている。「大坂辺ニ而所々川御普請も被成被下候へ共」とは、河村瑞賢の治水工事を指している。瑞賢の工事が洪水の解消にはなっていないことを訴えている。

この付け替え嘆願書は、現在確認できる唯一の付け替え嘆願書である。写しは甚兵衛の筆跡であり、下書きも甚兵衛の手元にあることから考えると、甚兵衛が中心になって作成した嘆願書と考えられる。

この史料を見て、変だと思われた方があるのではないだろうか。それは、史料の最後にあるべき日付、作成者、宛名が書かれた部分がないのである。実は、その部分が鋭利な刃物によって裁断されているために、もっとも肝心な部分が残っていないのである。もう一通の下書きと考えた史料の文末も同じように裁断されている。日付や作成者を消去しなければならない事情があったのであろう。その理由については、第五章―一、大和川付け替えと中甚兵衛の項で考えたい。

治水工事の嘆願書　次に、貞享四年三月七日の日付をもつ嘆願書を見ておきたい（写真16～18）。

（端裏書）卯三月七日伊豫守様■■■■差上ケ申ひかへ

乍恐御訴訟言上

私共ハ河州水所村々百姓共ニ而御座候

一摂州河州水所拾五万石余之百姓、永々御助大川違、数年奉願候へ共御延引、近年大坂川口より鳴野村辺川端迄御普請被為成被下候ニ付、其より下ハ水能引候へ共、鳴野村より川上ニ而水滞、河州七万石余之百姓御助ニ難成ニ付、去春夏之時分御助御普請度々奉願候へハ、瑞賢方へ申候へと御定意難有奉存、則瑞賢老方へ度々申上候、其後、瑞賢老江戸へ御下被成、此頃御登ニ付、御普請も早速御取かけ被為成可被下と奉待居申処ニ、此頃何之御沙汰も無御座候、最早、耕作仕時分ニ御座候へ共、悪水引不申迷惑仕候、右奉願御普請共御大増御延引ニも被為思召候ハヽ、先纔之御普請成共、早速御助奉願候御事

一深野・新開水落口、大分埋り申ニ付、悪水落不申迷惑仕候、新開嶋中、幅形五間ニ堀抜水通しニ奉願候御事

一稲田観音前中堤、かわた村前迄御延、楠根川中堤も相応ニ御延被為成被下候へハ、両処共悪水能引申候御事

一法善寺前弐重堤、先年御座候通ニ被為成被下候而、久寶寺川・玉櫛川へ先規之通、相応ニ水参候様ニ奉願候御事

右三ケ所之御普請之内、新開嶋中堀抜之儀ハ百姓時分ニ而成共仕立可申上候、中堤と法善寺前弐重堤ハ、百姓力ニハ及難奉存候、　御公儀様より乍恐早速被為成被下候ハヽ、当年より御助

ニ罷成申候御事
一前々より奉願候通、菱江川・吉田川・祢屋川・恩智川・久寶寺川と放出村之前ニ而大分之水共壱所ニ出合申故、洪水ニ水もみ合、込水ニ而新開・深野ニ水漂、洪水之節所々堤又々切所ニ及可申と迷惑ニ奉存候、尤、今度さゝ者祢被為成被下候ニ付、中水ハよくわかれ候へ共、洪水ニ壱面ニ罷成候、右より奉願候通り、今津村西ノ方より放出村田地之戌亥之角迄新川御堀、久寶寺川と菱江川別ニ流、鴫野村前ニ而落合申様ニ被為成被下候へハ、それより下ハ近年之御普請ニ而能引落シ申候、然ハ、右川々ノ水能引落シ洪水之御助ニ罷成候御事
一菱江川筋稲田新田之内川殊外狭ク御座候、此所川幅御広ケ、其外、堤出張候所少つつ御取込被為成候而、吉田前・今津前御関留、深野・新開へ大和川之水入不申様ニ被為成、徳庵井路を切抜、祢屋川・恩智川之水通シニ被為成、田地之悪水共ハ徳庵井路北ノ方ニ新井路を御堀、今福ニ而なますえ井路へ落シ申様ニ奉願候、第一法善寺前弐重堤と放出村新川奉願候、此御普請被成不被下候而ハ、洪水ノ御助ニハ難成奉存候御事
右之通、御慈悲を以被為聞召上、御普請被成下候へハ、高米七万石余之百姓永々御助ニ罷成候、若御延引被遊候ハヽ、近年御大増成御普請被為成被下候処ニ、今少之御普請ニ而河州水所之百姓御助ニもれ、残念迷惑ニ奉存候、尤、新川ニ罷成候処、川床敷地ニも少ハ成可申候へ共、深野・新開大分之新田場も出来仕可申候、其上、年々水損ニ逢迷惑仕候百姓共普御助ニ罷成、難有可奉存候、以上

河内郡
若江郡
讃良郡
茨田郡
高安郡

貞享四年卯三月七日

御奉行様

この嘆願書では、十五万石余の百姓から付け替えをお願いしてきたが、引き延ばされてきた。そこで、川幅の拡幅や新しい水路の開削、法善寺前二重堤の修復などの治水工事を嘆願しており、その工事によって、七万石余の百姓が助かると訴えている。ここでは、付け替えをあきらめて治水工事の嘆願となっていることから、先の付け替え嘆願が認められなかった結果の嘆願と考えられる。その嘆願が三月七日付けなので、先の付け替え嘆願は貞享四年（一六八七）の一月ごろと考えられる。それに対して、幕府から付け替え不要という相当厳しい申し渡しがあったのであろう。そのため、付け替えではなく、治水工事の嘆願となり、訴える百姓も十五万石余りから七万石余りとほぼ半減したのだろう。付け替え嘆願から大県郡、渋川郡、東成郡が離脱したようである。これは、このあと貞享四年の四月七日に提出された「堤切所之覚」（写真10）とその付箋図（写真11）をみればわかるのだが、このころ、久宝寺川筋ではほとんど洪水がおこっていなかった。それは、法善寺前二重堤が決壊したことにより、玉櫛川筋の水量が増え、久宝寺川の流量が減っていたからであろう。久宝寺川筋の人々は、できることなら大和川が付け替えられることを望んでいただろう。しかし、

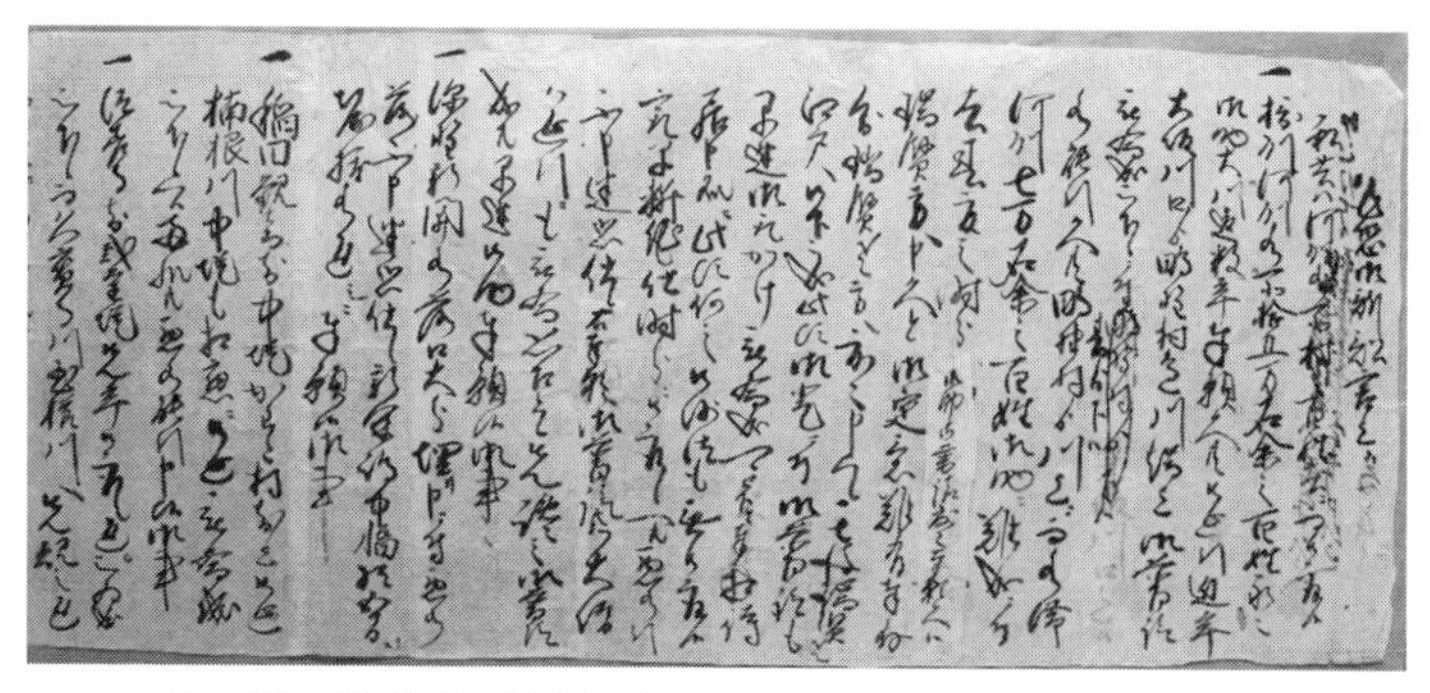

写真16　「乍恐御訴訟言上」①（貞享４年３月７日・中家文書）

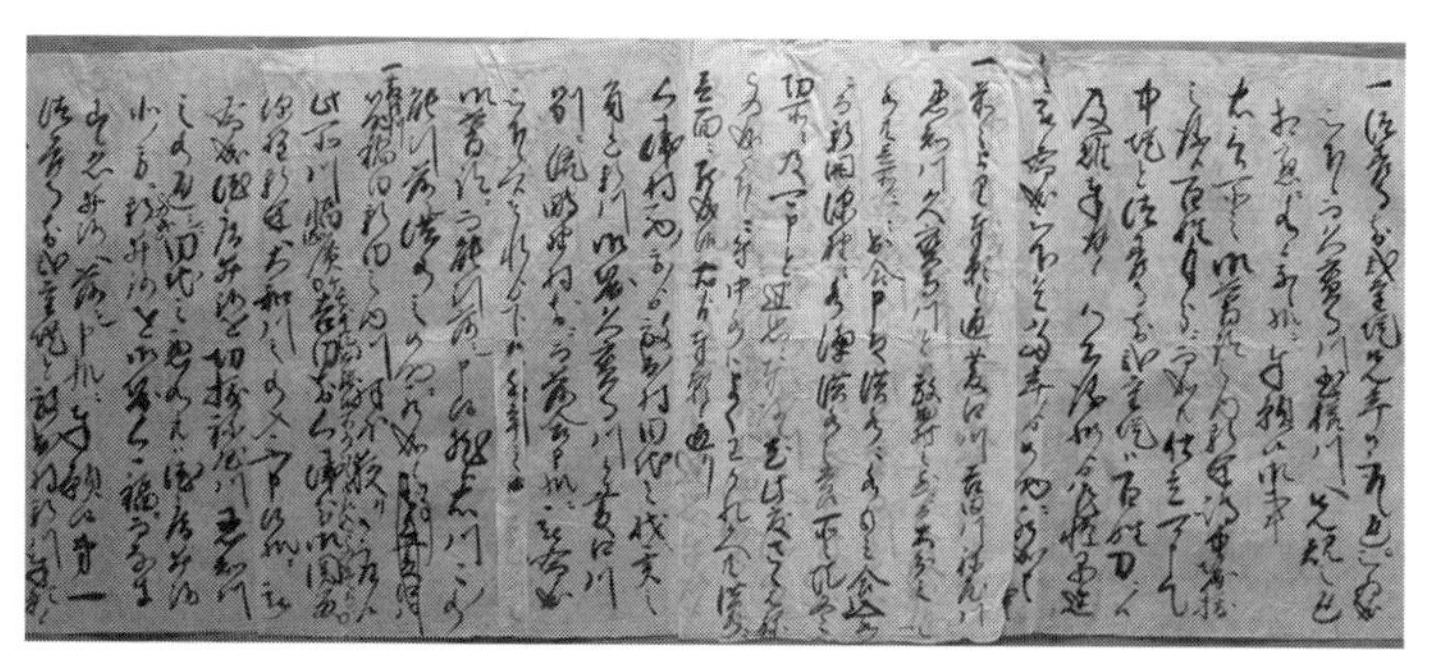

写真17　「乍恐御訴訟言上」②（貞享４年３月７日・中家文書）

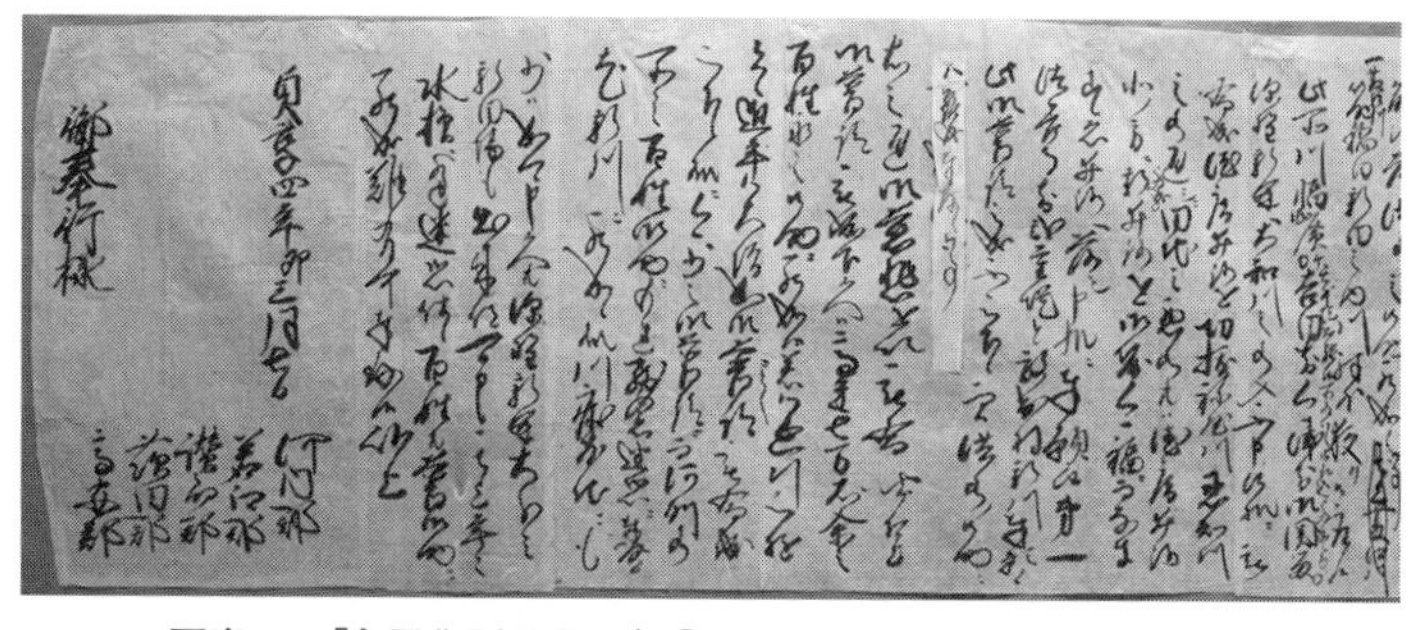

写真18　「乍恐御訴訟言上」③（貞享４年３月７日・中家文書）

幕府から厳しい答えが返ってきたうえ、洪水の危険性も減っていたので運動から離脱したのだろう。久宝寺川筋の人々にとって、法善寺前二重堤の修復に同意できるはずがなかったのである。

一月ごろに出されたと考えられる付け替え嘆願書に、幕府が厳しい回答を出した理由は容易に想像できる。河村瑞賢の淀川河口の工事が終了し、一月ごろには大和川の治水工事に着手していたのである。その工事は、大和川の付け替えは不要と判断したための工事であった。その最中に、付け替え嘆願など幕府からすれば無礼な嘆願だったであろう。

これ以降、二度と付け替えの嘆願が出されることはなかった。そして、治水工事を求める運動に参加する村々も、徐々に減っていくのである。

五　付け替え反対派の動き

付け替え検分と反対運動　現代でも大規模な公共工事を行うときに、反対運動が起こることは珍しいことではない。大和川の付け替えでも、洪水で苦しむ人々が付け替えを求め、新川計画筋の人々は新川工事に反対した。

万治三年（一六六〇）の最初の付け替え検分では、新川筋の河内国志紀郡・丹北郡と摂津国住吉郡の村々が反対した。理由は、田地や屋敷が川底となり村が分断される。北流する多くの井路川（いじがわ）が新川堤にせきとめられて、南側は水損場に、北側は用水源がなくなって日損場となる。というもの

写真19　大和川付け替え地点と新大和川左岸（南東から）

であった（写真19）。

このあとの反対運動では、さまざまな理由があげられているが、もっとも基本となるのは、この三点、すなわち土地を失うことと、新川南側の洪水、北側の用水不足である。

寛文五年（一六六五）の二回目の付け替え検分では、付け替え賛成派の内容もわからないが、反対運動の内容も不明である。

寛文一一年（一六七二）一〇月の三回目の付け替え検分では、反対派は暗い年越しとなり、江戸への訴えも検討された。「川床の百姓先祖より所持の田地川ニ成候得は、渇命ニはなれ乞喰ニ罷成候、然上永生無益と思詰自害仕死申百姓も御座候、狂乱仕候百姓は多御座候」とある。やはり土地を失うことが最大の問題であった。先祖からの土地であり、土地を失うことは収入源がなくなることであり、生きる糧を失うことだったのだ。乞食になるしかないと思い詰め、自害する人や発狂する人がいたという。

延宝四年の反対運動　延宝四年（一六七六）三月一五日の付け替え検分を受けて、反対派は一七日に大勢で西町奉行へ詰めかけ、促進派も繰り出して大坂は大騒ぎになったという。新川筋二九か村からは「乍恐御訴訟」が出された。その内容は、

①計画どおりに付け替えが実施されると、先祖伝来の田地が川底となる百姓は生活できなくなり、命にかかわる。

②河内国は南が高い地形なので河川は南から北へと流れているが、新川は地形にそぐわない横川で、しかも柏原村・船橋村から東除川までは西へ行くにつれて高くなり、その間には南の山からの悪水や小川がいくつも流れ、大雨が降ると水が溢れて田地一面がつかり、人馬も通れなくなるというようなことが年に二、三度はある。そこに新川ができれば、さらに多くの土地が水損場となる。

③東除川から西除川にかけては、さらに地形が高くなり、西除川には多くの悪水が流れているので、もし新川ができれば間違いなく四～五万石は水損場となり、とりわけ一三か村は水底に沈んで、住むことさえできなくなる。

④瓜破村領の二〇町ほどと、山之内村・杉本村領内の一四～一五町、合わせて三四～三五町は、新川を造るために二丈（六メートル）余りも掘らなければならず、しかも地質は堅い岩盤であるから、その工事には莫大な労力・費用がかかり、掘り出した土は捨てねばならないので、それによって

もたくさんの田地が潰れてしまう。
⑤促進派は、付け替えを行えば旧川の川床や深野池・新開池に多くの新田ができるように言っているが、実際にはそんなにたくさんはできず、井路川や道の分を差し引けばほんのわずかにすぎない。
⑥堤の維持についても、旧川は長い距離をゆっくり流れ下るので、水当たりが弱く、堤もそれほど傷まないが、新川の場合は自然地形に反した横川で、距離も短く、流れも急なので水当たりが強くなり、堤も傷みやすく補修に莫大な費用がかかる。
⑦新川ができれば、旧川に水が行かなくなるので、若江郡・渋川郡の村々は、用水不足で日損を被ることとなる。
⑧新川から北の村々は、これまでは狭山池の水や南の山からの水で田地を潤してきたが、東除川から西の地形の高い所では、川床の方が低くなるため、用水を確保できなくなり、やはり日損場となってしまう。
⑨柏原村と手水橋の間には、東高野街道から紀州街道まで、主要な街道が六筋も通っており、その他にも多くの道があるので、新川が掘られれば、それらが寸断され、多くの人々が往来できずに困ることになる。
⑩延宝二年三年の洪水で大和川の堤が所々で切れ、被害を受けた川下の百姓が付け替えを願い出たと聞いているが、あの両年の洪水は古今未曾有のものであって、大和川に限らず他の川でもたく

さんの堤が決壊した。したがって、あの洪水を理由に大和川だけ付け替えをするというのは理屈が立たず、川浚えを命じ、堤の外側に腹付けをして、さらに堤を高くすれば、付け替えなどせずとも十分大和川を維持できるはずである。むしろ、無理に新川を掘って、その場が決壊する方が、さらに多くの田地や人命を失い、大惨事となることが予想される。

という内容であった。少し誇張はあるが、いずれも理にかなった理由である。万治三年の反対理由であった、土地を失うことと（①）、新川南側の洪水（②）、北側の用水不足（⑦⑧）以外にも、新川の予定地は地形的に問題があること（③④）、などを指摘している。瓜破や上町台地は大規模な掘削が必要になること（④）、水当たりが強い北側堤防に決壊の恐れが生じること（⑥⑩）などをあげ、さらに付け替えを求める人々がいうほどの新田はできない（⑤）、道路の寸断（⑨）などを反対理由としてあげている。反対派は、この嘆願書を持って、柏原村の忠右衛門ら九名が江戸へ訴えた。その際には、他の村々と絵図・訴状どおりの訴えをすること、川筋を上下に変更するなどして代表者の村々に有利な訴訟に変更しないこと、道中の倹約に努めることなどを約束している。代表者らの都合のいいような訴えはしないことを強調している。

天和三年の反対運動　天和三年（一六八三）四月二一日に、船橋村から安立町、阿倍野村への付け替え検分が行われた。そのわずか二日後の四月二三日に、付け替えに反対する二七か村から嘆願書「乍恐御訴訟申上候」が提出された。そこには、

①新川の南側に悪水井路を掘っても、東除川や西除川は天井川なので、両川の水が落ちない限り、横田川・今川・駒川などの悪水は落ちず、新川より南側は耕作できなくなる。
②新川ができれば、川から流れ込む砂で川口が埋まり、諸国の船が出入りできなくなる。そうなれば、大坂・京・伏見の町人だけでなく、畿内の百姓たちまで迷惑が及ぶ。
③付け替えを求めている村々は、もともと地形的に水の絶えないところで、たとえ付け替えが行われても水は抜けず、もちろん新田もできるはずがない。これまでのように、川口の水が流れるように、大坂市中の川浚えをしていただきたい。

というものであった。そのあと、二五か村が代表を江戸へ送っている。

天和三年の新川予定地は、従来の計画よりもかなり北に寄っていた。そのため、付け替えに反対する村々も、従来よりも北に寄った予定地周辺の村々に変わっていた。反対理由は、これまでと少し異なっている。①は、新川南側の洪水の危険性に対して、左岸堤防に沿って悪水井路を掘るという方針に対しての批判である。悪水とは、耕地などの不要水すなわち排水のこと、井路とは水路のことである。この批判から、幕府が大和川を付け替える場合は、南から流れてくる水を排水するための水路を掘るという方針を示していたことがわかる。②と③は、それまでの反対嘆願書ではみられなかった項目である。これは、検分の結果から河村瑞賢が主張した考えと同じであり、この反対訴状を出す時点で、反対派の村々は瑞賢の意見を知っていたと思われる。そのため、瑞賢の意見に同意することによって、付け替えをなんとか阻止しようと考えていたのであろう。

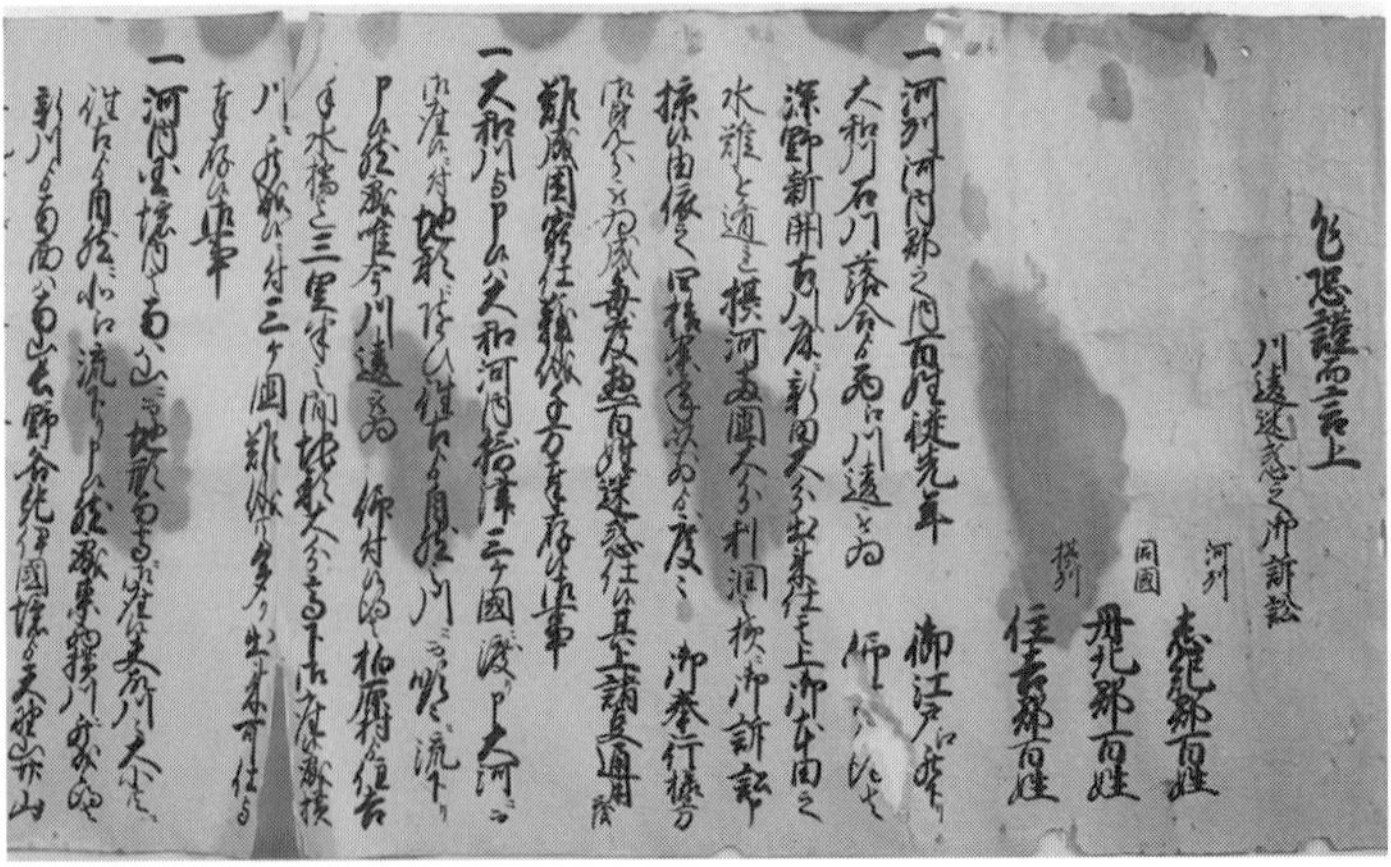

写真20　付け替え反対「川違迷惑之御訴訟」（元禄16年・松永白洲記念館蔵）

反対運動と幕府の対応　幕府がどれだけ反対派の意見に耳を傾け、考慮したのかはわからないが、五回の付け替え検分の結果は、いずれも付け替え不要という結論であった。そして、天和三年（一六八三）のあとに貞享四年（一六八七）にまたも付け替え嘆願が出されるのだが、そのときは付け替え反対の嘆願を出すまでもなく、幕府が付け替え不要という回答を出したのは前項でみたとおりである。

その後、しばらく付け替え嘆願がなされることはなく、当然ながら付け替え反対運動もなくなっていた。それが、元禄一六年（一七〇三）に久しぶりの付け替え検分が行われることになり、反対派はあわてたが、この際には反対の嘆願が聞き入れられることはなく、付け替えが決定されたのである（写真20）。

なお、これら付け替え反対の嘆願関連史料は、志紀郡太田村、船橋村、小山村、丹北郡城蓮寺村など複数の村に残されている。嘆願書が村名連記で出されているため、各村にその写しが保管されていたと考えられる。当然であろう。現在、そのうちの数点が確認できるということである。付け替えを求める嘆願関連の史料が、中家文書以外には確認されていないことと大きく異なる。付け替え推進派の村々に史料が残されていない点からも、付け替え運動が各村の了解を得ることなく、中甚兵衛の独断で進められていたのではないかという疑いがふくらむのである。

六　大和川付け替えへ

繰り返される嘆願　「四　大和川付け替え運動の転換」で、貞享元年一月ごろと三月七日の嘆願書について述べた。ここでは、それ以降の動きと付け替え決定に至る過程を見ていきたい。

貞享四年（一六八七）四月七日付けで、「堤切所之覚」（写真10）が出されている。これには、絵図（写真11）が伴っている。「堤切所之覚」では、過去五十年間に、洪水によって堤が切れた場所と数を整理したうえで治水工事を嘆願している。堤切れは、寛永一五年（一六三八）に一か所、承応元年（一六五二）に一か所、延宝二年（一六七四）に三五か所、延宝三年（一六七五）に一九か所、延宝四年（一六七五）は五月に六か所と七月に四か所、天和元年（一六八一）に六か所、天和三年（一六八三）に七か所、貞享三年（一六八六）に三か所、慶安三年（一六五〇）に久宝寺川筋で一か所、貞享三年（一六八六）に久宝寺川で一か所と記されている。このうち、延宝三年から天和三年

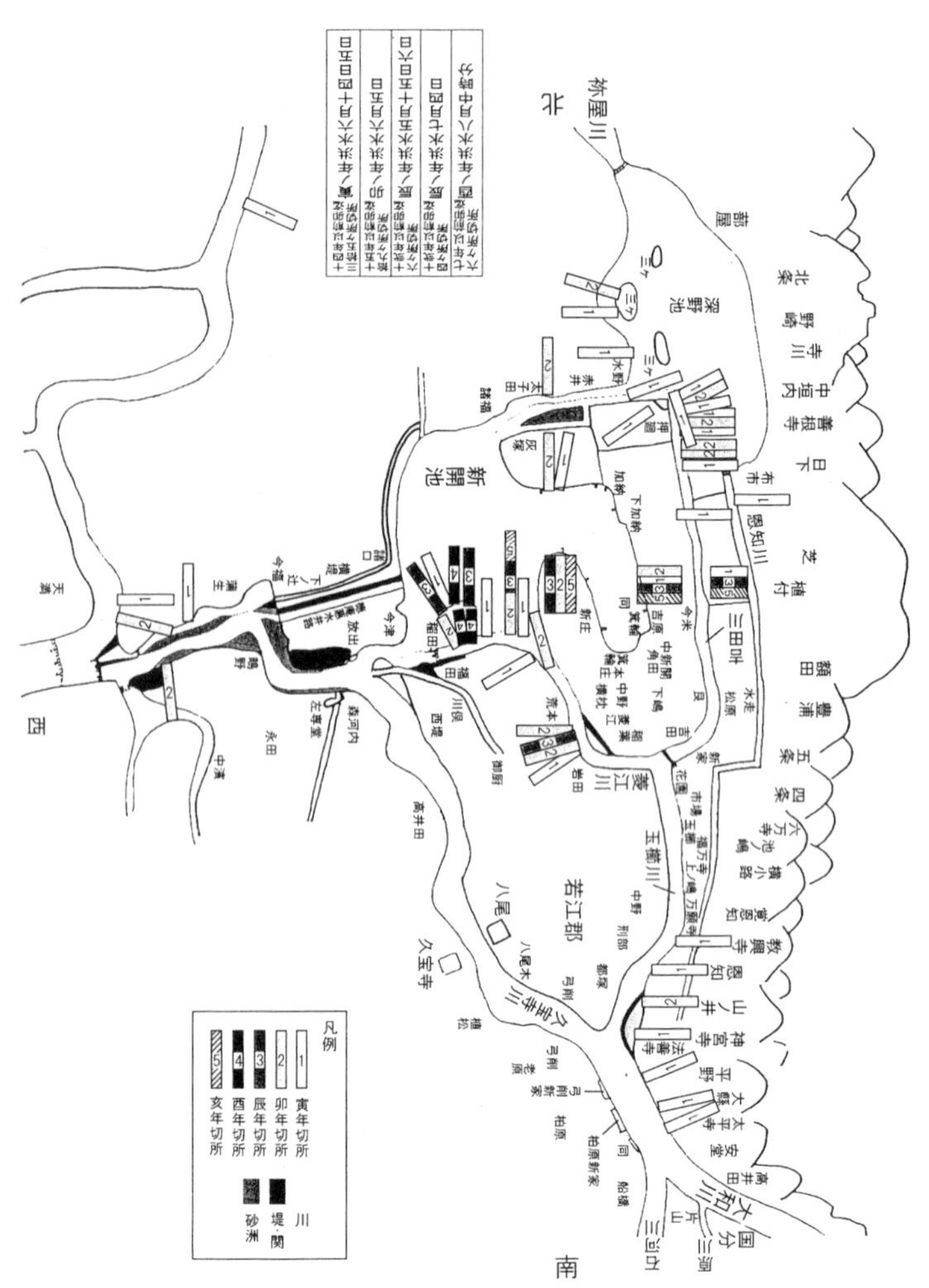

図26　「堤切所之覚附箋図」

までの堤が切れた場所については、絵図に付箋を貼って、その位置が明示されている。洪水別に付箋の色が変えられており、堤切れが玉櫛川筋に限られていること、深野池・新開池周辺に集中していることなどが、よくわかる（図26）。そのあとの嘆願の内容は、三月の嘆願とほぼ同じである。おそらく、三月の嘆願書に対して、幕府から洪水の状況についての詳細な資料を求められたのであろう。そのために、絵図まで作成したのであろう。差出人も三月と同じ河内郡、若江郡、讃良郡、茨田郡、高安郡の五郡であり、やはり七万石余りからの訴えとなっている。

続いて四月晦日（三〇日）に「乍恐御訴訟」が提出された。「堤切所之覚」の提出によって、改めて治水工事の嘆願書を提出したのだろう。内容は法善寺前二重堤の修復、今津村から放出村へ新川を掘ること、菱江川の狭い部分の開削、吉田前と今津前を堰き止めて水が深野・新開池に流れ込まないようにすること、徳庵井路の切り開きなどを求めていた。また、延宝二年（一六七四）以来の普請御入用銀（工事費）が三千貫目余り（約五万両）も要しており、治水工事をしたほうが経済的であることを新しく訴えている。やはり五郡、七万石余りの村々からの訴えとなっていた。

それからわずか四か月後の八月二五日にも「乍恐口上書を以言上」が出されている。内容は四月の「乍恐御訴訟」とほぼ同じだが、延宝二年（一六七四）以来の堤切が八十か所余りとなること、嘆願の工事が行われれば毎年相当かかっている修復費が必要なくなることが付け加えられている。堤切箇所の数は、「堤切所之覚」に基づいて、具体的な数字をあげている。逆に修復費用は四月に三千貫目と具体的な数字をあげていたが、ここでは「此御普請御入用も莫大入可申様ニ奉存候」となっている。四月の修復費が根拠のないものだと批判されたのかもしれない。やはり五郡、七万石余りの村々からの訴えとなっていた。

運動の衰退　その二年後、元禄二年（一六八九）一二月にも「乍恐御訴訟」が出されている。ここでは、次の一点のみの嘆願となっている。放出村前で諸河川が合流しているため水の流れが悪く、新開池・深野池は一丈（三メートル）以上も池床が高くなっており、悪水がまったく流れない。そこで今津村の西から放出村の北西の角まで長さ二～三町の新川を掘ってもらえれば、久宝寺川と流れを分けることができ、鴫野村の前で合流するようにすれば、それより下流は最近の（瑞賢の）工事によって水がうまく流れるようになる（写真21・22）。

かなり具体的な嘆願であり、しかも一か所のみの嘆願となっている。それまでの法善寺前二重堤の修復などをあきらめて、もっとも現実性のある工事にしぼったのであろう。この嘆願書は、河内郡、若江郡、讃良郡、茨田郡の四郡、三万石余りからの嘆願となっている。ここにおいて、高安郡が運動から離脱し、七万石が三万石に減っていることがわかる。放出新川によって恩恵を受ける村々のみからの嘆願となったためであろう。貞享四年一月ごろの付け替え嘆願と比べると、運動に参加する村々が五分の一に減っている。参加する村々の減少だけでなく、嘆願内容も後退している。また、嘆願書の書き方も、当初は迷惑を強調していたが、工事費用の減少、洪水被害の多い田地の回復や新田の開発など、幕府にとっても都合のいい面を強調し、なんとか工事を実施してもらおう

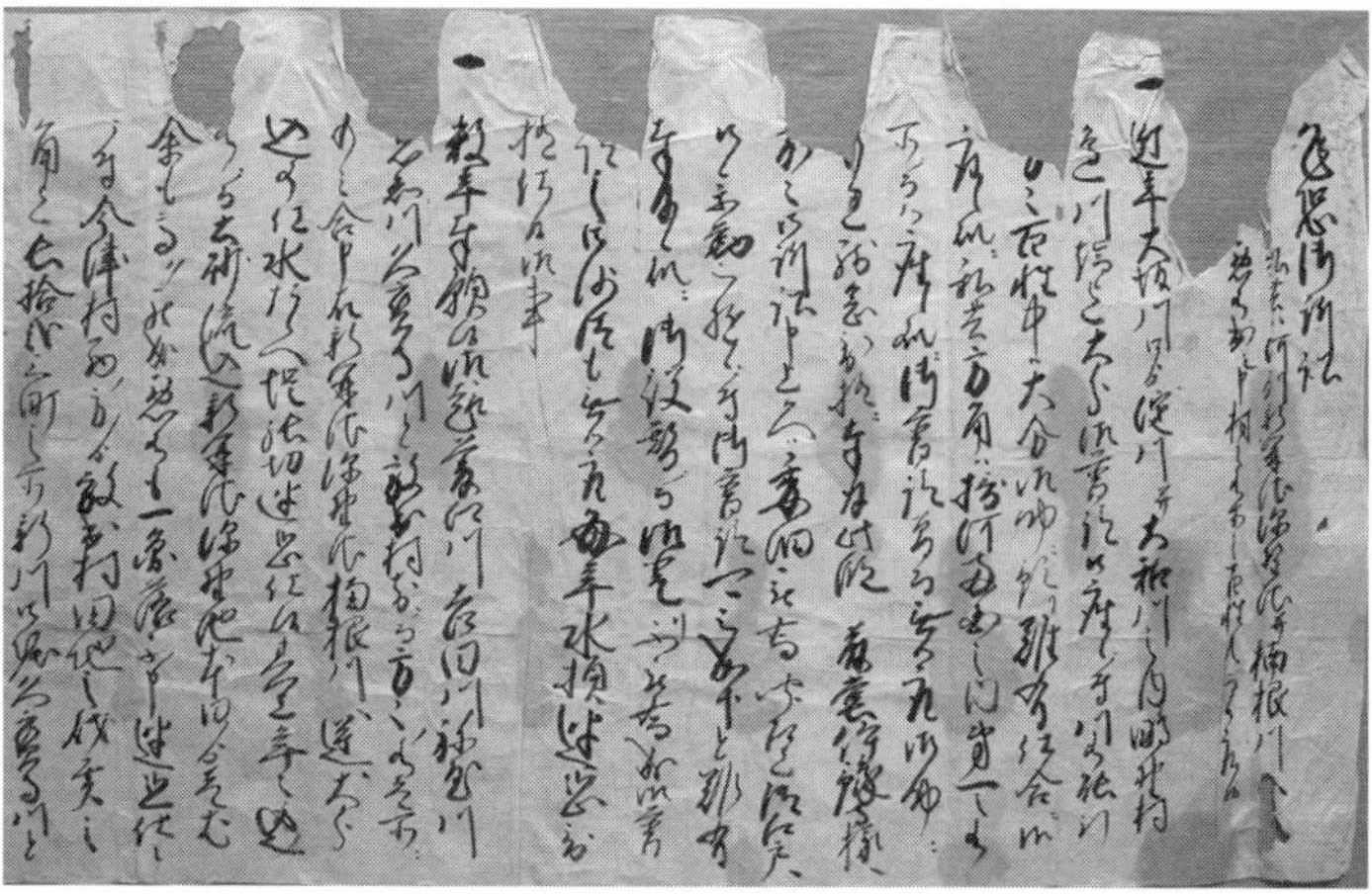

写真21　「乍恐御訴訟」①（元禄２年12月７日・中家文書）

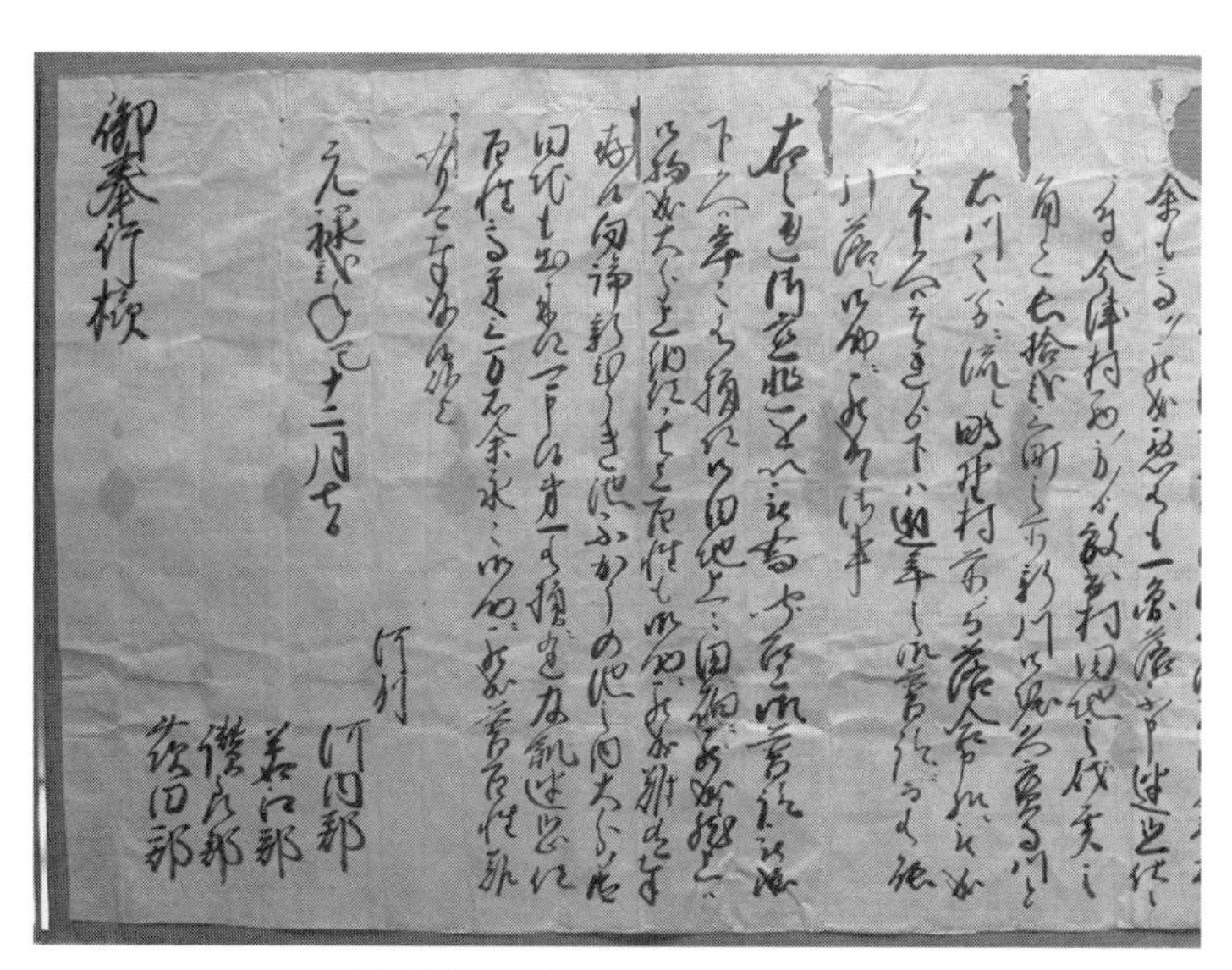

写真22　「乍恐御訴訟」②（元禄２年12月７日・中家文書）

という工夫がみられる。運動の行き詰まりと、生活の逼迫感が深刻になっていたのであろう。

状況の変化　その後しばらくは、大規模な洪水もなかったようであり、大きな動きはみられなかった。付け替え運動は実質的に終息していたといってもいいのだろう。そのようななか元禄一一年（一六九八）五月から、河村瑞賢の二期工事が実施された。工事内容は、堀江川の開削など大坂の整備に伴うもので、やはり大和川の洪水対策に結びつくものではなかった。瑞賢の眼は、町人にしか向けられていなかったのだろう。工事は翌年二月に終了し、瑞賢は江戸へ帰ったが、その四か月後、元禄一二年（一六九九）六月に亡くなった。

瑞賢が二期工事にかかるころ、大坂の堤奉行に万年長十郎が就任した。この人物が、大和川付け替えへと、流れを大きく変えた人物と考えられる。万年長十郎なしで大和川の付け替えは実現しなかっただろう。

元禄一三・一四年（一七〇〇・〇一）に、またもや河内に大規模な洪水があったようである。今米村の「元禄年間以后　御免定写」を見ると、元禄一三年は水損で年貢が平年の十分の一になっており、一四年は「当巳年水損皆無ニ付、御成箇全免」となっている。すなわち収穫がなかったというのである。

付け替え決定へ　元禄一四年か一五年に、洪水被害の検分に来た堤奉行の役人に、四二か村が普請を願い出たところ、大和川の付け替えを検討していることを知らされたという。治水工事も十分に行ってもらえない現状から、いきなり念願の付け替えを検討中であると知らされた人々は、どんなに喜んだことだろう。四二か村代表が堤奉行のもとへ付け替え嘆願を進めるように出向いたところ、大勢では困るので、水走村の弥次兵衛と今米村の甚兵衛のみが呼び出されるようになり、のちには甚兵衛のみが呼び出されるようになったという。これに対して反対派は驚いて嘆願を申し出るが、まだ決まったことではない、担当ではないなどと対応してもらえなかったようだ。

万年長十郎は、着々と付け替えへ向けての計画、下準備をおこなっていたようである。元禄一六年（一七〇三）四月、若年寄・稲垣重富、大目付・安藤重玄（のち目付・西尾織部に交替）、勘定奉行・荻原重秀が、江戸から畿内・長崎の巡検に訪れた。その際に、大和川付け替えについての方針が決まったようである。

四月六日には、万年長十郎らが柏原表から住吉までの新川筋を検分した。この検分に、中甚兵衛も同行しており、意見を求められたようである。この検分に驚いた新川筋の村々は、四月一七日に、堤奉行に迷惑を訴えている。五月に長崎から戻った役人衆が新川筋を検分し、これで付け替えが最終決定となったのであろう。五月一七日に、新川筋村々が幕府の役人に迷惑を訴え出るが相手にされず、三二か村から「乍恐川違迷惑之御訴訟」が提出されている。

付け替え決定　一〇月二八日、幕府は付け替えを正式に決定した。姫路藩の本多中務大輔忠国を助役に任命し、沙汰役として、若年寄・稲垣対馬守重富、勘定奉行・荻原近江守重秀と中山出雲守時春、普請奉行として、目付・大久保甚兵衛忠香、小姓組・伏見主水為信という陣容であった。

元禄一七年一月一五日、新川筋村々の庄屋代表一一人が、迷惑を訴えるために江戸へ下った。村人は嘆き悲しみ、百日ほども一人としてゆっくり休む者もいない。老人や妻や子の渡世もままならない。正月を祝う者もいない。などの記録が残されている。

代表が江戸へ向かった三日後、万年長十郎が、新川筋の村々に正式に付け替え決定を伝えた。そして、普請に際して幕府役人に協力することを命じている。

一方、江戸に下った一向は、遠江国袋井宿で大坂へ向かう大久保・伏見二人の普請奉行と行き交い、不安を抱きながらも江戸へ向かう。江戸に着いた一向は、荻原重秀に迷惑を訴えるが、すでに決まったこととして逆鱗に触れる。その場にいた大坂の代官・久下作左衛門のとりなしで、新川による潰れ地の代替地を願い出て許されている。これも筋書きの決まった芝居だったのだろう。

このように最後の付け替え嘆願から十六年、付け替え運動がほぼ終息したころに、一転して幕府は付け替えを決定した。その理由については、項を改めて述べることにするが、一般には中甚兵衛らを中心とする付け替え運動が盛り上がり、最後には幕府も付け替えを認めざるを得なくなったといわれているが、実態はまったく違う。また、中甚兵衛が付け替えの主導者であるような記述もよくみかけるが、百姓である甚兵衛が付け替えを主導することなどできるはずがない。付け替えを主導したのは、あくまでも万年長十郎である。大和川付け替えについて考える際に、もっとこの人物が取り上げられるべきであろう。このころ幕府の財布を握っていたのが勘定奉行の荻原重秀であった。万年長十郎は、その荻原重秀を納得させたのである。

七　なぜ大和川は付け替えられたのか

大和川が付け替えられた理由七つ　大和川が付け替えられた理由は、一般には河内平野に洪水が繰り返され、中甚兵衛を中心とする付け替え運動が盛り上がり、幕府も付け替えに踏み切らざるを得ないようになったためとされている。しかし、前項までみてきたように、付け替え運動は衰退し、実質的には終息していた。そのような中、幕府は急に付け替え工事を実施することに決定したようである。なぜか？

その理由は、いくつか考えられる。

一つは、いつまでも洪水がなくならなかったことである。付け替え不要という河村瑞賢の意見を取り入れ、瑞賢による二期にわたる治水工事が実施された。しかし、第二期付け替え工事が終わった直後、元禄一三・一四年（一七〇〇・〇一）にも洪水があった。「元禄以后　免定之写　今米村」（中家文書）によると、今米村の元禄四年から一二年にかけての年貢高は、元禄四年の二四石、元禄一一年の三四石を除くと毎年五〇石以上を納めていた。年貢は、基本的には決まった高を納めることになっていたが、洪水などで収穫が少なくなると、幕府の役人が現地を確認し、年貢高を低くすることがあった。これを検見（けみ）という。つまり、元禄四年と一一年の年貢高が低いということは、その年に洪水か干害があり、収穫高が少なかったということである。

ところが、元禄一三年には五石余り、一四年には免除となっている。この両年には、ほとんど収穫がなかったということである。一四年の記録には、「当巳年水損皆無ニ付」収穫がなかったという。瑞賢の工事が終わったばかりだというのに、二年続きの大洪水があったのである。ただし、この両年に大規模な洪水があったという記録がほかの史料では確認できない。今米村周辺だけの狭い範囲での洪水だったのかもしれない。

二つ目は、堤奉行となった万年長十郎の存在である。万年長十郎は、天和三年（一六八三）より、五畿内と丹波・播磨・備中の代官となった。そして、元禄一一年（一六九八）までに堤奉行となっていた。万年長十郎は、堤奉行に就任したころから大和川の付け替えを検討していたのではないだろうか。

万年長十郎は、元禄年間に大坂川口の新田開発なども認めている。このころ、原則として町人による新田開発は禁止されていたのだが、万年長十郎は町人らの新田開発を認めている。新田からの収穫に伴う年貢増徴を見込んでのことであろう。このように、万年長十郎は経済的な感覚に富んでおり、合理的な政策を行った。大和川の付け替えも、合理的な視点から検討していたのではないだろうか。その背後には、経済を重視した勘定奉行の荻原重秀の存在も見逃せないであろう。荻原重秀の承認、あるいは支持によって、大和川付け替え工事に取り組んでいたのだろう。

三つ目に、河村瑞賢の死去も影響しただろう。天和三年（一六八三）の付け替え検分に同行し、付け替え不要を強く唱えた瑞賢は、淀川河口の治水工事を実施していた。その二期工事が終わった直後、元禄一二年（一六九九）に亡くなった。そのころから、大和川の付け替えが検討されはじめたことと瑞賢の死は無関係ではないだろう。

四つ目として、小規模になっていたとはいえ、付け替え運動が継続していたことも無視できないだろう。これまで述べてきたように、付け替えから治水工事の嘆願となり、運動に参加する村々も急速に減少していた。しかし、この運動が続いていなければ幕府が付け替えについて検討することもなかったであろう。

五つ目は、新田開発による収入の積算を行って、相当な収入が見込めるようになったことがある。正確に積算したのは宝永元年（一七〇四）の付け替え工事直後に行った入札である。一二月の「古川筋堤床敷深野池幷新開池新田大積帳」によると、旧河床にできる新田は一〇二八町歩、高約一万石で、地代金三七、一二〇両余りとなっている。おそらく、工事着手前にその概算を行っていたと考えられる。むしろ、その金額に見合うように入札させていたのではないだろうか。これが、次の大名手伝普請に関連するのである。

また、新田は鍬下三年といい、開発から三年間はあまり収穫がみられず、さまざまな負担が大きいので、年貢が免除された。しかし、四年目には検地を行い、それ以降幕府には年貢が入ってくるのである。新川の河床となった田地の約四倍の面積が新田となっている。それだけ、幕府の年貢収

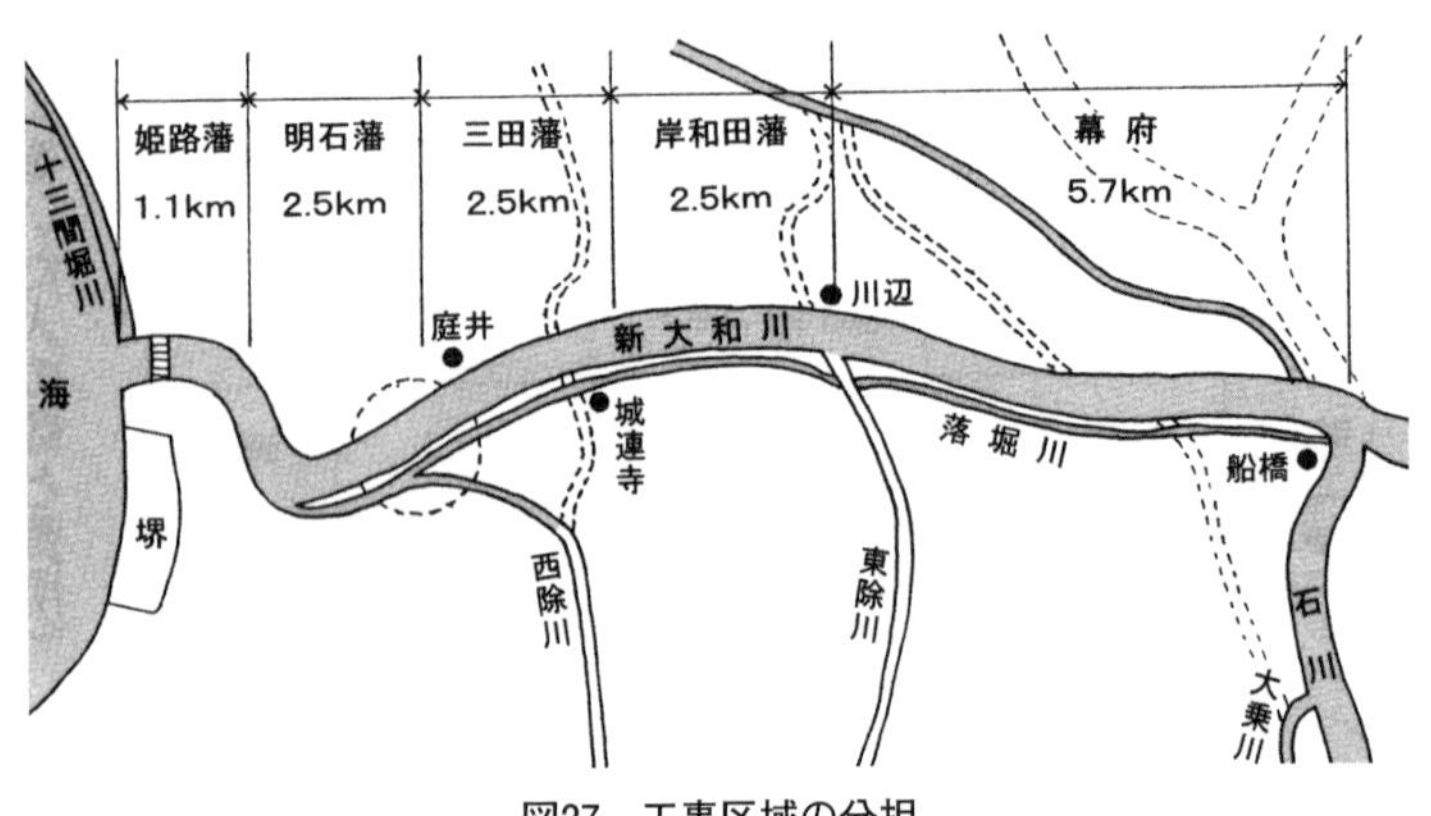

図27　工事区域の分担

入が増えたということである。

六つ目として、付け替え工事に大名手伝普請という方法を取り入れたことがあげられる。大名手伝普請とは、大名に工事を担当させることである。当然ながら、その工事に必要な経費もその大名が負担することになる。大和川の付け替え工事は上流半分を幕府の直轄工事とし、下流半分を大名手伝普請とした。これによって、幕府の工事費負担はほぼ半額に抑えることができた（図27）。

この大名手伝普請の採用によって、幕府の支出金は三七、五〇〇両余りとなり、大坂城の御金蔵から出金したという。この幕府負担工事費が新田開発の地代金とほぼ同額であるのは偶然ではないだろう。おそらく、新田開発による収入に見合う額を工事費として負担するようにしたのであろう。これによって、幕府は実質には負担なしで工事を行ったことになる。

大和川の付け替え工事は、規模の大きい河川工事の大名手伝い普請としては最初のものであった。大名手伝普請ならば、幕府の負担を抑えることができ、各藩は多額の出費によって藩財政が苦しくなる。それでも、幕府から命じられると、基本的には断れなかったのである。このあと、木曽川の工事などでも大名手伝い普請が採用されるが、幕府は大和川付け替え工事によって、その有効性を認めていたのであろう。

七つめとして、工事をできるだけ早く、安価に終わらせる方法を考え出したことがある。新大和川は、基本的に川底を掘らずに造られている。掘り下げには大きな労力を必要とするので、できるだけ掘り下げる土量を減らしたかったのである。そのうえで、掘削土と盛土の量がほぼ一致するようにして、無駄のない工事を行っている。工事の内容については、第四章を参照していただきたい。このような合理的な方法で工事を行えば、安価に早く工事ができるとわかったことも付け替え工事に踏み切った理由の一つであろう。

大和川が付け替えられることになった理由は、以上のようにさまざまな理由が考えられ、実質はこれらすべてが複合して付け替え決定となったのであろう。ただ、その中でも、新田開発における収入と、大名手伝普請による幕府の負担軽減が大きかったと考えられる。付け替え工事は、その工事費用の捻出が幕府にとって最大の課題であった。それが、幕府の負担なしで工事を行うことができ、しかも年貢収入が増加する。そして、洪水の多発によって不安定であった年貢収入が安定する。幕府にとって、大和川付け替え工事は金を生み出す事業となったのである。このような方法を考え出した万年長十郎の才覚が、付け替えの重要な鍵を握っていたと考えられる。そして、町人や中甚兵衛らの意見も参考にしていたようであり、万年長十郎の合理性、的確な判断力が付け替え決定へと導いたのである。

「舟橋村絵図」と付け替え　付け替えを検討し始めたのは、万年長十郎が堤奉行に就任した元禄一一年(一六九八)ごろだったのではないかと考えたが、これに関連して注目したい史料がある。付け替え前に描かれた志紀郡「舟橋村絵図」(松永白洲記念館蔵)である。この絵図には「寅ノ三月」と記されているだけで、年号が入っていないが、辻弥五右衛門が代官だったときの寅年は元禄一一年(一六九八)だけなので、元禄一一年作成の絵図とわかる。そして、「舟橋村絵図」というタイトルでありながら、実質は舟橋村の北東にあった舟橋村新家の位置を詳細に描いた絵図である。周辺の村々との位置関係を記したうえで、新家の家数が二四軒、高持百姓は一軒のみで、残りは水呑百姓であることまで注記されている。舟橋村新家は、奈良街道沿いに営まれた町場で、商人らが集住していたのだろう。そのため、自分の田地をもたない水呑であったので、決して貧しい人々が住んでいたわけではない(写真23・図28)。

大和川は、この舟橋村新家の位置で付け替えられた。大和川付け替えでつぶれた村はないと言われるが、本村から離れた枝郷のなかには、舟橋村新家のように移転を余儀なくされた村もあったのである。当然ながら、この絵図は幕府に提出された写しと考えられる。なぜ元禄一一年に幕府が舟橋村新家の位置関係を詳細に記した絵図の提出を求めたのか。大和川付け替えの検討資料として必

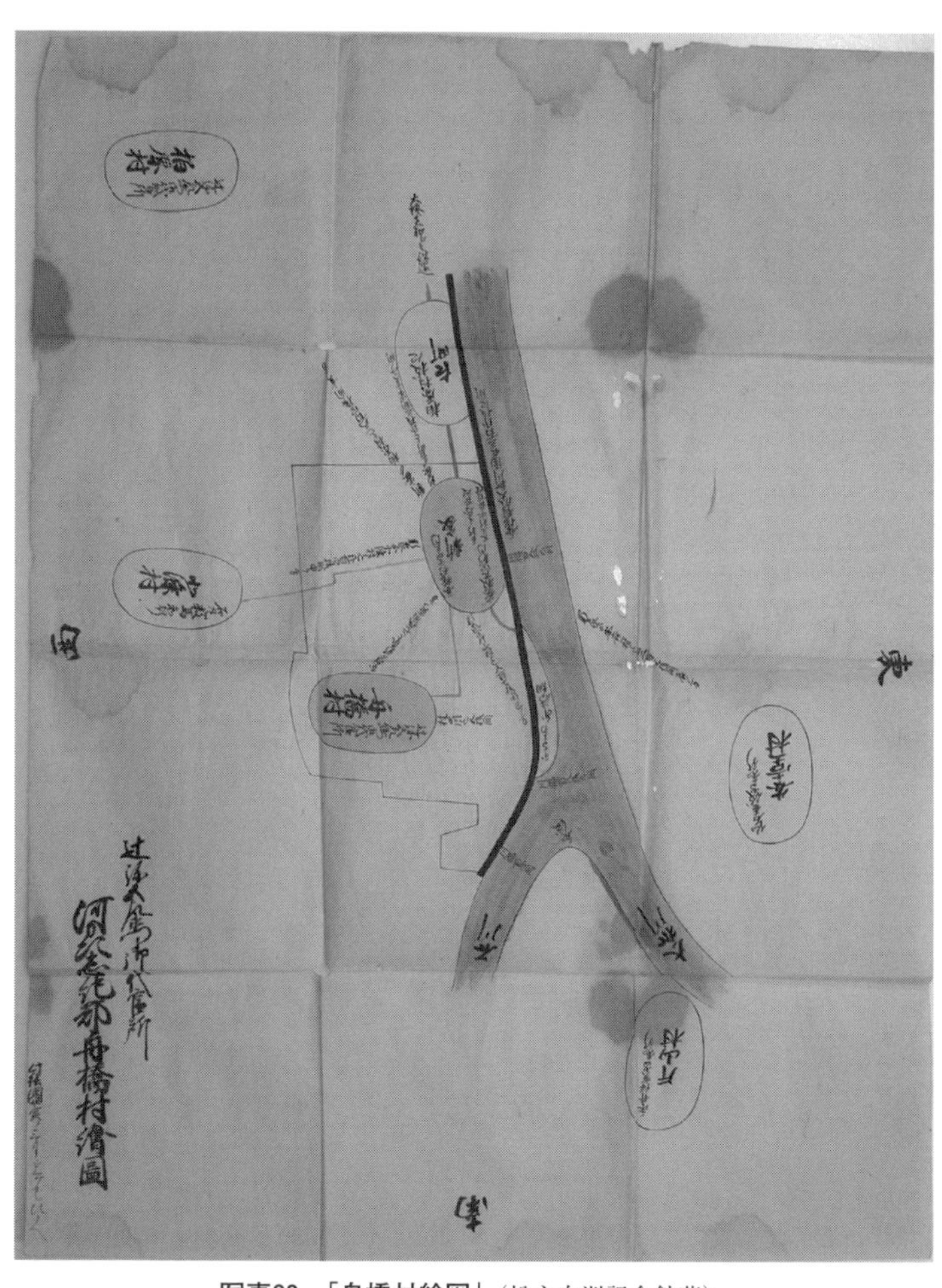

写真23　「舟橋村絵図」（松永白洲記念館蔵）

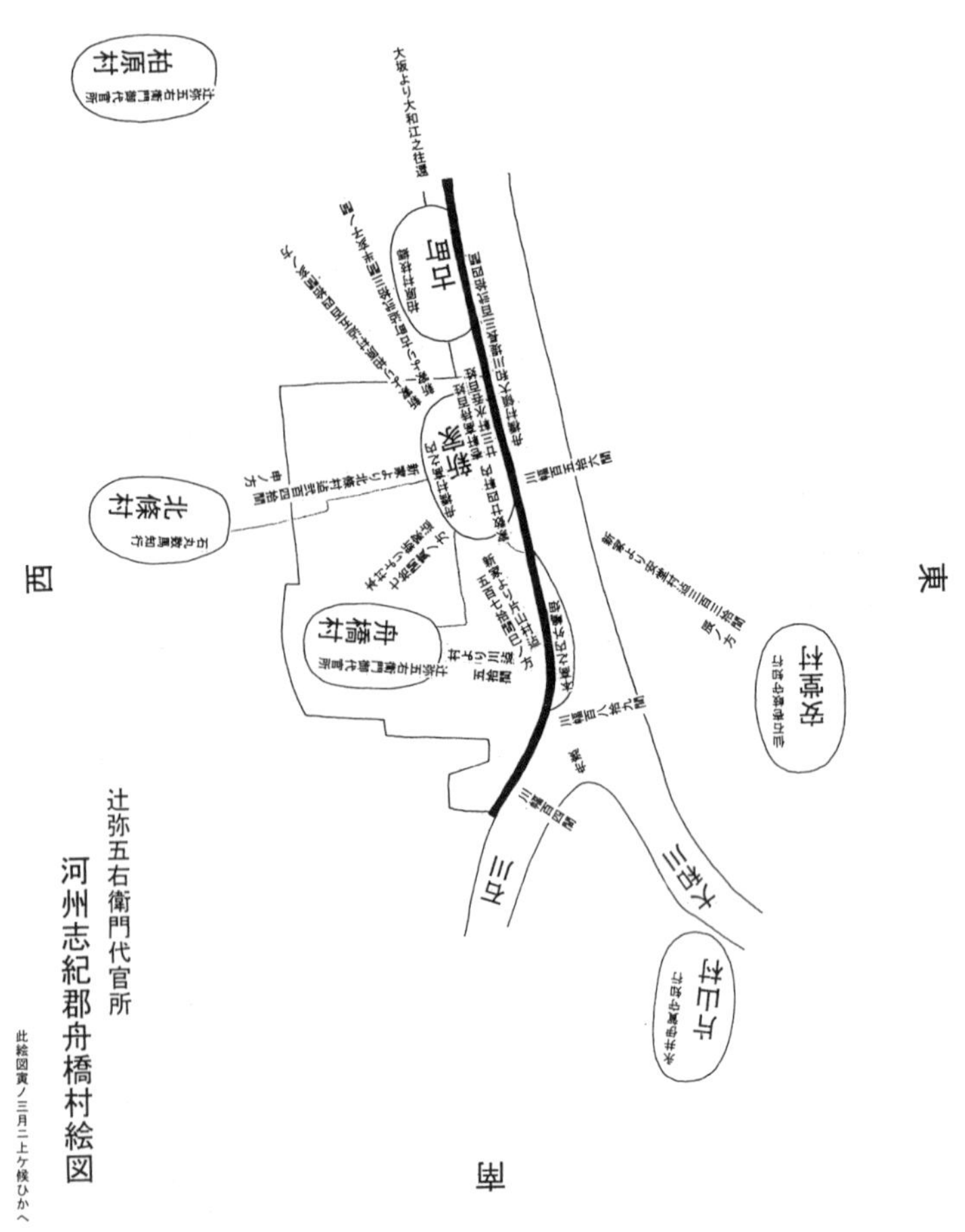

図28 「舟橋村絵図」(原本・松永白洲記念館蔵)

要であったと考えるのが自然だと思われる。幕府の付け替え検討が始まったのが、万年長十郎が堤奉行に就任した元禄一一年ごろであったと考えたところだが、舟橋村絵図の年代と一致するのは偶然ではないだろう。

このように、元禄一一年（一六九八）ごろから大和川付け替えの検討が始まり、いかに負担を抑え、幕府にとって利のある事業にできるか、万年長十郎を中心に、町人や中甚兵衛らの意見を参考にしながら、検討が進められたのである。そして、見事に幕府に利益をもたらす事業として付け替え工事をやってのけた。決して百姓のための工事ではなかったのである。

第四章　大和川の付け替え工事

一　付け替え前の測量

新大和川筋の決定　大和川付け替え工事着手前には、綿密な測量が行われている。江戸時代の工事に伴う測量など適当だったと思われる方もあると思うが、決してそうではない。

それでは、どのようにして新大和川の川筋が決められたのだろうか。まず、川底をできるだけ掘らずにすむコースが考えられた。掘削には多くの労力を伴うため、できるだけ簡単に早く工事を終わらせる意図があったのである。そして、岩盤の堅い上町台地の掘削土量を減らすため、依羅池（よさみいけ）（史料では味右衛門池（みえもんいけ）とある）を横切ることにした。池とはいえ、このころにはほとんど埋まって湿地状になっていたようである。また、河口部分では狭間川（はざまがわ）の流路を利用した。狭間川は、堺市浅香（あさか）付近を北西へと流れる川であり、現在もその流れを残している。このルートをとることによって、掘削土量は大幅に削減できたが、浅香付近で大きく南へ湾曲することになった。のちに浅香の千両曲りと呼ばれ、地元の人々が自分たちの村に川が通らないように、千両払って川を曲げてもらったなどの伝説が残ることになった。

元禄一七年（宝永元年・一七〇四）二月上旬に、工事を担当する大久保甚兵衛忠香と伏見主水為信が江戸から大坂にやってきた。まず、摂津国住吉郡喜連村（きれむら）に普請役所を設けて二月一八日から二〇日まで、新川筋の牓示（ぼうじ）を行った。牓示とは、杭を打って工事の位置や範囲を明示することであり、大和川付け替え工事の場合は、付け替え地点から一町（一〇九メートル）ごとに杭が打たれた。この杭の打たれた位置が、新川の中心線となる。その両側五〇間（九〇メートル）の距離にも杭を打ち、竹をくくりつける。この杭が一〇〇間（一八〇メートル）の川幅を示すことになる。さらに、一〇町（一〇九〇メートル）ごとに、厚紙の吹抜きを付けた直径一〇センチメートルの大竹を杭に取り付けていた。これらの牓示杭によって、工事範囲が明示されることになる。

地形測量　次に、予定地の測量を実施する。中家文書に「川違新川舟橋村より海迠百三拾壱町之間地形高下之事」という、新川予定地の水準測量図が残されている（写真24・25）。地形の高低の断面図である。この測量結果に基づいて新川の勾配が決められた。勾配が大きすぎると水の流れが速くなり、堤防等への負担が大きくなる。逆に勾配が小さすぎると、水の流れが悪くなり、洪水がおこりやすくなるだけでなく、滞水などの心配が生じる。その勾配を決める重要な測量図である。

付け替え地点では、旧大和川左岸堤防のすぐ下（西）に一番杭が打たれ、順に海岸まで杭が打たれ、最後は一三一番杭になる。つまり川の長さは一三〇町、約一四・二キロメートルである。図では、旧大和川の河床を基準に、各杭が打たれているところの高さを測っている。旧大和川河床からどれだけ低いかを順々に測っていくのである。その杭の位置と高さを図上に黒点で示している。その点を結んで、そこから下を黄色に塗っている。これが現地形になる。

上方には、旧河床を基準とした水平の黒い線が引かれている。また、地形にほぼ沿うように延び

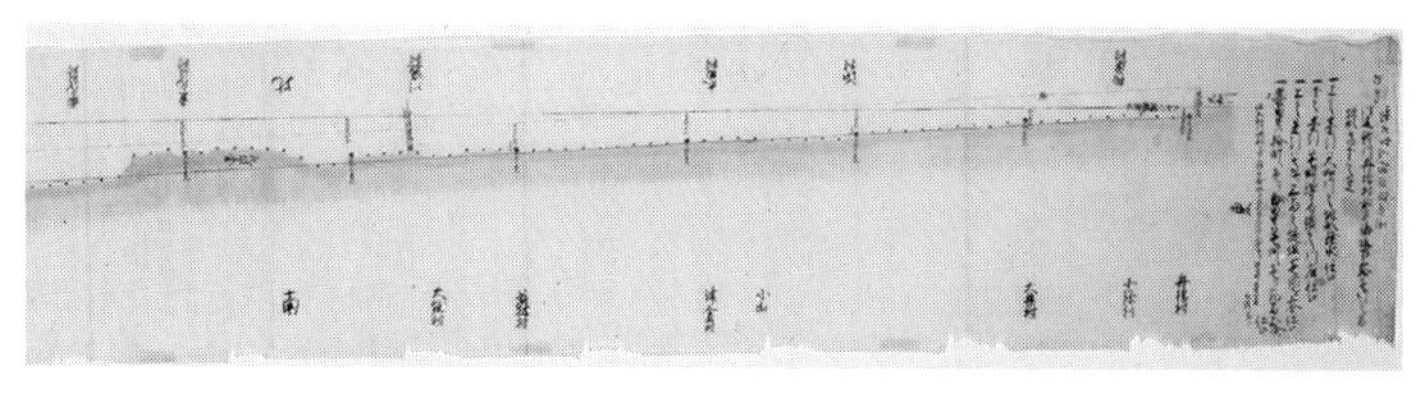

写真24　「地形高下之事」①（中家文書）

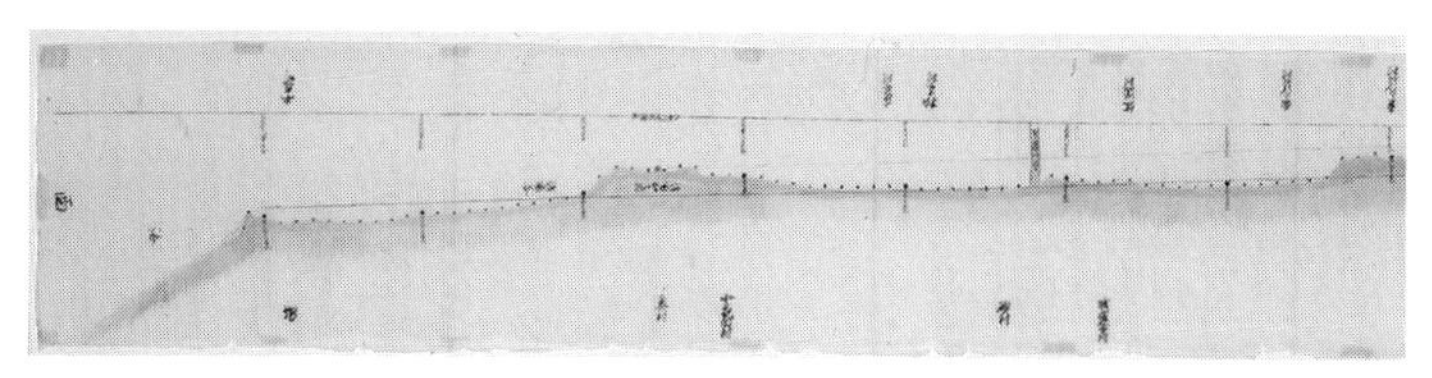

写真25　「地形高下之事」②（中家文書）

る斜めの直線は、新川河床の計画線である。河床は一町（一〇九メートル）につき四寸（一二センチメートル）下がる勾配となっている。計画河床と平行に延びる朱線は、高さ三間（五・四メートル）の堤防の高さの計画線である。この計画線をみると、上町台地部分以外は、すべて堤防に盛土が必要なことがわかる。

それでは、図の細部をみていこう。一番杭は、旧大和川河床から六尺二寸六分（一・九〇メートル）下がっている。一一番杭は、同じく六尺五寸九分（二・〇〇メートル）下がっている。最後の一三一番杭は、六丈六尺四寸三分（二〇・一三メートル）下がりである。

図では、一三一番杭の六丈六尺四寸三分を一三一町で割って、一町につき五寸七厘勾配とある。これは旧大和川河床からの勾配であるが、これでは不正確である。図の計画河床は一番杭の位置から始まっている。これに合わせると、一三一番杭の六丈六尺四寸三分から一番杭の六尺二寸六分を引いた六丈一寸七分を一三〇町で割らなければならず、答えは一町につき四寸六分の勾配となる。つまり、一〇九メートルにつき一三・九センチメートル、一〇〇メートルにつき一二・七センチメートル下がる勾配ということになる。少し計算間違いをしているようである。

この測量図からどんなことがわかるだろう。まず、黄色の現地形と新川河床の計画ラインがほぼ一致していることがわかる。つまり、ほとんど川底を掘らない計画であることがわかる。また、掘らなくても一定の勾配が確保できることがわかる。

瓜破台地と上町台地では、二〜三間（三・六〜五・四メートル）の掘り下げが必要となる。また、東除川と西除川は天井川であるため、計画河床よりもかなり高くなっている。両川と新大和川の取り付きが課題となる。

「新川筋水盛之覚」 もう一つ、「新川筋水盛之覚」（中家文書）にも測量結果が記されるが、「地形高下之事」と少し数値が異なっている（写真26）。

「船橋前大和川地形と堤之内田地の地形と　但、弐尺参寸下り」とある。旧大和川河床と旧堤防の西側にある田地との比高差が七〇センチメートルということだろう。「地形高下之事」では一九〇センチメートルとなっており、かなり数値が異なる。

最後に、総距離が一一七町四五間で約一二・九キロメートルとなる。比高差五丈四尺六寸（一

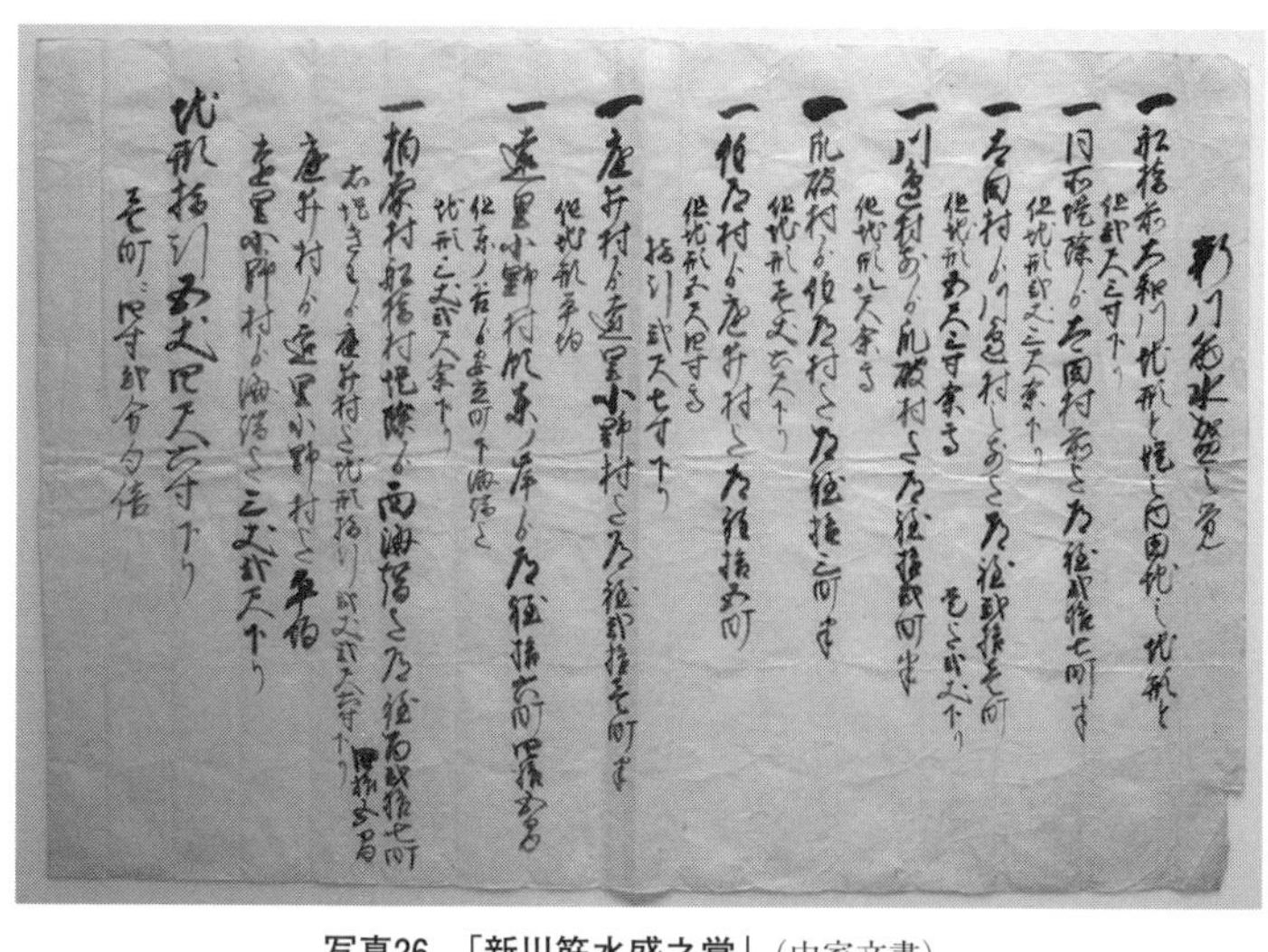

写真26　「新川筋水盛之覚」（中家文書）

六・五四メートル）下がりなので、一町につき四寸二分、一〇〇メートルにつき一一・七センチメートル下がりということである。「地形高下之事」よりも緩やかな勾配となっている。両史料とも作成年月がわからないが、「地形高下之事」が測量後すぐに作成され、「新川筋水盛之覚」は測量結果などに基づいた計画書ではないかと考えられる。

　以上のように、工事前にかなり丁寧な測量を行い、その結果に基づいて綿密に計算をして有効な工事方法を検討していたことがわかる。

測量の実態　ところで、どのようにして高さの測量をしていたのだろうか。まず、基準になる高さ、水準を確定しなければならない。現在ならば海抜で表示されるが、どこか基準となる高さがあれば、必ずしも海抜など必要ない。水準は水盛によって決定できる。木に彫りこんだ溝などに水を入れ、水面が必ず水平になる性質を利用して水準を決定できる。それに合わせて縄を張れば水平線となる。その水平縄からどれだけ下がっているかを間竿という長い物差しで測る。

ここでは、一番杭の位置や旧大和川河床が基準となっている。二番杭の高さを測るためには、水平な線を決め、そこから二番杭がどれだけ下がっているかを測り、一番杭の高さと比較して二番杭が一番杭よりもどれだけ下がっているか（上がっているか）を計算する。これを繰り返して一三一番杭までの高さを測っていくのである。

一三〇回も繰り返せば、かなり誤差が生じるように思うが、意外と正確に測量できたようである。この測量結果に基づいて計画勾配を決定し、どれだけ掘削が必要かと設計していくのである。現在は測量機器の精度が上がっているが、基本的な測量方法は、江戸時代と変わるところはない。江戸時代といえども、高度な測量技術があったことは十分に理解しておくべきだろう。

二　付け替え工事の設計

二つの設計書　測量結果に基づいて、綿密な設計が行われている。中家文書には、「川違新川普請大積り」と「大和川新川之大積り」という二通りの設計書兼見積書が残されている。両者は少し内容が異なっているが、どちらも作成年月が記されていない。ただ、「川違新川普請大積り」のほうが内容が正確であり、工事着手直前に作成されたものと考えられる。一方の「大和川新川之大積り」は、測量前に作成されたのではないだろうか。ここでは、まず「川違新川普請大積り」からみていきたい。

「川違新川普請大積り」（写真27・28） 最初に「川幅百間　外ニ堤敷棹弐拾八間　同悪水井路幅拾五間」と下に寄せて書かれている。一間を一・八メートルとすると、川幅が一八〇メートルとなる。新大和川は両側の堤防の裾と裾との距離が一八〇メートルであり、これは今も変わっていない。「棹（さお）」は間竿（けんざお）で測った長さのことであり、両側の堤防基底部の幅を合わせると二八間（五〇・四メートル）ということである。あとの記述から、根置（基底部の幅）が右岸（北側）の堤防で一五間（二七メートル）、左岸（南側）の堤防で一三間（二三・四メートル）であることがわかるので、合わせて二八間である。

「同」は「外ニ」と同じということである。川幅と堤防敷以外に「悪水井路（あくすいいじ）」がある。「悪水」とは排水のことであり、生活排水も含まれるが、主なものは水田から抜いた水である。「井路」は小さい人工の水路のことであり、「悪水井路」とは排水用の人工水路である。

河内の地形は、南が高く北に低くなっている。そのため、ほとんどの川が南から北に向かって流れている。ところが、新大和川は東から西へ、これらの河川を横断するように計画されたのである。新大和川の南にある河川は、新大和川にうまく流れ込むように工夫されるのだが、それ以外の中小の河川や水路の水もうまく排水しなければ新大和川の左岸に水が滞留することになる。これらの水

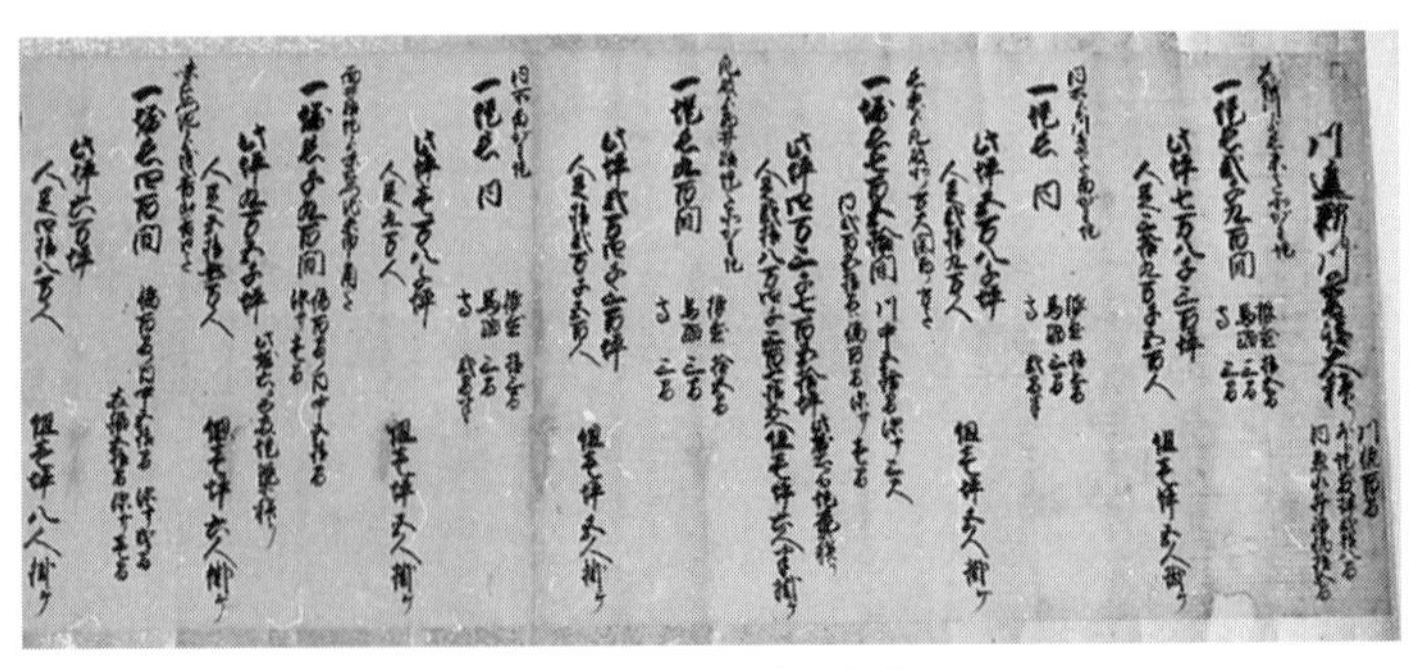

写真27　「川違新川普請大積り」①（中家文書）

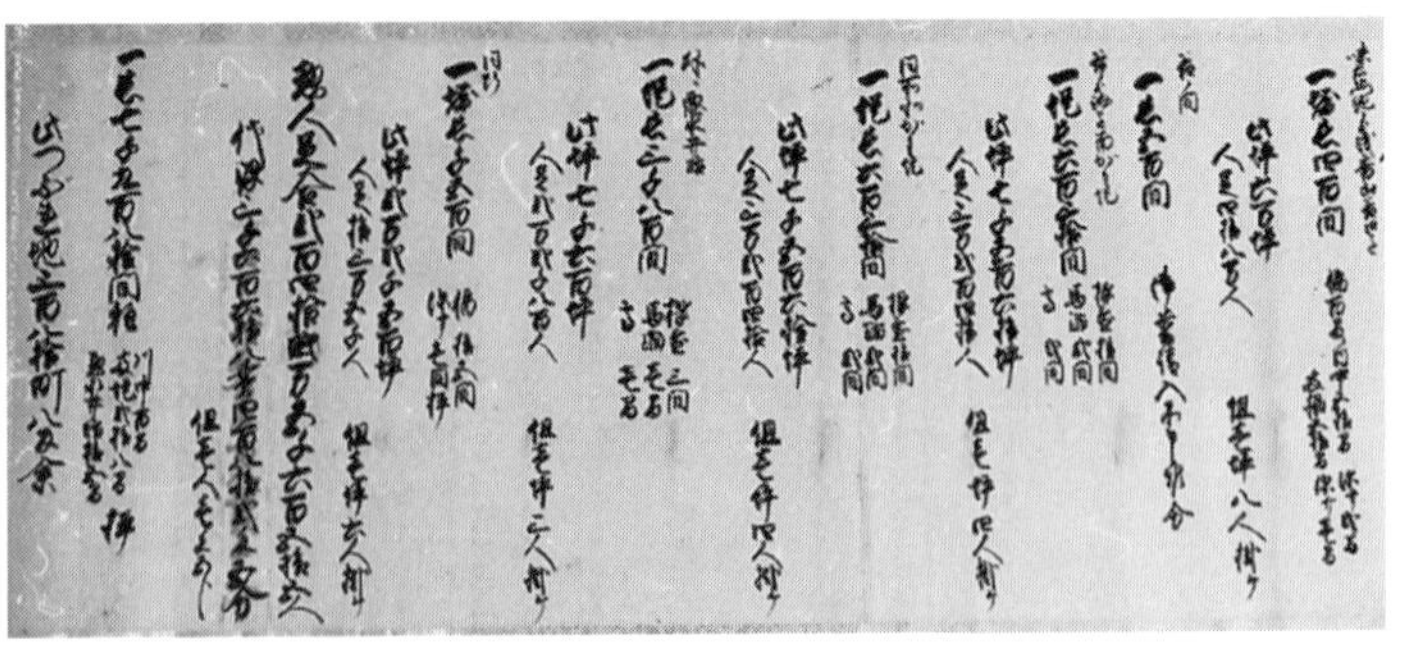

写真28　「川違新川普請大積り」②（中家文書）

を排水するため、新大和川の左岸堤防の南側に沿って、水路が掘られている。これが「悪水井路」であり、「悪水落シ堀」などとも呼ばれ、のちに「落堀川（おちぼりがわ）」と呼ばれることになる。その水路の幅が一五間（二七メートル）ということである。

　つまり、新大和川構築のために、幅一四三間（二五七・四メートル）の土地が必要になるという設計である。

　続いて、「大和川より長原迄北がわ堤　一堤長弐千九百間　根置拾五間　馬踏三間高三間　此坪七万八千三百坪人足三拾九万千五百人　但壱坪五人掛ケ」とある。大和川の付け替え地点から長原村（現大阪市平野区）まで堤防の長さが二、九〇〇間（五、二二〇メートル）。「馬踏（ばふみ）」とは、堤防上面の平坦な部分であり、馬で踏み固めたのでこのように呼ばれたようであるが、大和川の工事では馬で踏み固めてはいないようである。つまり、堤防の幅が一五間（二七メートル）、上面の幅が三間（五・四メートル）、高さも三間（五・四メートル）となる。

この間の堤防の体積が、七八、三〇〇坪とある。堤防断面は台形であるため、断面積は（三間＋一五間）×三間÷二＝二七坪。これに長さ二、九〇〇間を掛けて七八、三〇〇坪となる。この間の堤防構築のために必要な作業員が一坪あたり五人なので、五人×七八、三〇〇坪で、全体で三九一、五〇〇人が必要という設計である。

体積の一坪は一間×一間×一間、すなわち一・八メートル×一・八メートル×一・八メートルで、五・八立方メートル。堤防の体積は四五四、一四〇立方メートル。五・八立方メートルを五人で割れば、一人当たりの土量が一・一六立方メートルとなる。

続いて「同所より川辺迄南がわ堤」の「同所」は前の「大和川」と「同所」ということで、付け替え地点のことである。前述と同様に堤防を盛土で構築することになっている。

続いて「長原より瓜破北ノ方大関西ノ方迄」の「大関」の場所がよくわからないが、瓜破村の北にあった地名であろう。この間は、川底の掘り下げが必要な区間となる。「川中五拾間　深サ三尺」とあり、川幅一〇〇間のうち中央の五〇間（九〇メートル）を三尺（〇・九メートル）掘り下げるということである。両側二五間ずつは河川敷として現状のままである。そのうち長さ二五〇間（四五〇メートル）は川幅百間全体を一間（一・八メートル）掘り下げるということである。

この掘削土量が四三、七〇五坪となり、「此堀土ニ而堤築積り」とは、この掘削土で必要な部分に堤防を築くということである。詳細な計算は省略するが、堤防に必要な土量が一九、三八一・二五坪となり、掘削土との差である二四、三六八・七五坪が余ることになる。「但壱坪六人半掛ケ」とあり、一坪を掘削するのに六・五人が必要と見積もっている。現在の歩掛かりである。これによって「人足二八四、三七五人」が必要となる。しかし、この数字には築堤に必要な人足が考慮されておらず、これを別途計算すると、さらに九六、九〇六人が必要になる。なお、この設計では、新大和川が瓜破（うりわり）の北側を通ることになっているが、実際には瓜破の南を通るルートに変更されている。そのため、瓜破台地の掘削土量がかなり増加している。

続いて「瓜破より西井路堤迄」とある。西井路とは西除川のことである。この間がすべて築堤のみとなっているので、川底を掘り下げるのは長原と瓜破の間だけということである。

同様な記述が続き、「味右衛門池より浅香山谷口迄」の間は、堅固な上町台地の掘削区間であり、一坪当たり八人の人足が必要となっている。瓜破の六・五人より多くなっていることから、上町台地が堅固であることがすでにわかっていたようである。なお、「味右衛門池（みえもんいけ）」とは依羅池（よさみいけ）のことである。

以上の合計は、「惣人足合弐百四拾四万五千六百五拾五人　代銀三千六百六拾八貫四百八拾弐匁

	川幅：100間　両堤：28間 悪水井路幅：15間	△根置 ▼川幅	馬踏 -	高さ 深さ	断面 (歩)	長さ (間)	容積 (坪)	人足 (人)	歩掛 (人/坪)
新大和川工事	①大和川 → 長原（北側堤）	△ 15	3	3	27	2,900	78,300	391,500	5
	② 〃 → 川辺（南側堤）	△ 13	3	2.5	20	〃	58,000	290,000	5
	③長原 → 瓜破村北ノ方	▼50/100	-	0.5/1	58.3	750	43,750	284,375	6.5
	④瓜破 → 西井路（北側堤）	△ 15	3	3	27	900	24,300	121,500	5
	⑤ 〃 → 〃（南側堤）	△ 13	3	2.5	20	〃	18,000	90,000	5
	⑥西井路 → 味右衛門池未申角	▼ 50	-	1	50	1,900	95,000	570,000	6
	⑦味右衛門池 → 浅香山谷口	▼50/50	-	2/1	150	400	60,000	480,000	8
	⑧（谷ノ間）	---	---	---	---	500	---	---	---
	⑨谷 → 海（北側堤）	△ 10	2	2	12	630	7,560	30,240	4
	⑩〃 → 〃（南側堤）	△ 10	2	2	12	〃	7,560	30,240	4
	小計					**7,980**	392,470	2,287,855	
付帯工事	⑪悪水井路（片側堤）	△ 3	1	1	2	3,800	7,600	22,800	3
	⑫ 〃	▼ 15	-	1	15	1,500	22,500	135,000	6
	小計					**5,300**	30,100	157,800	
総工事	長さ：7,980間（133町・14.5km） 敷地：380町 8反	△：築堤盛土 ▼：河底掘削（切土）					201,320 221,250	976,280 1,469,375	
	代銀：3,668貫 482匁 5分	合計					**422,570**	**2,445,655**	

図29 「川違新川普請大積り」の内容

五分　但壱人壱匁五分」である。金一両を銀六〇匁とすると、六一、一四一両となる。これに漏れている築堤部分を加えると総人足は二七〇万人以上、約六七、五〇〇両となり、実際に要した費用にかなり近くなる。

新大和川の長さは七、九八〇間、約一四・四キロメートルとなる。工事による潰れ地は三八〇町八反余りと見積もっているが、実際の潰れ地は、その七割ほどであった。

設計上では、築堤の総土量は二〇一、三二〇坪、掘削土量は二二一、二五〇坪であり、築堤土量と掘削土量がほぼ一致するように設計していることがわかる。設計に漏れている築堤土量を合わせると、約二六〇、〇〇〇坪になり、築堤土量のほうが上回る。しかし、設計では新大和川は瓜破村の北側を通ることになっているが、実際には瓜破村の南を通っているので、台地部分の掘削土量はさ

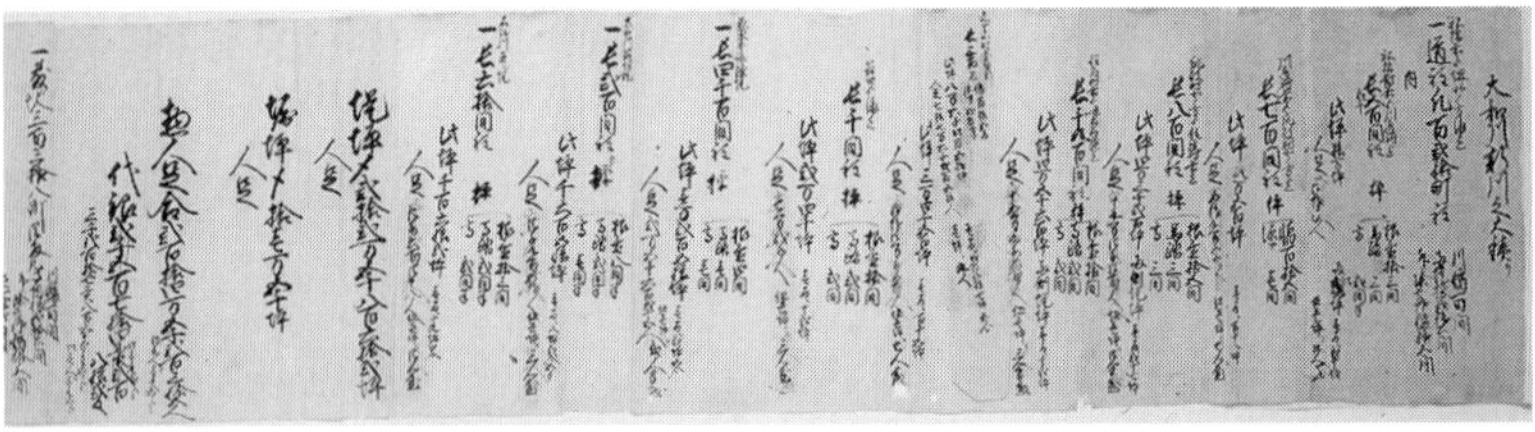

写真29 「大和川新川之大積り」（中家文書）

らに多かったはずである。また、落堀川も台地部分以外は掘削しない設計となっているが、実際にはほぼ全区間を掘削しているので、掘削土量はさらに多かったはずである。おそらく、掘削土量も二六〇、〇〇〇坪くらいになったと考えられ、結果的にはやはり築堤土量と掘削土量はほぼ均衡していたと考えられる。

「大和川新川之大積り」（写真29） 次に「大和川新川之大積り」を見てみると、新大和川の長さが「凡百弐拾町程」となっており、実際の長さよりも一割ほど短い。また、「両堤根弐拾六間」となっており、両側の堤防とも一三間幅とする設計であるが、実際には北側堤防は幅一五間となっている。

また、「川辺村前より瓜破北ノ方迄」の体積が八〇、五〇〇坪であり、「壱坪ニ七人懸」であるので、人足は五六三、五〇〇人となるのだが、設計では五九五、〇〇〇人となっている。八〇、五〇〇坪を掛けなければならないところを、誤って八五、〇〇〇坪を掛けてしまったようである。

「大和川新川之大積り」は、計算間違いや誤差が多く、「川違新川普請大積り」のほうが正確である。おそらく「大和川新川之大積り」は、測量前の設計書と考えられる。測量結果に基づいて正確に土量を積算し、掘削土量と築堤土量がほぼ一致するように、無駄のない工事を実施するように設計していることがよくわかる。当時の測量、設計技術の正確さが窺えるのである。

三　わずか八か月の大工事

付け替えの決定　それでは、城蓮寺村の「新大和川掘割由来書上帳」などから、付け替え工事の様子を確認しておこう。

幕府から付け替え決定が正式に発表されたのは、元禄一六年（一七〇三）一〇月二六日のことである。姫路藩一五万石の藩主、本多中務大輔忠国を助役に任命し、付け替え工事は大名手伝い普請で実施されることになった。幕府の沙汰役として、若年寄・稲垣対馬守重富、勘定奉行・荻原近江守重秀と中山出雲守時春。現地の普請奉行として、目付・大久保甚兵衛忠香、小姓組・伏見主水為信がそれぞれ任命された。そして、翌元禄一七年（一七〇四）一月一八日に、堤奉行・万年長十郎から新川筋村々に付け替えが伝えられた（写真30）。

付け替え工事の進行　元禄一七年（一七〇四）二月上旬に、大久保甚兵衛と伏見主水が大坂に到着。二月一六日に摂津国住吉郡喜連（きれ）村に普請役所が設置された。そして、一八日から二〇日にかけ

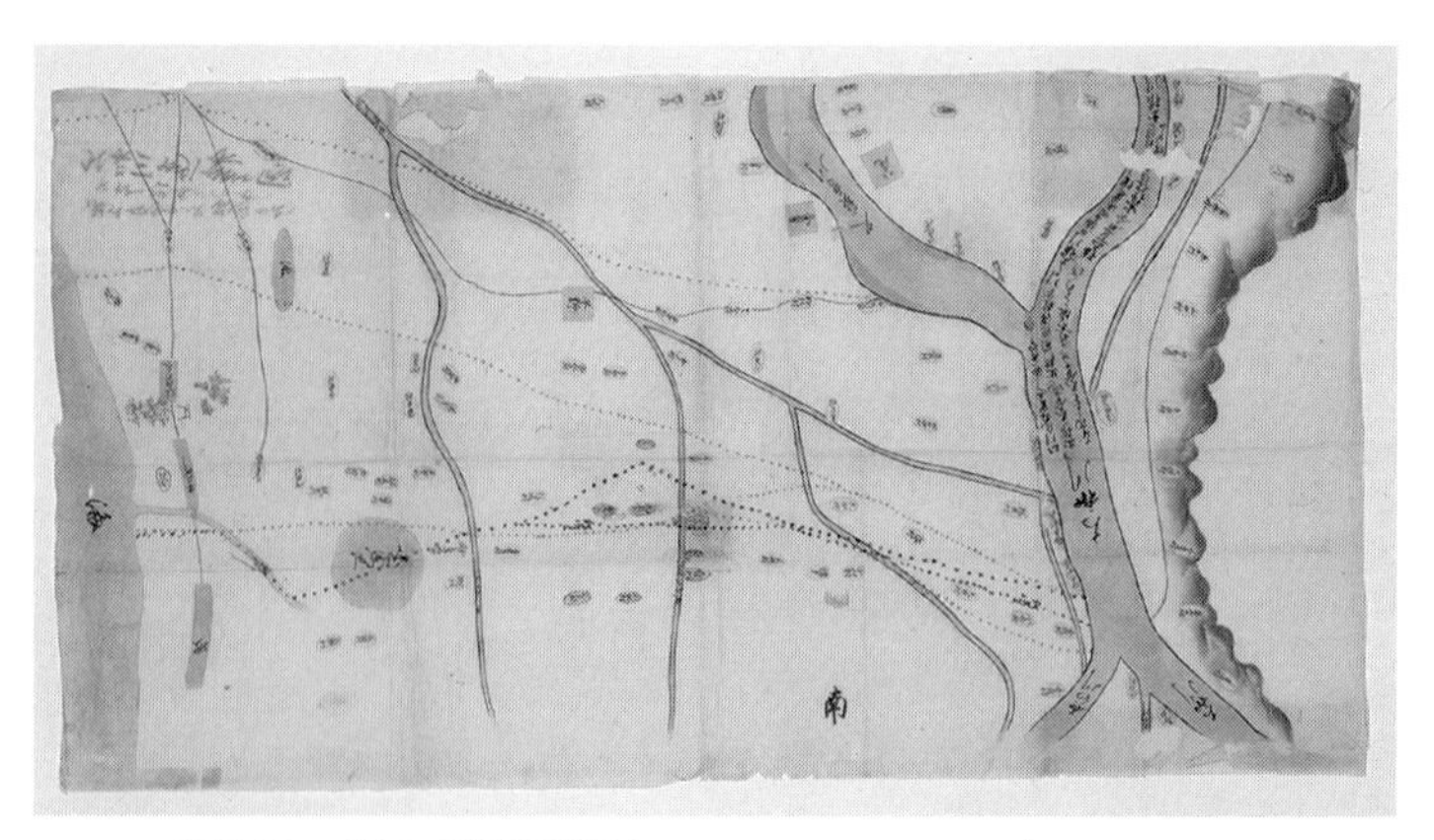

写真30　「大和川違積り図（新川計画川筋比較図）」（中家文書）

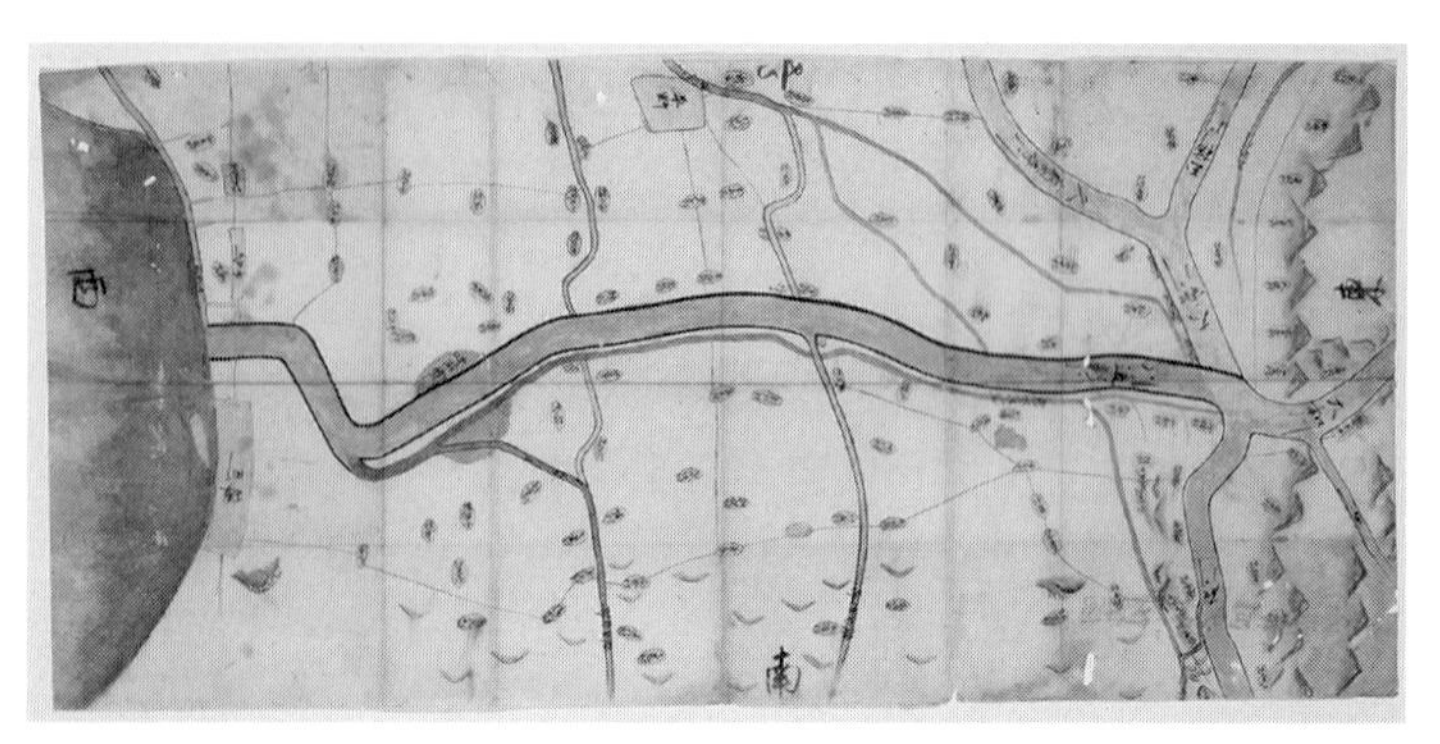

写真31　「川違新川図」（中家文書）

て新川筋の牓示が行われ、同時に姫路藩が川下より測量を開始した。その後、二七日に姫路藩が川下から工事に着手した。

三月一三日に元禄から宝永に改元された。その直後、三月二一日に姫路藩主の本多忠国が死去したため、姫路藩は工事から撤退することになった。そのため、工事が中止されるのではないかと新川筋の人々は喜んだようである。しかし、幕府は二日後の二三日に普請人足入札への参加者を募集しており、二五日には普請場に入る村々に、二九日から工事に着手するので前日までに麦・菜種などの刈り取りを済ませるように通達している。

工事着手時には、工事のすべてを姫路藩に実施させる予定だったとも考えられているが、姫路藩の撤退後も着々と工事の準備を進めているところをみると、当初から幕府も工事を直接実施する予定だったのであろう。

幕府は、三月二七日より姫路藩が未了であった測量を、志紀郡太田村から川上へ向けて再開する。三〇日には普請役所を喜連村から太田村に移し、付け替え地点にあたる船橋村から川下に向かって工事に着手した。普請役所を太田村に移した理由は、工事区間全体の中央付近の喜連村から、幕府が工事を担当する上流半分の中間地点付近へと移したのであろう。

翌四月一日に、江戸城で新たに手伝大名を任命している。任命されたのは、和泉国岸和田藩主・岡部美濃守長康（五・三万石）、摂津国三田藩主・九鬼大和守隆久（三・六万石）、播磨国明石藩主・松平左兵衛佐直常（六万石）の三名であった。三藩の石高の合計が一四・九万石であり、姫路藩一五万石とほぼ同じである。これは偶然ではないだろう。同じ石高になるように、大坂近辺の藩から選んだのであろう。

工事は、姫路藩が河口から遠里小野村まで一〇町（一・一キロメートル）をほぼ終えており、幕府が船橋村から川辺村まで五二町（五・七キロメートル）を担当することになった。残りの六九町を三等分して、各藩が二三町（二・五キロメートル）ずつを担当することになった。担当は、川上から岸和田藩、三田藩、明石藩である。幕府の担当工区はすべて築堤のみであるが、岸和田藩は瓜破台地、明石藩は上町台地の掘削という難所を担当することになった（図27）。

四月一八日、三藩に普請場所の引き渡しが行われ、それぞれ工事に着手することになった。その際に、城蓮寺村から麦の刈り取りが未了のため、工事の着工を五月六日まで待ってほしいという願いが出されているが、工事を急ぐため待つことはできないという回答が出されている。この工事区間が、岸和田藩か三田藩か確認できない。

全工区の工事が同時に着工されたため、四月二九日に幕府は再び普請役所を喜連村に戻した。さらに六月一日に普請役所を住吉郡苅田村へ移している。幕府が担当する工区が順調に進んでいたのだが、やはり上町台地の工事が難渋していたために、上町台地近くに移したのであろう。

六月二八日、付帯工事や姫路藩の不足工事を行うために、手伝大名の追加が発表された。大和国高取藩主・植村右衛門佐家敬（いえゆき）（二・五万石）、丹波国柏原（かいばら）藩主・織田山城守信休（二万石）である。柏原藩は藩の記録が残っており、十三間川（じゅうさんげん）の延伸、築留（つきどめ）堤防築堤、新川切通し、堤防の芝張りなどを担当したことがわかっている。十三間川は、淀川から住吉大社付近まで伸びていたが、さらに南へ延長して新大和川の河口まで延伸したのである。築留堤防は、旧川の流れを止めるために旧大和川の付け替え地点に築かれた堤防である。そして、付け替え地点の旧川の堤防を切り崩して新川に水を流す工事などを担当したのである。高取藩は西除川の切替えと大乗(だいじょう)川の切り替えなどを担当したようである。西除川は、新大和川へスムーズに流れ込むように西へ切り替えられ、落堀川とともに大和川へ流れ込むように工事を実施した。大乗川は、古市の南で石川へ流れ込むように付け替えられた(写真31)。

そして、一〇月一三日に新川への切通しが行われ、付け替え工事は完了した。二五日に普請役所を閉鎖、二九日には新川沿いの村々に堤防を厳しく管理するようにという通達が出されている。

それでは、各藩はどのように工事を実施したのだろうか。まず、各藩が負担した工事費の金額は約三四、〇〇〇両とされる。この配分についての詳細は不明であるが、おそらく石高に応じて分担したのだろう。また、各藩からは役人や現場の技術者などが派遣され、人足は現地で調達された。現地で人足の調達を請け負う人物がいたのである。多くは地元の庄屋などが元請けとなり、大坂商人らが下請けで人足手配を請け負った。

姫路藩は藩から派遣された人々の内訳の記録が残っている。それによると、五七人の役人と人足頭など三七二人が派遣されている。岸和田藩は三五人、三田藩は一六人、明石藩は二八人、高取藩は三四人、柏原藩は三五人の役人を派遣している。

明石藩は工事前から藩財政が悪化しており、工事費の負担でさらに財政が悪化したようである。享保二〇年（一七三五）に起こった大規模な一揆の原因の一つとなったとされる。柏原藩は工事費の負担によって、建築予定であった陣屋の建築費用が工面できず、正徳四年（一七一四）にようやく陣屋が完成している。

なお、岸和田では大和川付け替え完成を祝ってだんじり祭りが始まったという言い伝えもあるが、付け替え工事の着手前からだんじり祭りが始まっていたと考えて間違いないようである。

八か月で工事が完了した理由　付け替え工事の工期は、二月二七日から一〇月一三日までで、約七か月半である。その間に姫路藩の撤退による工事中断が約一か月あったので、実質は六か月半で終了したことになる。現代でもこれだけの工期で工事を終えることはできないだろう。それを人力による工事で終えることができた理由はどこにあるのだろう。

まず、無駄のない工事であったことがあげられる。前項でもみたように、綿密な測量と設計を実施している。そして、できるだけ掘削を少なくしたうえで、掘削土と盛土の量が均等になるように考えている。無駄のない工事だったのである。

次に、大名手伝普請の採用である。幕府を含めて四工区（姫路藩を含むと五工区になる）を同時着工している。各藩は費用削減のため、早く工事を終えようとしたであろう。また、他藩の工区に負けたくないという意識も働いたであろう。工事を急いだのである。

そして、大坂に多数の人足を動員できる経済システムが存在したことも見逃せないであろう。工事に従事した延人足は約二八〇万人とされる。一日平均一万二千人となり、最大時には一日当たり二万人近くが働いていたと考えられる。これだけの人足を手配できる請負人が存在したのである。大和川の付け替え工事には、強制労働のように人々が駆り出されたと書かれたものもみかけるが、決してそうではない。正当な日当を支払って人足を集めていたのである。

つまり、幕府の用意周到な計画と、臨機応変の対応と、大坂の経済システムが八か月という短期間で工事を終わらせる原動力となったのである。

四　発掘成果からみた付け替え工事

新大和川堤防の調査　大和川の付け替え工事が実際にどのように行われたのか、よくわからない。当時の記録が残っていないからである。しかし、発掘調査によって堤防の断面を観察すると、どのように堤防が築かれたのかがわかる。これによって、付け替え工事の実態に迫ることもできる。ここでは、これまでに実施された四件の発掘調査成果から、付け替え工事の実態について考えてみたい。

現在の大和川の堤防は、盛土が繰り返されて付け替え当時よりもかなり大きくなっているが、その堤防の中に当時の堤防がそのまま埋まっている。だから、現在の堤防を断ち割って付け替えた際

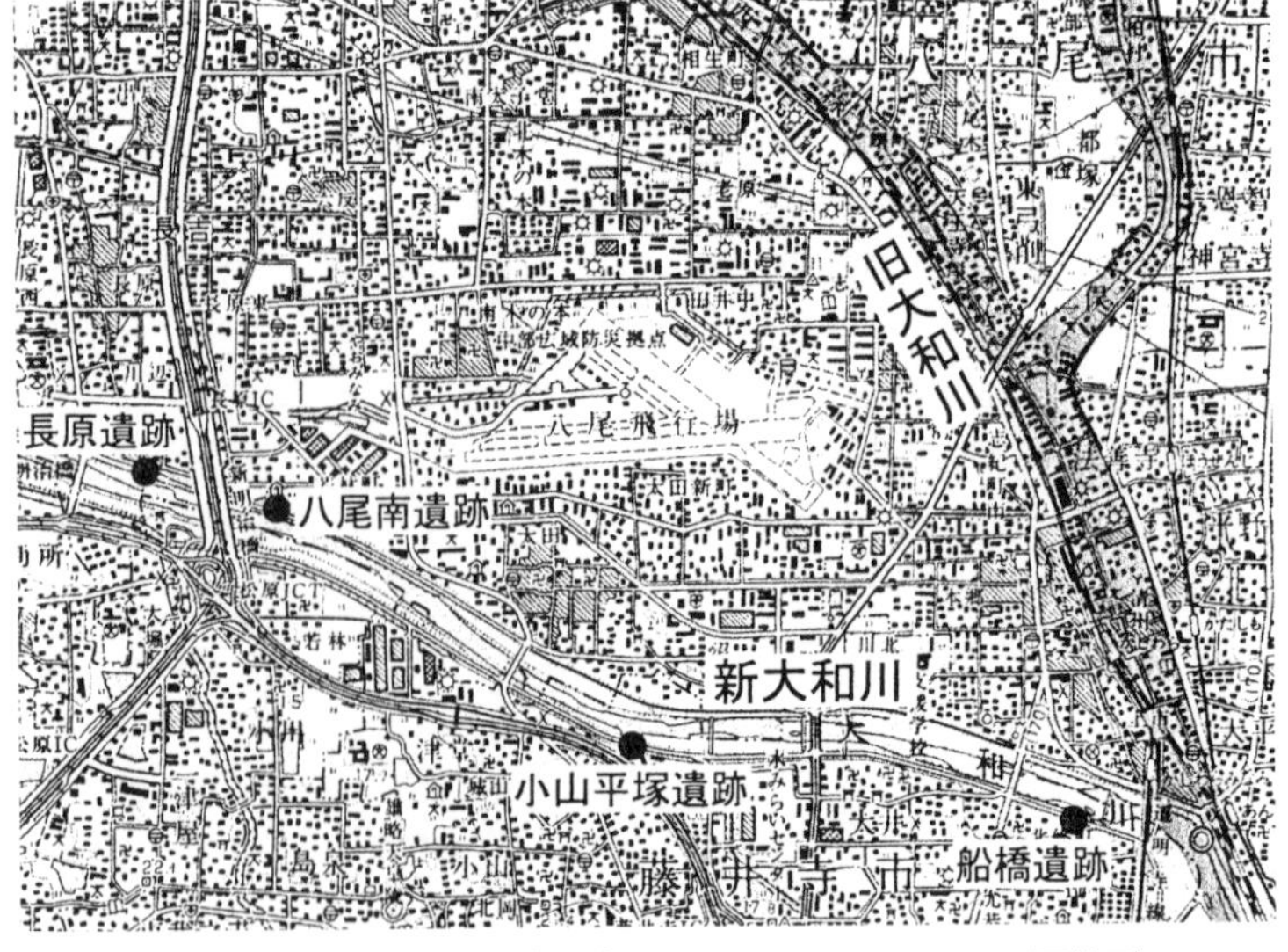

図30　新大和川の堤防調査地点（国土地理院５万分の１地形図使用）

の土の積み上げ方を観察すると、どのように堤防が築かれたのかがわかる。しかし、堤防の断面を観察するためには、一定の期間、堤防を断ち割った状態にしておかなければならない。大和川は一級河川であり、洪水の危険性を考えると堤防の一部を断ち割ったまま長期間放置しておくことはできない。そのため、簡単に調査をすることはできないのである。これまで調査が実施されたのは四か所のみである。雨水ポンプ場設置に伴う藤井寺市船橋遺跡の調査と、同じく藤井寺市の小山平塚遺跡の調査。樋の撤去に伴う八尾市八尾南遺跡と大阪市長原遺跡の調査。この四か所のみである（図30）。

付け替え工事では、北堤が根置（基底部幅）一五間（二七・三メートル）、馬踏（上端面幅）三間（五・四メートル）、高さ三間（五・四メートル）、南堤が根置一三間（二三・六メートル）、馬踏三間（五・四メートル）、高さ二間半（四・五メートル）に設計されていた。この数値と実際に発掘調査で確認された数値を比較しながら紹介していきたい。

左岸堤防の調査　新大和川左岸（南側）、付け替え地点に近い船橋遺跡における一九九七年の調査では、根置一九メートル、馬踏五メートル、高さ三・六メートルの付け替え当時の堤防が確認されている。盛土は砂質土が中心で、南から小さな山を積み上げる行為を繰り返して盛土がなされている。積み上げ途中で盛土上面を平坦にしたり、叩き締めることは行われていない。堤防盛土直下に有機質土が確認できる。真っ黒の粘土質の土で、植物が植わったままで、整地もせずに堤防盛土がなされていることがわかる。堤防の表面でも有機質土が確認でき、堤防表面に芝を張っていたと考えられる（写真32・図31）。

普通、堤防工事を行う際には、旧表土を整地して平らにしたうえで堤防の盛土を開始する。そして、ある程度積み上げた段階で表面を平らに均して叩き締めてから次の盛土にかかる。ところが、船橋遺跡の調査地点では、工事前に植わっていた植物を刈り取ることもなく盛土を行っている。それが麦などの栽培植物なのか、草などの自然植物なのかは、調査では確認できていない。また、堤防を強固に築くためには盛土に粘質土を利用するべきであるが、船橋遺跡では砂質土が積み上げられている。これでは、堤防の強度が低くなってしまう。また、堤防の南側から順に土が積み上げら

写真32　船橋遺跡の新大和川堤防（西から）

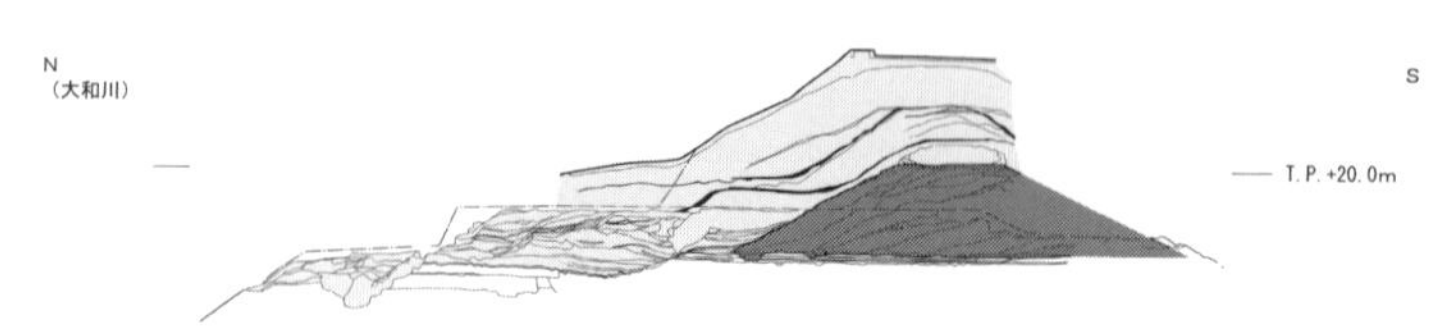

図31　船橋遺跡の新大和川堤防

れていることから、南堤防に沿った落堀川の掘削土をそのまま堤防盛土として利用したものと考えられる。周辺の土質が砂質土だったということで、盛土の選別が行われていないことがわかる。

　さらに、付け替え時の堤防を大きくするために、二度のかさ上げが行われている。最初のかさ上げは約一メートルの盛土で、高さだけでなく川側（北側）へも堤防を拡張している。これは宝永五年（一七〇八）に、落堀川の水が十分に処理できないため、落堀川の川底を掘り下げた工事による掘削土を積み上げたものと考えられる。

その後、さらに高さ一・四メートルのかさ上げがなされている。やはり川側へも一メートルほどの盛土が行われている。このかさ上げは、正徳六年（一七一六）の大洪水によって周辺に堆積した土砂を積み上げたものと考えられる。つまり、堤防を大きくする目的ではなく、残土の処分地として堤防のかさ上げを行っているのである。

同じく新大和川左岸の小山平塚遺跡で、一九八八年に調査が実施されている。この際には、堤防断面観察だけでなく、平面的な調査も実施されている。確認された付け替え当時の堤防は、根置二一・五メートル、馬踏五・四メートル、高さ三・六メートルであった。堤防の両裾に、堤防と平行する杭列が確認できる。杭列の間隔は二三・四メートルで、北側杭列の内側に、さらに二本の平行する杭列が確認されている。堤防両裾の杭列は堤防の工事範囲を示したものであろう。その内側の杭列は土留めのための施設ではないだろうか。杭は直径一〇～一五センチメートル、長さ二メートル程度の大きな杭である（写真33・図32）。

堤防盛土は粘土質の良質な土で、調査当時は鋼土（はがねつち）の利用と注目され、新大和川の堤防は強固に構築されていたと報道された。しかし、じっくり観察すると、やはり平坦に均した痕跡は確認できず、叩き締めも確認できない。南から順に積み上げていることがわかるので、やはり落堀川の掘削土をそのまま積み上げているようである。この付近は国府台地の北端にかかるので、掘削土が良質

写真33　小山平塚遺跡の新大和川堤防（東から）

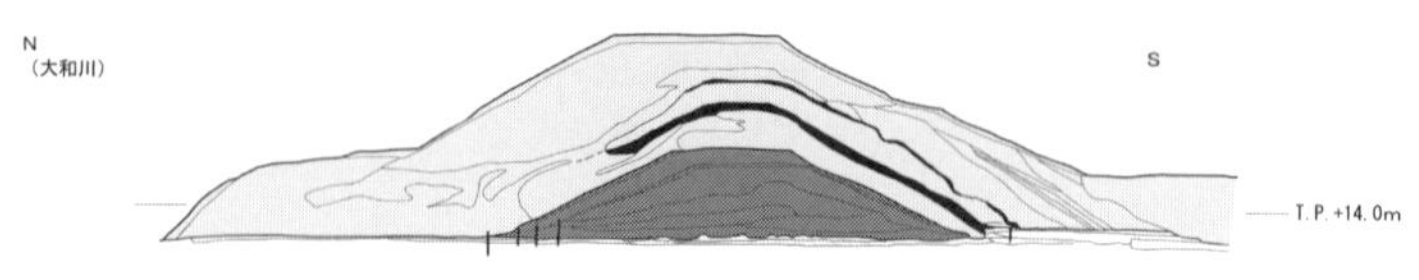

図32　小山平塚遺跡の新大和川堤防

な粘土質だったのである。

また、堤防と一五〜二〇度の角度で西南西へ続く三列の杭列が確認されている。これは、堤防への水当たりを弱めるための水制施設で、杭出水制（くいだしすいせい）と呼ばれる施設の痕跡である。多数の杭によって、水流が緩められ、流れる角度が変えられる。これによって、堤防への水当たりを弱くする、つまり堤防を保護するのである。杭出水制が大和川の各所に存在したことは絵図などからわかっていたが、実際に調査で確認できたのは初めてである。

右岸堤防の調査　八尾市若林町の八尾南遺跡で二〇〇六年に実施された調査では、右岸（北側）の付け替え当時の堤防が確認されている。規模は、根置二六メートル、馬踏五・四メートル、高さ五・四メートルで、設計の堤防規模にほぼ一致する。盛土は粘土が中心で、二〇センチメートル×一二～一八センチメートルの大きさの粘土ブロックを積み上げていることが確認されている。おそらく、鋤（スコップ状の掘削具）で掘りあげた一回分の粘土であろう。これをモッコに数ブロック入れて運んで積み上げていると考えられる。盛土は基本的に水平に積み上げられており、丁寧な工事が観察できる。やはり堤防下に有機質土が確認でき、植物が植わったままで整地せずに積み上げが開始されていることがわかる。

大阪市平野区長原川辺の長原遺跡で一九九四年に実施された調査でも、右岸（北側）の堤防が確認されている。正確な規模は確認できないが、根置一七メートル以上、馬踏不明、高さ三・三メートル余りである。堤防北側上部に大きな掘り込み跡があり、南側の裾部にも掘り込みがみられる。そのため、当初の規模や形状など不明な点が多い。堤防は崩れなどがないように厳しく管理されていたはずなので、この掘り込みがどのようなものなのか理解できない。明治以降の掘り込みであろうか。

堤防基底部の標高が、八尾南遺跡よりも一メートルほど高い。そのため、調査地付近では一メートル余り河床の掘り下げが必要だったと考えられる。堤防の高さが三・三メートルと低いのは、そのためであろう。川辺から西は瓜破台地の掘り下げが必要だった。調査地は掘り下げが始まる付近にあたっている。堤防盛土はほとんど砂である。調査地付近を東除川が流れていたため、砂が多いのではないだろうか。

調査からみた付け替え工事の実態　以上四か所の調査成果をもう一度検討してみたい。長原遺跡は幕府と岸和田藩の工事担当区の境界付近に位置するが、他はすべて幕府の工区である。長原遺跡は十分に確認できていないが、他の調査地の付け替え当時の堤防は、すべて美しい台形断面となっている。そして、八尾南遺跡の堤防はほぼ設計と同じ規模であるが、左岸の二か所は高さが〇・九メートル低く、幅も二～四メートル狭い。ただし、小山平塚遺跡の杭列の間隔は二三・四メートルなので、設計と二〇センチメートルしか違わない。左岸の二か所で堤防高が三・六メートル（二間）なので、当初から二間で築堤されていたのではないかと考えられる。設計でも北堤よりも南堤のほうが半間低いのだが、実際には一間低かった可能性がある。

堤防の盛土は周辺の掘削土がそのまま使用されている。設計でも掘削土と盛土の量を等しくなるようにしていたので当然だろう。そのため、掘削土が砂であってもそのまま盛土として利用されている。堤防の強度は考慮されていないのである。左岸堤防は落堀川を掘り進めながら堤防に盛土しているので、南側から順に盛土がなされている。一方右岸はほぼ水平に積み上げられているので、モッコ等で運んできた土をできるだけ水平に積み上げていったのであろう。そして、いずれの調査地点でも積み上げ途中の叩き締めは行われていない。叩き締めている様子を描いた説明も多いが、実際には叩き締めは行われていない。

堤防下の有機質土は、整地もせずに堤防の盛土が行われたことを示している。城蓮寺村で麦の刈り取りを待ってもらえずに工事が始められたという事実に対応するのであろう。結局、計画どおりの堤防の形状が整っていれば、それでよかったのだろう。最後に芝を張って工事を終えている。堤防の強度に配慮は払われていない。

現在の堤防の中に、付け替え当時の堤防が眠っている。これからも調査を実施する機会は少ないであろうが、もう少し調査例が増えれば、付け替え当時の工事の実態がよりわかるであろう。

五　旧川筋の新田開発

江戸時代前期の新田開発　江戸時代になると、各地で新田開発が進められた。江戸時代前期にあたる一七世紀の百年間に耕作地が急増するとともに、人口も倍増している。大坂でも、元禄年間（一六八八～一七〇四）に、町人らによって大阪湾に面した川口新田が四五〇町歩も開かれた。しかし、それに先立って貞享四年（一六八七）に、町人が新田開発をすることを禁止している。町人が巨大な耕作地を所有して巨利を得ることを防ぐためであろう。ところが、その直後に川口新田の開発を認めているのである。実際には町人でなければ新田開発をすることはできなかったのであろう。

大和川付け替え前の新開池・深野池でもすでに新田開発が行われていた。新開池では三嶋屋新田、箕輪村新田、西堤村新田が開かれ、深野池でも尼ヶ崎新田、御供田村新田、三箇村新田、灰塚村新田が開かれていた。大和川筋の新田開発も、このような流れのなかで行われたのである。

旧大和川筋の新田開発　大和川の付け替えに伴って、旧大和川筋の河床は新田として開発されることになった。どのような手続きで新田開発者が決められたのか、不確かなところもあるが、開発希望者を募り、入札によって開発者が決められたようである。新田開発に応じたのは、有力農民、町人、寺院などであった。有力農民は、一人で落札に応じる場合もあったが、多くは複数の人物による共同落札であった。

宝永元年（一七〇四）の「古川筋川床堤敷深野池幷新開池新田大積帳」によると、新田開発予定地の面積は一、〇二八町三反八畝で、地代金三七、一二〇両余りと見積もられている。入札者が開発場所とその面積、地代金を明示して入札を行い、単位面積当たりの地代金がもっとも高値で入札した人物が落札者となったようである。落札額は一反につき平均金三両二歩である。これによって落札者が決まり、のちに開発面積が確定したところで全体の地代金を支払うことになっていた。

実際に新田として開発された面積は一、〇六三町八反三畝二〇歩であり、見積りよりも三パーセントほど増加している。見積りがほぼ正確であったことがわかる。また、新大和川による潰れ地は二七四町六反二畝二九歩で、潰れ地の四倍近い面積の新田が誕生したことがわかる。石高でみても、潰れ地の石高三、七一〇石に対し、新田の石高は一〇、九五四石余りなので、三倍近い石高があったことがわかる。

旧川筋の新田開発によって、幕府には三七、二〇〇両余りの地代金が入ったようである。幕府が付け替え工事で支出した費用は、三七、五〇〇両余りであった。つまり、幕府が付け替え工事で要した費用は、新田開発の落札金でほぼ回収できたのである。この二つの数字の一致は偶然とは考えられない。幕府は付け替え工事着手前から新田開発による収入をほぼ把握していた。それに見合う

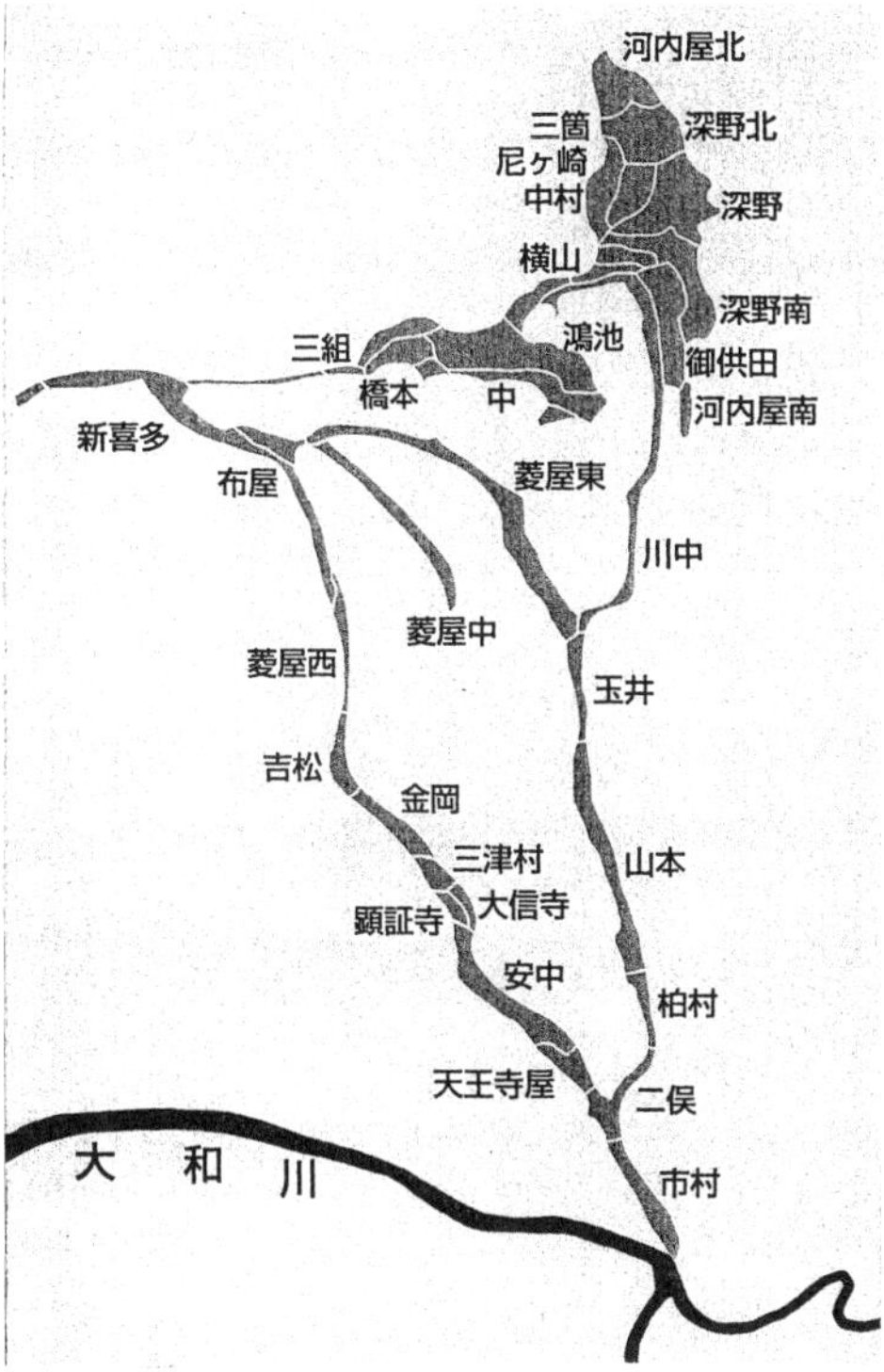

図33　旧大和川に開かれた新田

額まで工事費用を負担してもいいと考えていたのである。

池などの池では田も開かれた。

新田の実態　旧川筋の新田は、新田というもののほとんどが畑であった。そして、新開池や深野池などの池では田も開かれた。

旧川筋は、河床のほとんどが周囲の田畑よりも高い天井川だった。そのため、新田内に設けられた用水としての長瀬川や玉櫛川などの水面よりも新田のほうが高く、用水を利用することはできなかった。そこで、多数の井戸を掘って用水を確保することになった。もともと川だったので、地下には伏流水が豊富にあり、井戸の水量は豊かであった。井戸ははねつるべと呼ばれ、長い棒の一方につるべを、もう一方に石の錘を結びつけたものであった。水をくみ上げるとき、一方に錘をつけていると、汲み上げが楽だったのである。

この用水の不足と、砂地であるために水を溜めることがむずかしかったので、水田が作れなかった。そのため、大半が畑となっていた。畑で栽培されたのは主に綿であり、そのほかに麦、菜種、蔬菜類なども栽培された。

付け替え前に池だった新開池、深野池、依羅池では水田も多かった。水田に向いた土壌と用水の利用が可能だったことによる。池跡の新田では、むしろ悪水の処理に苦労したようである。池跡は面積当たりの入札額が、旧川筋よりもかなり高くなっている。

新田の最初の検地は、新田開発から四年後の宝永五年（一七〇八）に行われた。その結果に基づいて年貢高も決められたのだが、付け替え前から池などで新田開発を行っていた新田所有者から、不当に自分たちの新田が犯されていると訴えがあり、享保六年（一七二一）に再検地が実施されることになった。この検地によって、付け替え前から開発されていた新田の多くで、その権利が認められた。また、水路や道なども含めて綿密な測量を行ったところ、面積がかなり増加することになった。また、田畑の等級が上昇し、年貢率の増加、面積の増加などによって、年貢が二倍にもなる新田もあった。宝永年間の検地がやや甘かったようである。

新田の実例　それでは、旧川筋に開かれたいくつかの新田をみておこう。

もっとも上流、現在の柏原市内に開かれた新田を市村新田という。市村新田は、川辺組、船橋組、北条組、苅田組、藁屋組、四人組、柏原組の七組二三人によって開かれた。川辺村は摂津国住吉郡、船橋村は河内国志紀郡、北条村も志紀郡、苅田村は摂津国住吉郡の村であった。ほかの三組は志紀郡柏原村の組である。柏原村はともかく、なぜ離れた四つの村から市村新田の開発に参加したのだろう。この四つの村はいずれも新大和川に接する村であり、村の一部が新大和川の河川敷となっている。おそらく、潰れ地の代替地として、柏原村に隣接する市村新田の一部を与えられたのであろう。そのため、市村新田の経営にも参加することになったようだ。市村新田の名称の由来はわからないが、このように多数の村が参加して新田経営を行った、まるで市の集まりのようだったことから市村新田と名付けられたのではないだろうか。ところが、やはり村から離れた土地の維持管理は

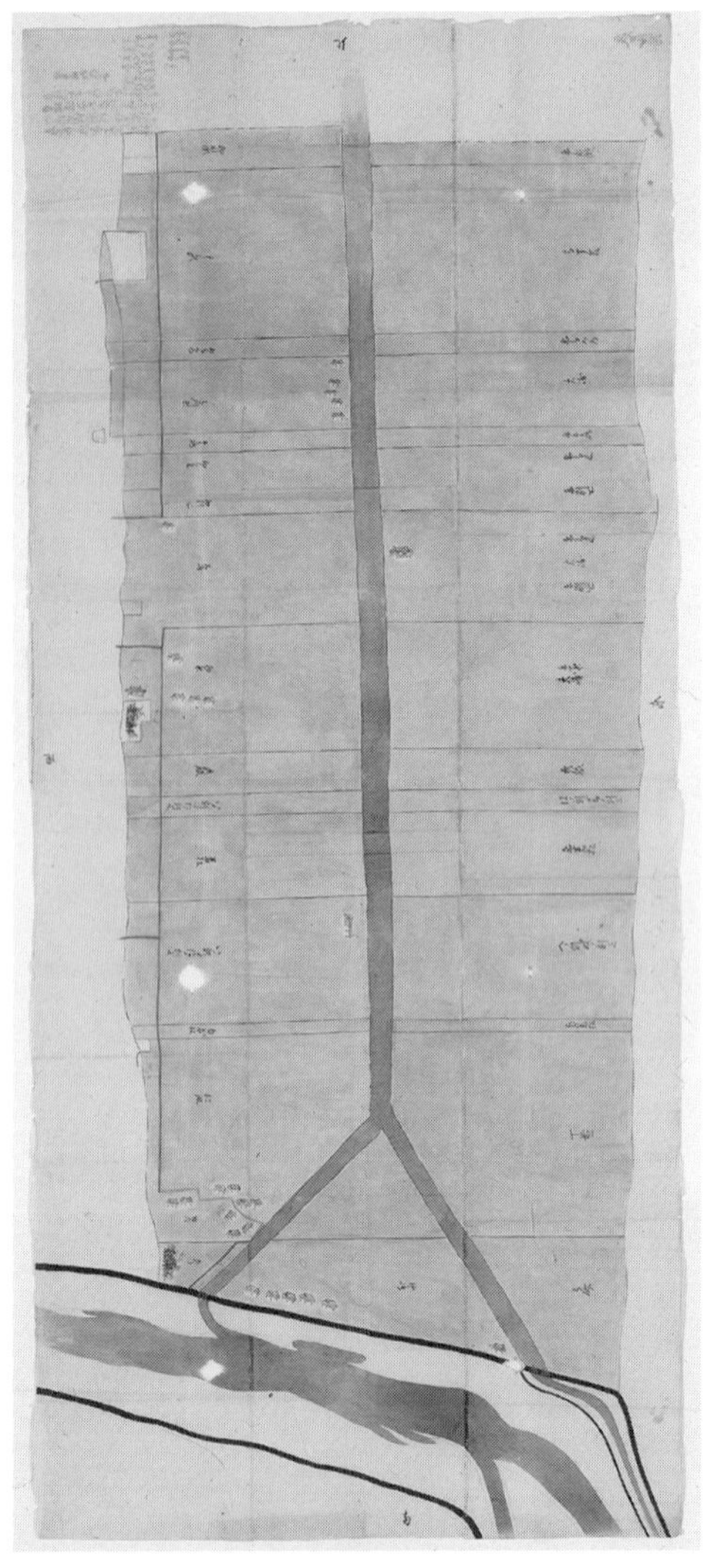

写真34　「市村新田絵図」（宝永５年・寺田家文書）

問題が多かったようである。最初は輪番制で務めた庄屋職が、やがて今町の寺田家のみが行うように変化している（写真34・35）。

市村新田には、宝永五年（一七〇八）と享保六年（一七二一）の検地帳が残っており、両検地の結果を比較することができる。それによると、宝永五年には五〇町六畝二四歩だった面積が、享保六年には五五町二反九畝に増加している。これは先述のように、綿密な測量を実施した結果であろう。等級も上畑が三・三パーセントから二一・〇パーセントに増え、二九・六パーセントあった下々畑がなくなるなど、畑の等級がかなりあがっている。その結果、三〇七石余りだった石高が四八四石余りと約一・六倍となっている。当然ながら、ほぼこの比率で年貢も増加したのである。負担はかなり大きくなっただろう。

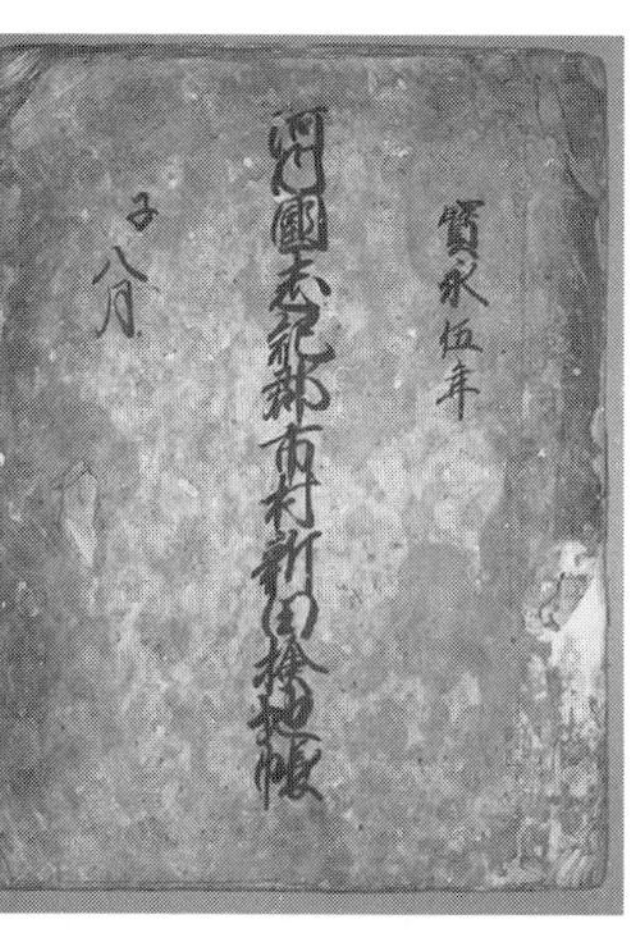

写真35 「市村新田検地帳」（宝永5年・柏元家文書）

川中新田は旧吉田川の跡に開かれた新田で、中甚兵衛の今米村は、すぐ西に接している。宝永元年（一七〇四）一一月九日の入札で、大坂菊屋町の河内屋五郎平が三〇町余りを六一二両余りで落札している。宝永二年（一七〇五）に新田の正確な面積を測量する大縄検地が行われた結果、四三町余りを六八八両余りで開発することになった。新田開発は河内屋五郎平と中甚兵衛の息子の中九

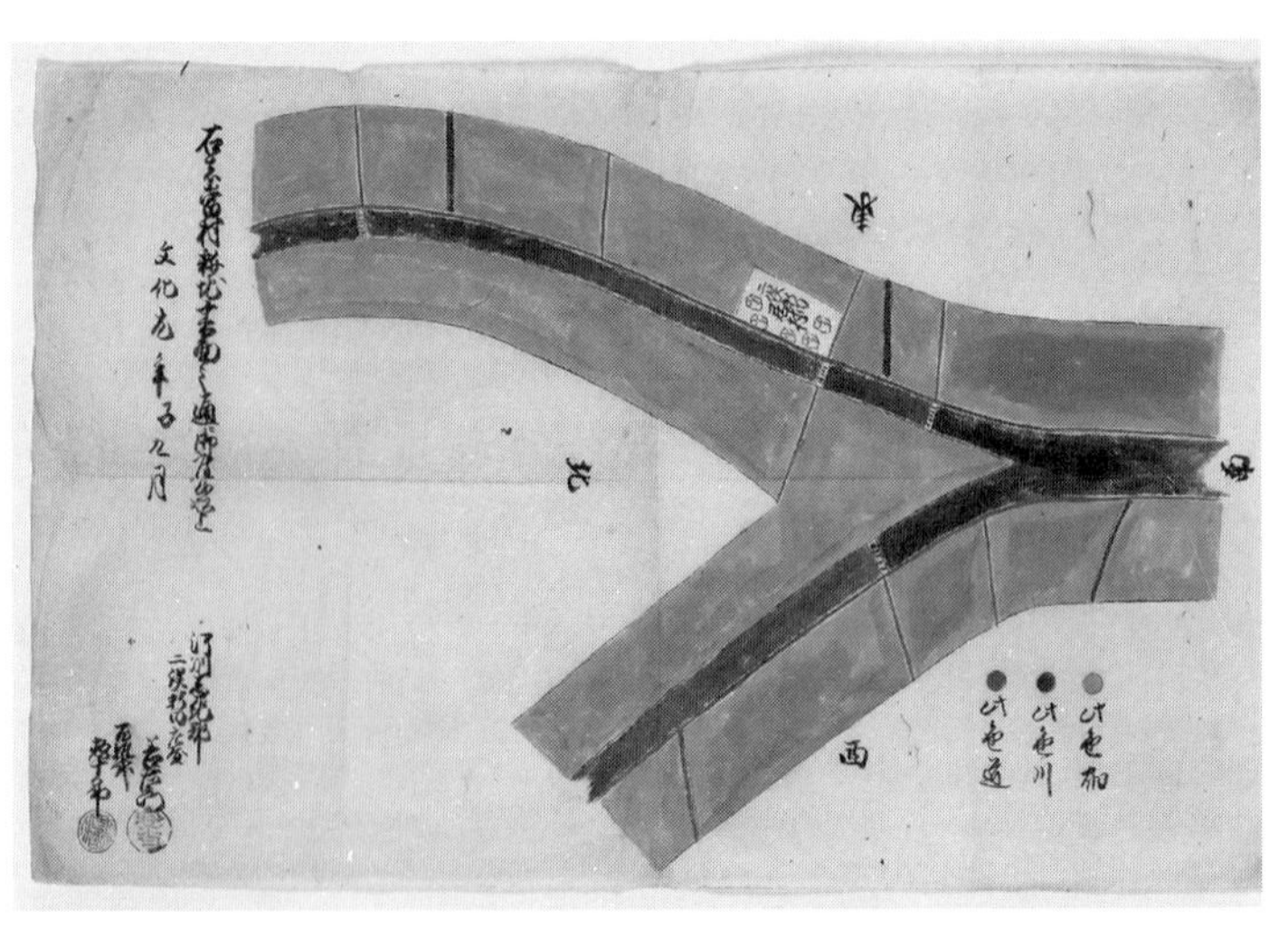

写真36　「二俣新田絵図」（文化元年・小山家文書）

兵衛が請負人となった。

　市村新田と同様に、宝永五年（一七〇八）の検地では三七町余りであったものが、享保六年（一七二一）の検地では三九町余りに増加、上畑は八・三パーセントから一九・三パーセントに増加し、下々畑は三六・六パーセントあったものが、やはりなくなっている。その結果、石高は二三九石余りから三八六石余りと、やはり一・六倍になっている。

　開発当初は収穫の悪い土地が多かったのが、一六年のあいだにかなり収穫高が多くなったことを示すが、享保検地がかなり厳しいものだったという背景もあるようだ。

　新田を一つずつみているときりがないので、最後に有名な鴻池新田の開発について紹介しておきたい。鴻池新田は大きな新開池の跡に開かれた新田としてよく知られているが、実は新開池の落札者は鴻池家ではなく、大坂京橋の土木請負業大和屋六兵衛と讃良郡中垣内村の庄屋長兵衛だった。面積は二〇〇町歩、反当たり五両三歩という高値で、落札額は一一、五〇〇両であった。それが、宝永二年の大縄検地の結果、二二一町余りの面積となった。これを同年四月二〇日に鴻池善右衛門、善次郎にすべて譲っている。五月八日に善次郎が一二、七三三両余りを納めて開発者となっている。ところが、五月九日に六兵衛と長兵衛は鴻池家から二、〇〇〇両近く受け取ったという記録がある。落札者への謝礼であろう。六兵衛と長兵衛は、これを土地でもらったようである。その後二人が四〇町余りの土地を新開池跡地に持っていたことがわかっている。

また、鴻池以外にも新開池の開発権利をもつ町人がいたようで、鴻池が泉屋吉左衛門、天川屋長右衛門、山中庄兵衛、加賀屋虎之助、石川屋次郎兵衛に計三、〇〇〇両を払って全体の開発権利を得ている。結局、鴻池は六兵衛と長兵衛の落札額よりも五、〇〇〇両以上も余分に支払うことになった。それならば、なぜ鴻池が落札しなかったのか。

四〇町余りを所有していた六兵衛と長兵衛であるが、その土地を維持することもできずに中甚兵衛に譲っている。甚兵衛はその半分以上をさらに売り払い、残りを中新田として開発した。甚兵衛はここを隠居地としたが、のちに鴻池に譲られることになった。

どうして資金をもたない六兵衛と長兵衛が落札することになったのか。また、幕府がどうしてそれを認めたのか。なぜ、鴻池が最初から入札に参加しなかったのか。鴻池は町人の新田開発が原則として禁止されているなか、膨大な面積の新田落札者となることを控えて、六兵衛と長兵衛に代理で入札させたのではないだろうか。鴻池は、不動産の所有に拘っていて、そのための費用はあまり考えていなかったのではないだろうか。実は長兵衛は甚兵衛の親戚にあたる人物であり、その後甚兵衛に土地を譲っていることを考えると、幕府と鴻池、そして甚兵衛とで仕組んだ落札だったのではないだろうかと思えてくる。

旧大和川筋に開かれた新田は、決して大きな利益を生み出すものではなかった。それでも、不動産を所有するという目的で投機の対象となったのであろう。開発にはさまざまな利権がからんでいたようであり、複雑な所有関係を示す新田も多い。そして、多くの新田で所有者が何度も変わっていった。おもしろいのは、初期の開発者名が、所有者が変わってもそのまま使い続けられていることである。今後は、新田ごとに詳細な研究を行い、旧大和川筋に開かれた新田の実態について考えていく必要があると考えている。

六　旧川筋のかんがい

旧川筋のかんがい　旧大和川は、流域に洪水をもたらす一方、田畑の用水として利用されていた。したがって、大和川が付け替えられると洪水からは解放されるのだが、田畑の用水源を失うことになる。そのため、付け替え後に久宝寺川・玉櫛川のほぼ中央にそれぞれ用水路が設けられることになった。これが現在の長瀬川・玉串川である。この二本の水路が流域七五か村の用水として利用されてきた。この二本の水路を「大和川分水築留掛かり」といい、二〇一八年八月に世界かんがい施設遺産に認定された。この用水が新田のための用水と誤解している方も多いが、あくまでも流域の村々の田畑への用水であり、新田は井戸の水を汲み上げていたのである。

また、平野川には青地樋が伏せられ、そのほかにも新大和川から取水するために多数の樋が新大和川右岸堤防に設けられた。これらの用水は、それぞれで組合を結成して維持管理されることになった。大和川右岸では、付け替え後に水不足で悩まされることになり、取水量やその方法をめぐって、各組合でもめごとが絶えなかった。それだけでなく、組合内でも上流と下流の村々で取水方法をめぐって争論となることが多かった。ここでは、大和川付け替え後のかんがい施設、組織についてみていきたい。

大和川分水築留掛かり（ぶんすいつきどめかかり）　大和川分水築留掛かりとは、現在の長瀬川、玉串川のことである。どちらも「川」と名付けられているが、実は用水路であり、水源は新大和川のみで途中で流入する川はない。それゆえ、川幅は下流へ向かうにつれて次第に狭くなっている。

その大和川分水築留掛かりが、二〇一八年八月に世界かんがい施設遺産に認定された。私も申請書づくりをお手伝いさせていただいたので、喜びもひとしおである。世界かんがい施設遺産とは、かんがいの歴史・発展を明らかにし、理解を深めるとともに、かんがい施設の適切な保全を行っていくために、歴史的かんがい施設を国際かんがい排水委員会（ＩＣＩＤ）が認定、登録する制度である。二〇一八年八月一三日に、カナダのサスカトゥーンで開催された第六九回ＩＣＩＤ国際執行理事会において、「大和川分水築留掛かり」が登録された。大阪では、狭山池（大阪狭山市）、久米田池（岸和田市）に次いで三例目である。

選定理由は、大和川付け替えという歴史的土木工事に伴って設置された施設であること、新大和川から水を引き、流域七五か村、約四、〇〇〇ヘクタールもの地域に水をもたらす大規模なかんがい施設であること、流域の村々によって維持管理され、三〇〇年以上たった現在も続いていること、流域の人々が水に親しむ場としても利用されて生活の中に溶け込んでいること、などがあげられている。

それでは、その成立からみていこう。旧大和川流域の村々は、工事着工とほぼ同じころに築留で遮断される旧大和川筋への用水路設置を嘆願した。その結果、築留一～三番樋で新大和川から取水し、旧川筋の中央に流すことになった。一番樋は宝永元年（一七〇四）に設置された。付け替えに伴って右岸堤防の内側に二重堤が設けられ、二本の堤防の間を流れる水を一番樋で請けることになった。現在は内側の堤防が本堤防となり、一番樋は使用されていない。二番樋は宝永二年に築留堤防を切り開いて設置した。もとは木製であったが、明治二一年（一八八八）にレンガ積みの樋に造り替えられて、国登録文化財となっている（写真37）。三番樋は二番樋の西二〇〇メートルにあり、やはり宝永二年に設置された。

一・二番樋の水と三番樋の水は五〇〇メートルほど北へ流れて「落合」で合流している。ここか

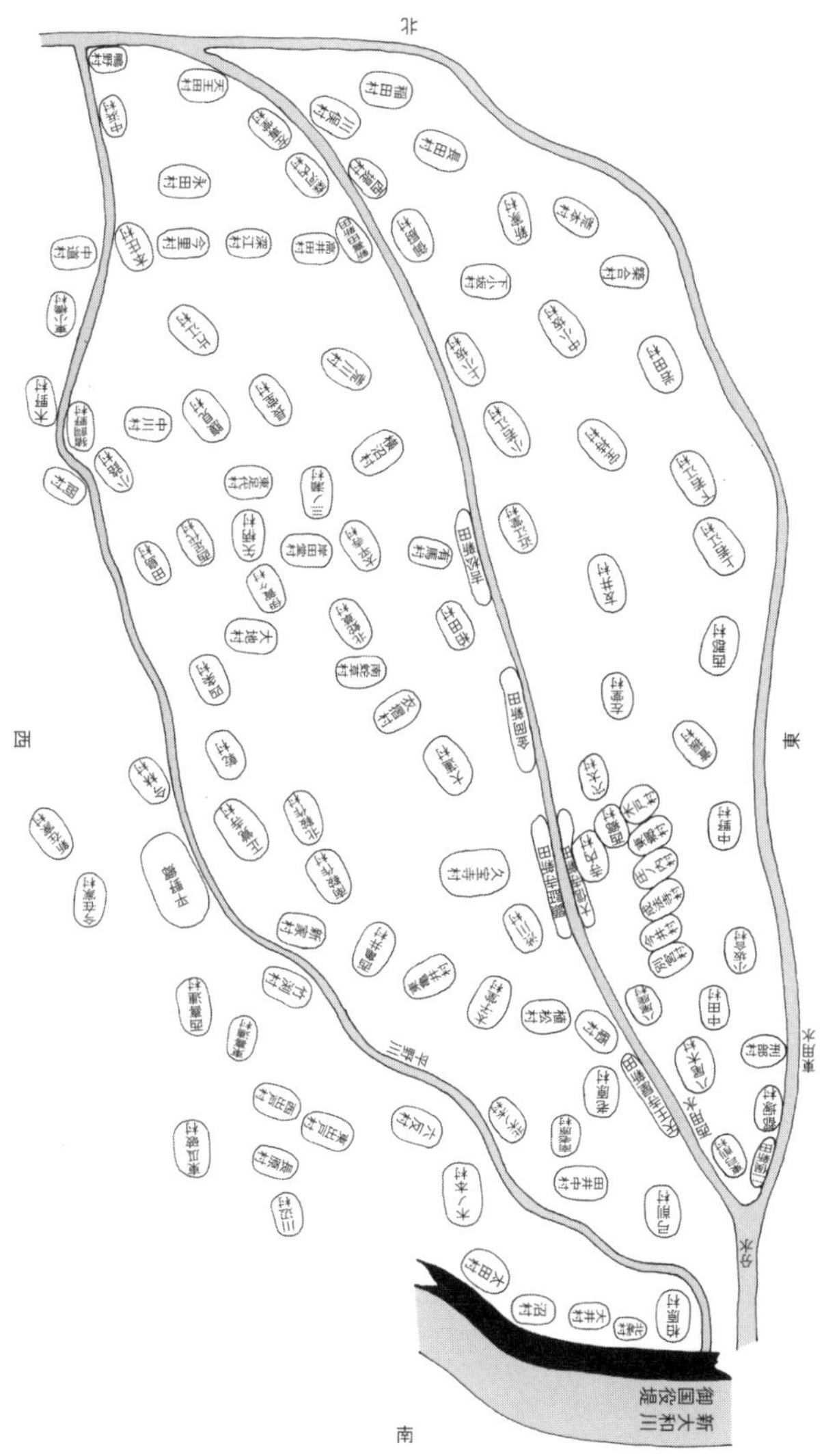

図34 「築留・青地樋用水組合村々絵図」（小山家文書）

写真37　現在の築留二番樋（国登録有形文化財）

ら先は十間井路といい、幅一〇間（一八メートル）の用水路である。さらに北へ流れて八尾市に入ったところの二俣で、西用水井路（長瀬川）と東用水井路（玉串川）に分かれている（図34）。

用水は、利用する村々によって「築留樋組」が結成され、樋や用水路の維持管理、各村への配分などを管理した。組合の村数は七五か村が基本だが、六六～七八か村の幅で変動していた。用水には、さらに各村に配分するための樋が伏せられ、利用する田畑の石高に比例して樋の大きさが決められていた。西用水には二九か所、東用水には三三か所の取水樋が設けられていた。用水は取水するのみで流入する水はなかったので、下流へ向かうにつれて幅が狭くなり、流量が減少する。そうなると、下流の取水は不利となり、用水不足となっていた。そのため、下流の村々から不満が訴えられ、のちには下流の樋をやや大きくするなどの対策がとられた。この築留樋組は、現在の築留土地改良区に引き継がれている。

築留樋組の正式発足は宝永六年（一七〇九）のようである。築留と二俣に会所を設置し、用水の管理、組合の運営にあたった。この二か所は、分水量などを決める重要な場所であった。築留堤防上には見張所と倉庫を設け、堤防下に会所を設置していた。

用水の管理を専業とする「樋守」が西用水と東用水に一名ずつ置かれていた。西用水と東用水は、それぞれさらに上郷（上流）と下郷（下流）に区分され、各郷から樋元惣代、年番惣代、諸用立会などの役人を選んでいた。西用水樋守は久宝寺村の高田家（久宝寺屋）、東用水樋守は岩田村の畑中家（岩田屋）が務めていたが、のちに両用水とも畑中家が管理するようになり、会所も一か所となった。

また、毎年水の利用が多くなる五月から九月まで「夏川」と称して年番委員が交代で会所に詰め、用水の監督や各村との連絡にあたった。

青地樋組　旧大和川の一つの流れである平野川は、付け替え後には新大和川に伏せられた青地樋から取水するようになった。青地樋は宝永元年（一七〇四）に設置され、渇水時には新大和川左岸の大井村井手口樋から新川を横断して取水した。当初は柏原村、弓削村、田井中村三か村で樋を設

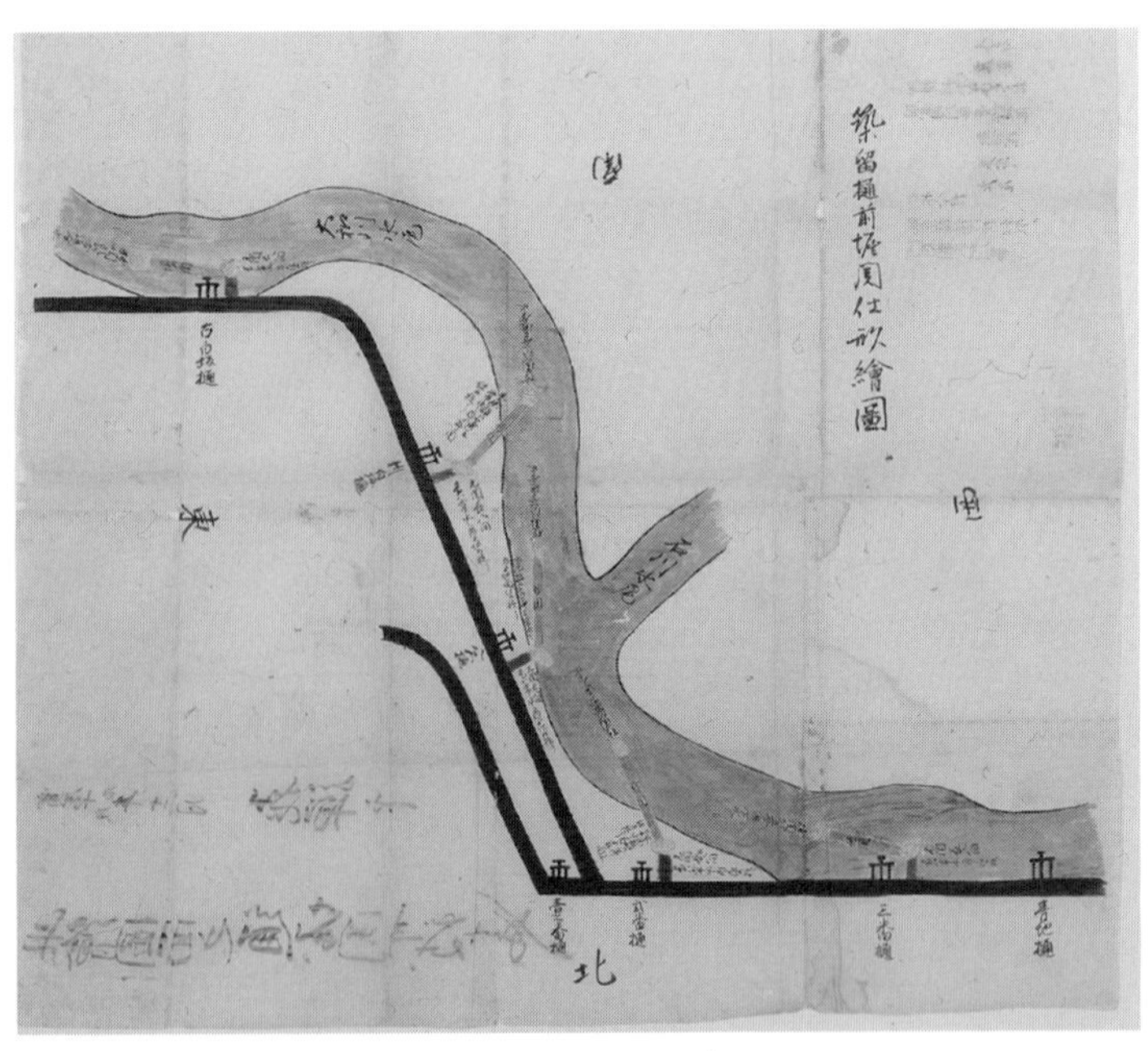

写真38　「築留樋前堀関仕形絵図」（柏元家文書）

置し、管理していた。その後、宝暦一一年（一七六一）から流域二一か村で「青地樋組」を結成して維持管理にあたるようになった。青地樋に会所を設け、監視人を置き、組合役員は村々より選出し、年番で事務処理にあたっていた（図34）。

宝暦年間、築留樋組の取水量が多いため下流の村々の用水が不足していると、青地樋組が大和川を管理する堺奉行に訴え出た。その結果、宝暦一〇年（一七六〇）に「築留水尾掘砂関御裁許」で以下のように決着した。通常は築留二番樋、三番樋の前に川の中央まで砂を詰めた高さ一尺の俵を並べて樋門から取水する。渇水時には、長さ一〇〇間（一八〇

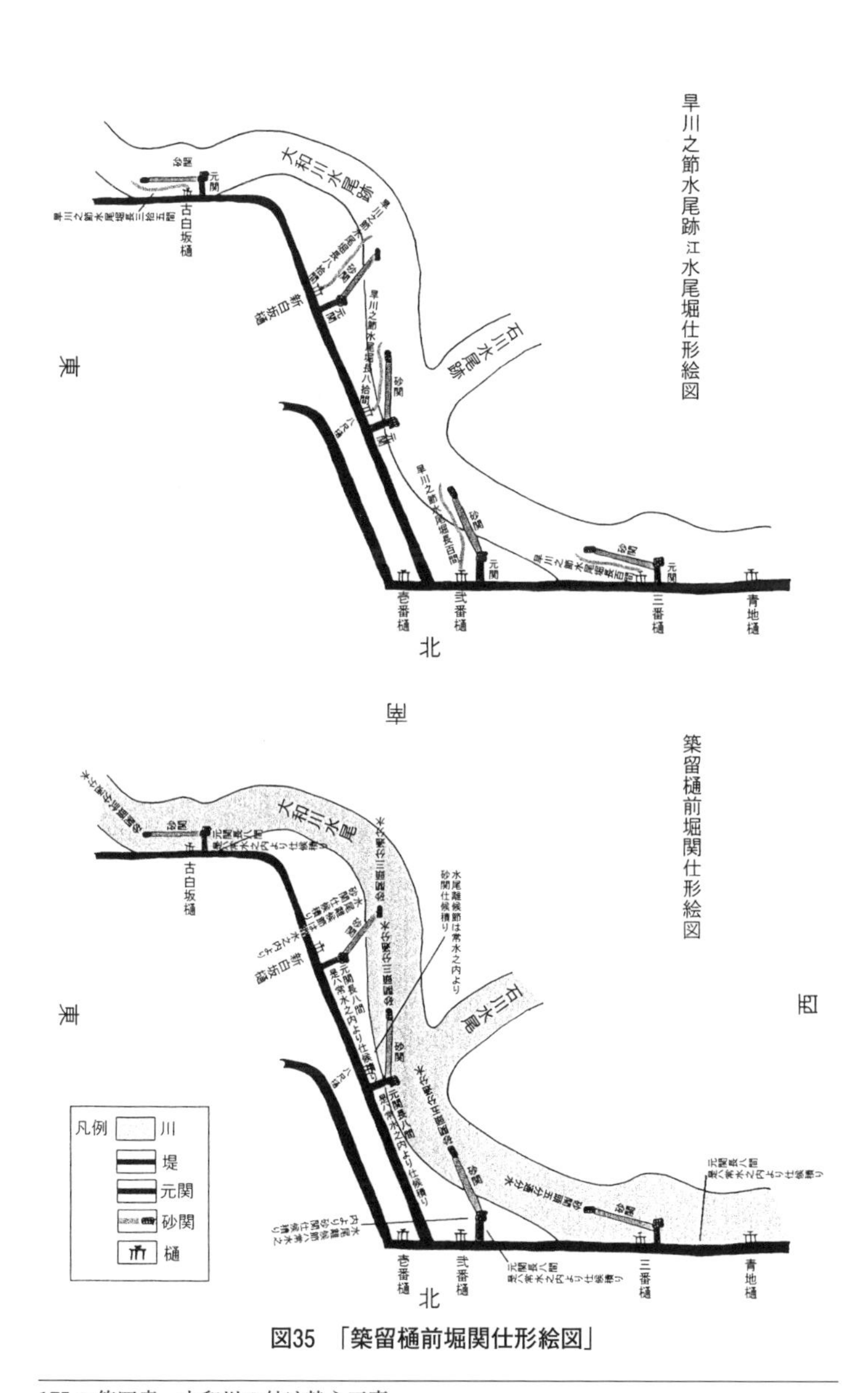

図35 「築留樋前堀関仕形絵図」

メートル）の水尾（溝）を掘って水を引くというものであった。川の中央までは築留樋組の取水を認めるというもので、築留樋組に有利なようにも思うが、これが最終決着だった。

ところで、青地樋の設置について、志紀郡弓削村の西村市郎右衛門の話が伝わっている。JR志紀駅の南、大阪外環状線の高架下に西村市郎右衛門の頌徳碑が建てられている。大和川付け替え後、平野川の水が絶え、流域の農民は困窮していた。それを見かねた弓削村の庄屋西村市郎右衛門が、幕府に無断で青地樋を伏せた。これによって、市郎右衛門は大坂城の牢獄に捕らえられ、拷問のうえ獄死、財産没収、一家断絶となったという話である。

しかし、青地樋は付け替えと同時に設置されたことが記録から明らかである。幕府に無断で樋を設置することなど考え難い。まして、新大和川の堤防を断ち割って樋を設置しようとすると、数十人で数日かかることは間違いないであろう。個人でできるような工事ではない。また、町奉行に捕らえられたならば理解できるが、大坂城に捕らえられることは理解できない。そして、弓削村の史料では、江戸時代後期に市郎右衛門が庄屋を務めていたこともわかる。

頌徳碑が建てられたのは大正五年（一九一六）四月である。市郎右衛門の徳を偲んで弓削村の念仏踊りが行われるようになったという。内容から、江戸時代の知識がほとんど消失したころにつくられた話だと考えられる。大正五年をあまり遡らないころ、念仏踊りを由緒あるものとするために作り出された話であろう。

『大和川筋図巻』（堺市博物館所蔵）で確認すると、大和川右岸には、築留樋組に関連する樋が一八か所、青地樋組に関連する樋が二か所、それより下流に三二か所の樋が設けられ、右岸の村々によって用水が利用されていた。洪水がなくなる一方、水不足で苦しむことになったのである。

七　新川流域村々の苦悩

付け替え反対運動　新大和川流域の村々は、付け替え反対を強く訴えていた。しかし、付け替え工事が決定し、人々は途方にくれたことだろう。そして、反対理由としてあげていたことの多くが現実のものとして人々を苦しめることになった。

付け替え反対の理由は、ほぼ変わっていない。ここでは、元禄一六年（一七〇三）の付け替え反対嘆願書にあげられた理由をとりあげる（写真20・39・40）。

a．河内郡の百姓が江戸に下り、「大和川を石川の合流点から西へ付け替えてもらえれば、幕府にとっても好都合で、摂津・河内の百姓もそれを願っている」とずっと訴え続けてきた。そのため、四十年余り前から何度も幕府の検分があった。そのたびに百姓は迷惑し、仕事も手につかず、困窮し、困り果ててきた。

b．大和川は地形に従って自然に流れ下っている。これを横川に付け替えると、大和・河内・摂津三か国の百姓が困ることがたくさん出てくる。

c．大小の河川が横川で遮られると、新川の南には何万石もの水がつきやすいところができる。しかも一一か村は水底になる。

d．新川より北側の村々は用水源がなくなり、日損場となる。

e．新川より南側は一万石につき三千石ほどの池がある。新川より北には池はなく、新川ができると用水がなくなるため、同じ程度の池が必要となる。

f．旧河床にできる新田は、新川による潰れ地に及ばない。

g．新川の堤が破損すると、田地のみならず人命も失うことになる。

h．舟運が不便となり、多くの人が困る。

i．道が寸断され、多くの人が往来に困る。

j．新川の勾配は一町につき四寸下るようであるが、瓜破や上町台地では四～五丈（一二～一五メートル）も掘り下げなければならず、その土の捨て場で多くの田地がつぶれる。

k．東除川より東は、かなりの堤を築かなければならず、その土を採るところも近くにはない。


以上である。b・cにみえる「横川」とは、北下がりの地形に、西へ流れる川をつくることをいっている。cでは新川の南側が排水不良地となることを訴え、d・eでは新川北側が水不足で困ることを訴えている。fで旧川筋の新田はそれほどできないというが、これは事実とは違う。gでは新川の堤防破損による被害の大きさに注目している。h・iでは交通が不便になることを訴え、これもそのとおりになっている。jでは一五メートル近くも掘り下げが必要になるというが、実際には最大で六メートルくらいである。また、jで土の捨て場にこまり、kで土の採取地に困るとし

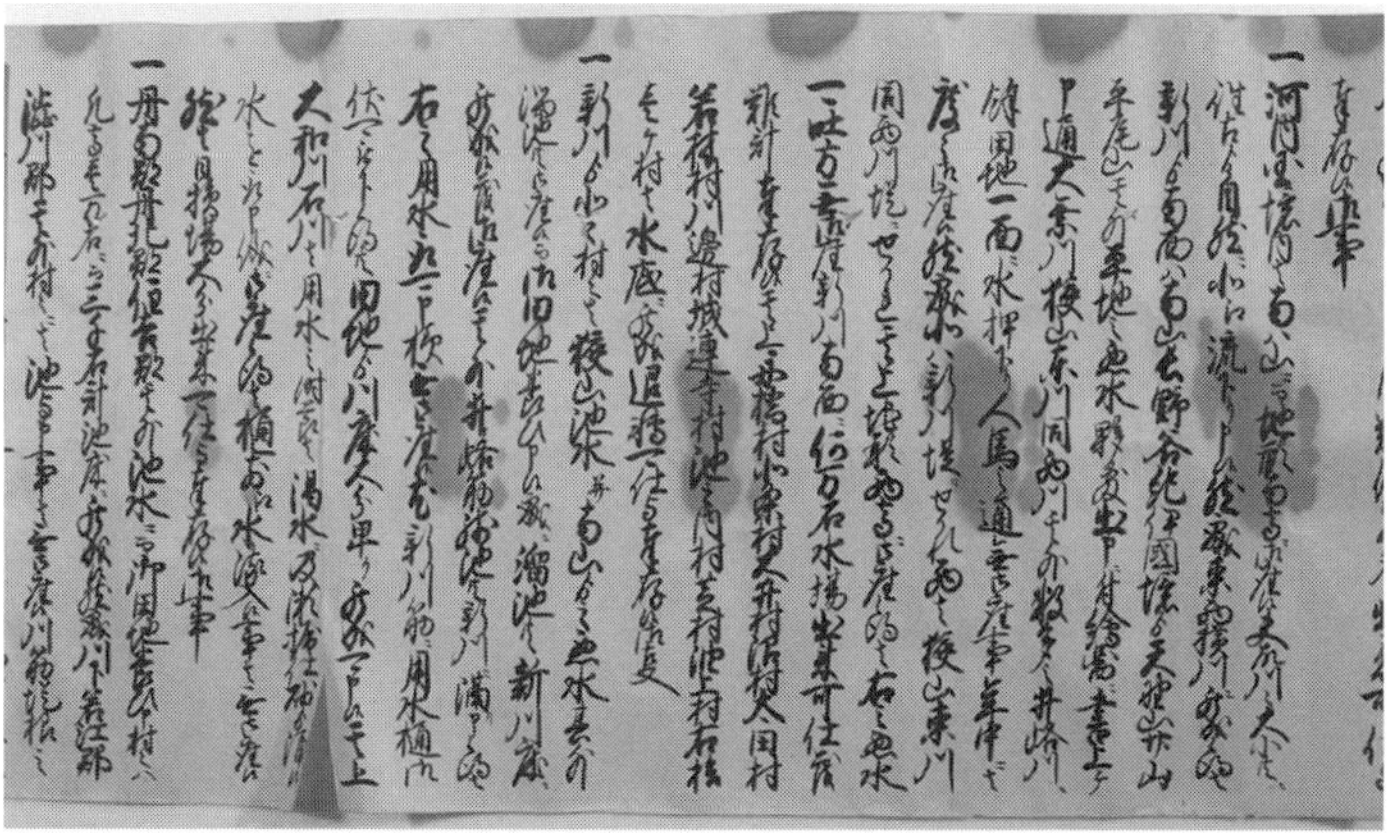

写真39　「川違迷惑之御訴訟」部分（元禄16年・松永白洲記念館蔵）

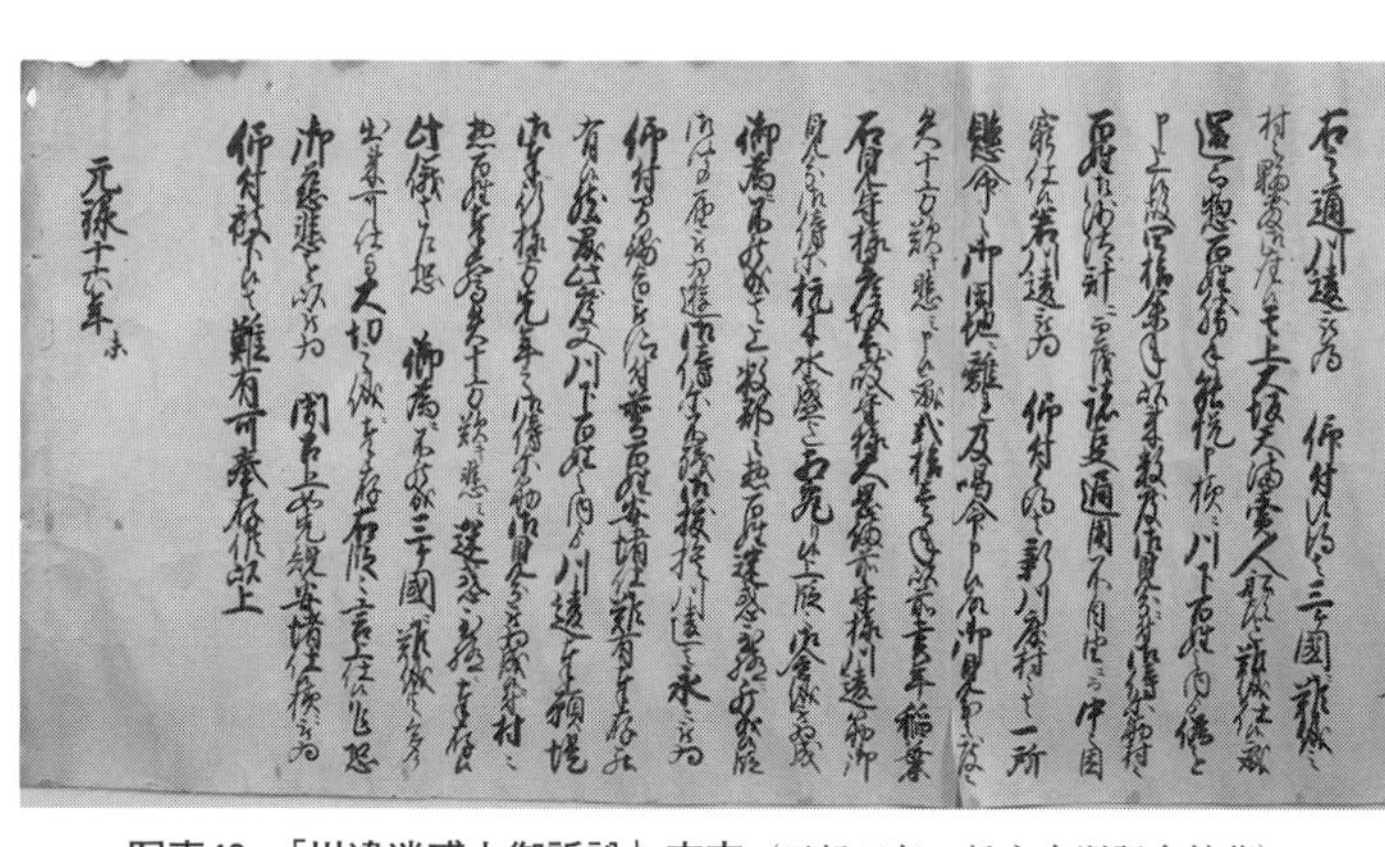

写真40　「川違迷惑之御訴訟」文末（元禄16年・松永白洲記念館蔵）

ているが、残土を土砂不足の堤防まで運べばどちらも解決する。実際にそのようにしたようで、掘削土と堤防積み上げ土の量がほぼ一致していたことがわかっている。ここで不思議なのは、自分たちの土地を奪われることを取り上げていないことである。これがもっとも大きな反対理由だったはずである。自分たちのことではなく、広範囲の村々の迷惑を取り上げるほうが反対理由として相応しいと考えていたのだろうか。

付け替え工事への協力　太田村の柏原家文書に、地元の村が工事に協力しなければならなかったことが記されている。太田村は、工事の前半に普請役所が置かれていた村である。工事が始まるとすぐに、新川予定地中心と、川幅を示す両側五〇間に打たれた牓示杭の管理が太田村に指示されている。杭に結びつけた竹の保管と、紙の吹き抜けを毎日取り外すことが命じられている。

三月四日には、新川周辺村々の庄屋が普請役所に呼び出され、宿の提供や注意事項が伝達された。また、火の用心、喧嘩、博打の禁止なども指示されている。さらに次のような指示が出されている。

a．川筋予定地に入った家は早く立ち退くこと。
b．新川北堤の外側五間は、足場と通り道になり耕作できないが、終了次第返却する。
c．新川南側に約一五間の井路を掘り、その土を本堤に使う。
d．新川南堤際の悪水落し堀や除川の川違えについては、牓示杭を立てるので、潰れ地は別帳に書いて改めること。

e．測量の杭木は絶対に抜かないこと。

c・dにみえる「新川南側の井路」や「悪水落し堀」とは南堤防に沿って掘られた落堀川のことである。「除川」は西除川のことで、西除川の大和川への合流は、一旦西へ振ったあと落堀川と合流してから大和川へ流れ込むように、西除川も付け替えられた。その工事範囲を明示するので、記録して報告することを求めている。

四月一日には、太田村の百姓が連印して届けを出している。そこには次のようなことが記されている。

a．三人の奉行滞在中は、昼夜を問わず火の元の用心には細心の注意を払うこと。
b．奉行方家中はもとより仲間衆に至るまで、無礼なく道で逢っても腰をかがめて挨拶すること。
c．日用人夫や請負人小頭らに宿を貸す時は、全て名前・出身地や誰の依頼で来たかなどを毎晩詳しく書き留め、庄屋に渡すこと。
d．宿泊人の金銭や貴重な道具・衣類等は絶対に預からないこと、その逆に貸し与えたりもしないこと。これを守らず紛失しても絶対に訴訟などしないこと。
e．奉行や家来衆に無礼や無作法があった場合は、本人は元より五人組の者までどのような罪をも受け、一切弁明はしないこと。

これらの注意事項をみていると、役人に敬意を払うことと、宿泊人の管理を怠らないことを強く求められていることがわかる。宿を提供することなどで、地元に何がしかの金銭は入るであろうが、迷惑をこうむる付け替え工事のために、これだけのことを求められ、新川周辺の村々にとっては、はなはだ迷惑なことだったに違いない。

ただ、新川筋の村々が工事を請け負い、さらに大坂町人に下請けに出すことによって、その差額の利益を得ていたこともわかっている。幕府も地元の村々に多少の便宜を図っていたということだろう。

城蓮寺村では、麦の刈り取りまで工事を待ってほしいと要望を出していたが、聞き入れてもらえなかった。人を雇って刈ればいいと言われたが、一日当たり二百文を出しても人を雇うことができない。みんな大和川の付け替え工事に従事しているからだと困っている。結局作付け面積の三分の一に近い一〇町余りの刈り取りができないまま工事が始まってしまったと嘆いている。

太田村では、工事役人の宿泊の世話などに人手が多くとられたので、工事後四～五年間は負担軽減を考慮してほしいと訴えている。

付け替え工事後　新川流域では、土地を失う村も多かった。城蓮寺村では、寛保三年（一七四三）三月の「村方盛衰帳」によると、付け替え前の村高は四七〇石九斗六合であったが、新川による潰れ地の石高が三一一石二斗七升三合あり、残りの土地の石高は一五九石六斗三升三合と三分の一になってしまった。

潰れ地は二五町六反四畝六歩で、古川（旧大和川）筋の植松の上（安中新田か）で七町九反二畝二四歩、西除川筋の冨田新田で一七町七反一畝一二歩を代地として受け取った。しかし、安中新田はあまりにも遠いため、すぐに売却している。

城蓮寺村の家数は付け替え前には六八軒ほどあったが、寛保三年には四〇軒に減っている。ほぼ半分である。村に残った本田も、落堀川と西除川による出水でたびたび水損する。田地だけでなく、屋敷まで水害に会うことが多くなった。屋敷地は、高台の冨田新田への移転を要望し、認められている。

それ以外にも、土地が悪いため肥料がたくさんいるが、肥料が高くなっていること、堤防の維持管理の負担が大きいこと、落堀川の川浚えの負担が大きいこと、などを訴えている。また、冨田新田の石高は九四石余りしかなく、地ならしや井戸掘りに多くの人が必要になったことも訴えている。城蓮寺村の生活は、たいへん厳しいものとなったのである。

太田村でも、潰れ地三町余りの代地を受け取ったが、遠いためほとんど売却している。ほかの村も同様であっただろう。

また、村の中を新川が通ることになったため、分断された村も多かった。河内国志紀郡では、北條村、大井村、小山村、太田村。丹北郡では、若林村、川辺村、東瓜破村、西瓜破村、枯木村、庭井村。摂津国住吉郡では、遠里小野村、七道村などが分断されることになった。そのため、今でも藤井寺市の一部が大和川の北にあり、八尾市、大阪市の一部が大和川の南にある。

街道も多くが分断された。新大和川で橋が架橋されたのは、紀州街道の大和橋のみであった。これは、徳川御三家の紀州徳川家と大坂とを結ぶ橋として架橋されたと考えられるが、そのほかの架橋は認められなかった。そのため、多数の渡しがあった。しかし、渡しでは不便だったと考えられ、その後、大和川の北と南の交流は困難になったと考えられる。

新川流域の村々は付け替えに反対していた。そして、その反対理由の多くが現実となった。城蓮寺村では、村の存続が危ぶまれる事態となってしまった。付け替え工事と引き換えに、多大な犠牲を払うことになった人々がいたことを忘れてはいけないだろう。

第五章　大和川をめぐって

一　大和川付け替えと中甚兵衛①

中甚兵衛の評価　大和川付け替えの功労者として取り上げられる人物に、中甚兵衛がいる（写真41）。小学校の大和川学習でも、中心的な位置を占めている。甚兵衛が河内の村々をとりまとめ、大和川の付け替え運動を展開した結果、幕府も付け替えを認めざるを得なくなったと一般には伝えられている。しかし、これまでみてきたように、付け替え運動は衰退し、ほぼ終息したところに幕府は急に付け替えることを決めたのであって、農民の運動が盛り上がったからではない。また、中甚兵衛が付け替え工事を主体的に行ったと書いた書物も多いが、工事を行ったのは幕府であり、甚兵衛が工事の方針を決めること

写真41　中甚兵衛肖像画（中家文書）

などできるはずがない。

一人の人物を主人公とした歴史はわかりやすい。しかし、実際の歴史はそんな単純なものではない。甚兵衛を大和川付け替えのヒーローとして扱うことは、そろそろ終わりにしなければならない。史料に基づいて大和川の付け替えについて考え、中甚兵衛についても史料に基づいて評価をしなければならない。

中甚兵衛の前半生　中甚兵衛は寛永一六年（一六三九）に、河内国河内郡今米村に生まれた（写真42）。父の名を九兵衛などと記す書物もあるが、父の名も母の名もわからない。ただし、慶安二年（一六四九）の「河州内河内郡今米村町切帳」に、庄屋「甚兵衛」の名がみえる。甚兵衛がまだ一一歳のときなので、この「甚兵衛」は甚兵衛の父であった可能性が強い。甚兵衛は、中家当主を継いでから甚兵衛と名乗ることになったのであろう。また、太郎兵衛という兄がいたことがわかっているが、どうして兄が家を継がずに弟の甚兵衛が継ぐことになったのかはわからない。

明暦二年（一六五六）に甚兵衛の父が亡くなる。その翌年、明暦三年（一六五七）に甚兵衛は江戸へ下っている。そのころ、百姓が一人で江戸へ下ることなどあまりなかったであろう。甚兵衛は父が亡くなったことと、弟である気軽さから江戸へ下ったのであろう。そして、寛文一二年（一六七二）に甚兵衛は今米村へ帰って来た。足掛け十六年間も江戸にいたことになる。甚兵衛が江戸で何をしていたのか、まったくわからない。確かなことは、二〇〇両という大金を蓄えて帰って来た

写真42　中甚兵衛生家跡

ことだけである。この金を元手に、甚兵衛は田地を質にとり、銀貸しをして稼いでいたという。

これは、元禄六年（一六九三）に、北條村の一玄という人物が年貢を納めないことに対する訴状の中で述べられている（写真43）。本人による訴状の記述内容なので、信頼していいだろう。そこには、付け替え嘆願のことは触れられていない。一般に、甚兵衛の江戸下りは大和川付け替え嘆願のためとされているが、それは考え難い。

そもそも、嘆願をするためには庄屋などの代表者の印を押した嘆願書がなければならない。一人の百姓が口頭で訴えても幕府が耳を貸すはずがない。当時の二〇〇両といえば、今の価値に換算して四、〇〇〇万円くらいになろうか。甚兵衛の江戸滞在は

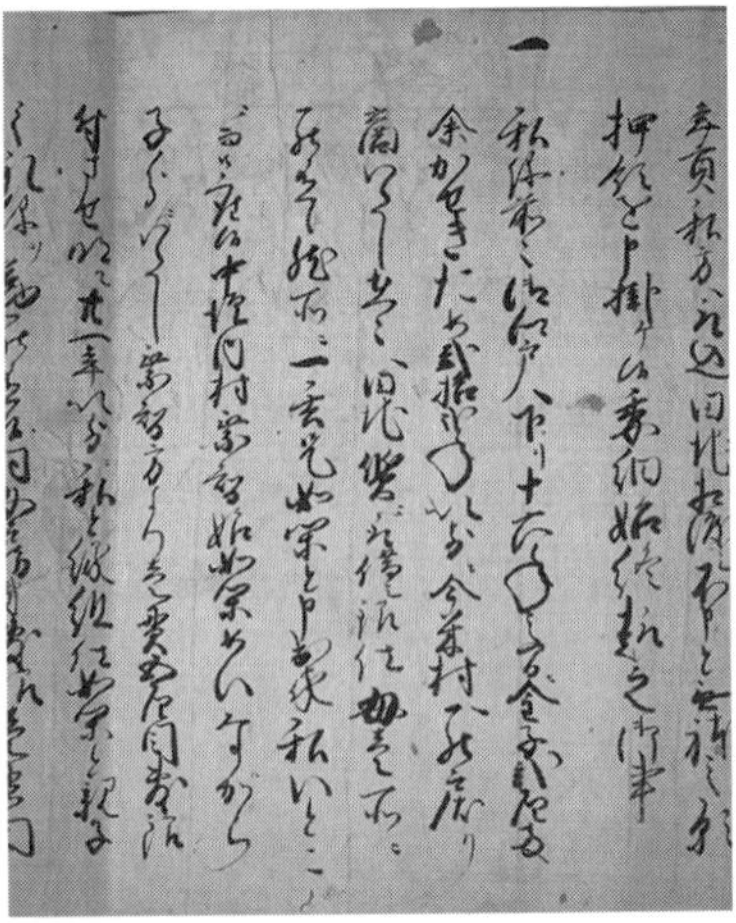

写真43　中甚兵衛の江戸滞在を記した文書（中家文書）

蓄財のためと考えて間違いないだろう。甚兵衛が江戸へ下った年の一月に、江戸では明暦の大火と呼ばれる大火事があった。江戸は焼け野原になり、その復興に際して、信州の材木を買い占めて利益をあげた河村瑞賢のような人物もいた。甚兵衛も、何らかの投機的な商売に関わっていたのではないだろうか。

付け替え運動の始まり　大和川の付け替え運動はいつごろから始まったのだろうか。寛政八年（一七九六）の丹北郡城蓮寺村の「新大和川掘割由来書上帳」には、「下河内村々願始より元禄十六年迄、凡四拾五ケ年ニ成申候」と書かれている。江戸時代には去年を二年前と数える。元禄十六年は一七〇三年なので、その四五年前といえば万治二年（一六五九）となる。中九兵衛氏は、「凡」とあることから甚兵衛が江戸に下った明暦三年（一六五七）も「凡四五年前」と考えていいとする。しかし、四十年前や五十年前とするならば誤差も含まれるであろうが、四十五年前に二年もの誤差を含むであろうか。そもそも江戸時代には何年前などと記述するときに「凡」を冠する場合が多い。そして、幕府の最初の付け替え検分が万治三年（一六六〇）であった。付け替え検分が行われたのは、付け替え嘆願書が出されたからであろう。そうすると、万治二年に初めての付け替え嘆願書が出され、翌年に初めての検分が行われたと考えると整合的である。付け替え運動の始りは万治二年（一六五九）からと考えて問題ない。それは、甚兵衛の江戸下りから二年後のことであった。この点からも、甚兵衛の江戸下りと付け替えとは関係なかったと考えるべきであろう。

また、「新大和川掘割由来書上帳」には、付け替え運動の中心人物として、芝村の三郎左衛門と吉田村の次郎兵衛の名があげられている。この二人は、河内郡芝村の曽根三郎右衛門（一六三九～一七〇六）と河内郡・吉田村の山中治郎兵衛（一六三四～一六九六）である。二人は江戸まで嘆願に下っていたということである。甚兵衛と歳も近く、江戸に下った際に甚兵衛が行動を共にすることや、江戸での滞在中の面倒をみることなどはあったかもしれない。しかし、付け替え運動の中心人物に甚兵衛の名はみえないのである。

志紀郡太田村の柏原家文書の「乍恐言上仕候」に、延宝四年（一六七六）の付け替え検分の際に、付け替え反対派が大坂町奉行に大勢で詰めかけると、吉田村の次郎兵衛（治郎兵衛）も付け替え推進派を人勢扇動して町は混乱に陥ったとある。

また、貞享元年（一六八四）の幕府の付け替え検分に、芝村の三郎右衛門が同行したことが、城蓮寺村の「新大和川堀割由来書上帳」や「城蓮寺村記録」にみえる。この検分の結果、河村瑞賢の付け替え不要という意見が採用され、淀川河口の改修工事が実施された。このころまでは、曽根三郎右衛門と山中治郎兵衛が運動の中心人物だったと考えてまちがいないであろう。そして、これ以か。

降二人の名はみえなくなる。騒動を起こした治郎兵衛も、検分に同行しながら付け替え不要という結論に至った三郎右衛門も、人々の支持を失い、運動から離脱することになったのではないだろうか。

中甚兵衛の名が付け替え関係の史料に登場するのは、元禄一六年（一七〇三）の柏原家文書「覚」が初見である。ここに「下河内今米村中甚兵衛と申もの罷出」と、甚兵衛が幕府の付け替え検分に同行したことがみえる。「城蓮寺村記録」には、「下河内願人」とあるのみで、甚兵衛の名はみられない。おそらく城蓮寺村の人々は、甚兵衛の名も知らなかったのだろう。

これらの史料から、甚兵衛が付け替え運動の中心となるのは、貞享元年（一六八四）以降元禄一六年（一七〇三）までの間ということになる。これを中家文書から、さらに年代をしぼってみたいと思う。

中家文書には、貞享四年（一六八七）以降の嘆願書が残されている。天和三年（一六八三）から貞享元年（一六八四）にかけての付け替え検分に先立っても付け替えの嘆願書が出されているはずであるが、中家には残されていない。甚兵衛が付け替え運動に主体的に関わるようになったのは、貞享三年か四年からであろう。貞享元年までに山中治郎兵衛と曽根三郎右衛門が運動から離脱していた。また、貞享四年まで河村瑞賢の淀川河口を中心とする治水工事が行われていたが、河内の村々にはその効果はほとんどみられなかった。このような状況から、甚兵衛は付け替え運動に身を投じることになったのではないだろうか。

貞享四年（一六八七）の「乍恐御訴訟」は、大和川の付け替えを求めて幕府に提出された嘆願書である。甚兵衛が主体的に関わった最初の付け替え嘆願書であり、これが最後の付け替え嘆願書となった。これ以降、付け替えをあきらめて治水工事への嘆願へと変わっていく。実際には、この嘆願書は貞享四年に提出したと端裏書にあるだけで、何月かわからない。しかし、同じ貞享四年三月に出された嘆願書では、付け替えを嘆願してきたが聞き入れてもらえないためとして、治水工事の嘆願となっている。よって、付け替え嘆願は一月ごろと考えられ、このころから甚兵衛は付け替え運動に取り組みようになったのである。

この嘆願書は、付け替えを求める嘆願書として現存する唯一のものである。それまで行われた五回の付け替え検分の実施前にも付け替え嘆願書が提出されていたはずであるが、嘆願書は未発見である。また、貞享四年の付け替え嘆願書も十五万石の村々から提出されているのだから、各村に控えが残っているはずなのだが、これまで中家文書以外には嘆願書は発見されていない。中家文書以外の大和川付け替え関連史料が発見されれば、付け替えに関する研究がさらに進むと考えられるが、今のところ中家文書以外には知られていないのである。

二　大和川付け替えと中甚兵衛②

謎の印　貞享四年（一六八七）一月ごろに出された付け替え嘆願書「乍恐御訴訟」（写真15）は、

甚兵衛が中心になって作成したものであろう。ほとんど同文の文書が残されており、書き込みや抹消がみられることから、「乍恐御訴訟」の下書きと考えられる。この下書きをもとに正式な嘆願書を作成し、幕府へ提出した控えがこの嘆願書と考えられる。

貞享四年（一六八七）三月七日に提出された「乍恐御訴訟言上」（写真16〜18）は、付け替えではなく、法善寺前の二重堤の修復などを求めた治水工事の嘆願書である。続いて四月七日には「堤切所之覚」（写真10）、四月晦日には「乍恐御訴訟」、八月二五日には「乍恐口上書を以言上」とこの一年間だけで五度の嘆願書を提出している。そして、一月の付け替え嘆願書では十五万石の百姓からの願いであったが、三月の嘆願書では七万石の百姓からの願いとなっている。それ以降七万石が続き、元禄二年（一六八九）一二月の嘆願書では三万石の百姓となっている。

運動の経緯については先にみたので、ここでは甚兵衛に関わる点にのみ注目したい。四月と八月の嘆願書は、どちらも河内郡、若江郡、讃良郡、茨田郡、高安郡の五郡からの嘆願となっている。そして、どちらの文書にも郡名の下に印が押されている。幕府に提出した控えであるので、本来ならば印を押す必要はなく、例えば「河内郡印」と書かれるのが普通である。なぜ印が押されているのだろう（写真45・46）。

各郡に押されている印が、四月と八月ですべて変わっている。どうやら、四月と八月で異なる印を押したため、どの印を押したのか確認できるように控えであるにも関わらず印を押しているようだ。どうして印をすべて変えたのかわからないが、多くの村々からの嘆願であることを印象づけるために印を変えたのではないだろうか。それでは、それぞれの印は誰の印なのだろう。

江戸時代には郡を代表する役職などなかった。そのため、郡を代表するような大庄屋などが印を押したと考えられる。ちなみに、反対派の嘆願書は一貫して村名が連記されており、それぞれの村の庄屋の印が押されていたようである。それが普通であり、郡名で嘆願書を提出すること自体が異例である。郡内のすべての村の同意をとっていたとは考えられないのだが、それでも郡名で嘆願書を出しても問題なかったのだろうか。

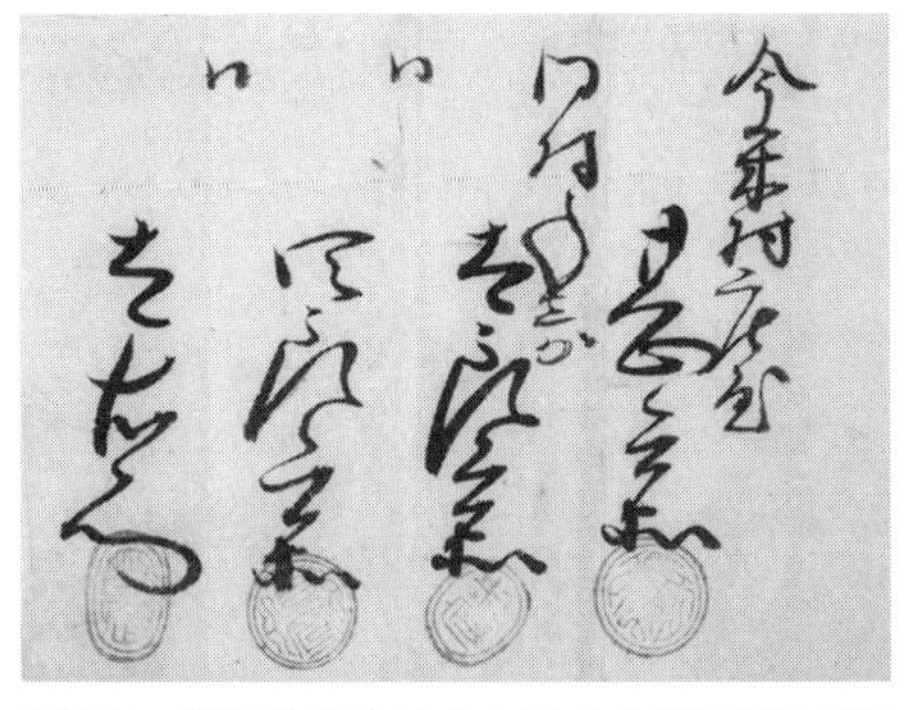

写真44 「春日流社」（中家文書）の中甚兵衛らの印

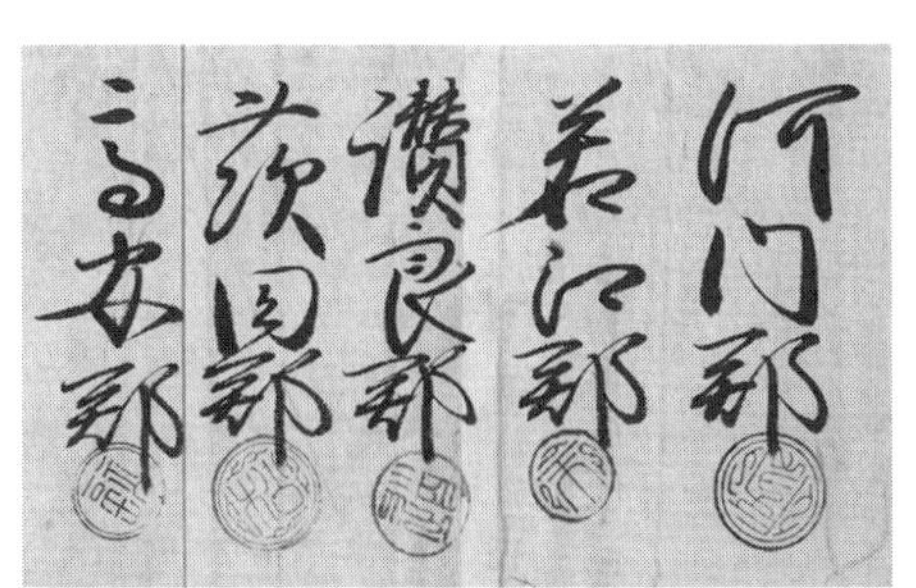

写真45 貞享４年４月の嘆願書にみえる郡名と印

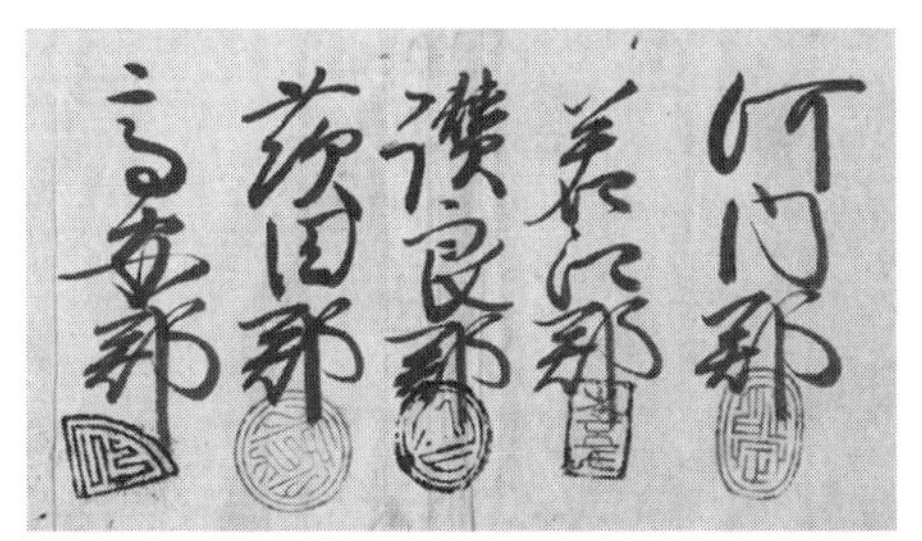

写真46 貞享４年８月の嘆願書にみえる郡名と印

話を戻そう。四月と八月の合計十個の印のうち、三個の印が誰の印か確認できた。まず四月の河内郡の印は中甚兵衛の印である。これは当然であろう。甚兵衛の印は、今米村の春日神社が年貢のかからない除地であることを記した「春日流社」の署名に庄屋甚兵衛として印が押されているので確認できる（写真44）。そして、八月の河内郡の印は、今米村の年寄太右衛門の印である。同じ「春日流社」に年寄太右衛門の印が押されているのである。しかし、これはおかしいのではないか。年寄とは、庄屋を補佐する役目の村役人である。河内郡には多数の村があり、いずれかの村の庄屋が印を押すべきであり、年寄が押すのはおかしい。しかも、河内郡は今米村の所在する郡である。周辺の村ならば、印を押してくれる庄屋もいたはずである。治郎兵衛の吉田村や三郎右衛門の芝村の庄屋も押してくれなかったのだろうか。

さらに理解できないのは三つ目の印である。八月の茨田郡のところに、甚兵衛の印が押されているのである。甚兵衛と茨田郡との関係を示す史料はない。茨田郡に印を押してくれる村がなかったため、甚兵衛が自分の印を押したと考えざるを得ない。印をほぼ逆さまに押しているのは、四月の河内郡の印と同じであることをごまかすためであろうか。

ほかの七つの印が誰の印か確認することはできなかった。しかし、甚兵衛の地元の河内郡でさえ印を押してくれる村がなかったと考えると、ほかの郡の印も怪しいのではないかと思えてくる。これらの印から、甚兵衛の運動は孤立していたことが想像される。運動に参加する村が半減しただけでなく、実質的に甚兵衛らの運動は孤立し、周辺の村々の協力も得られない状況だったのではないかと考えられる。甚兵衛を中心に河内の村々で運動が盛り上がり、最後には幕府も方針転換せざるを得なかったという一般の理解とはまったく異なるのである。

付け替え工事への参画　このように付け替え運動がほぼ終息したころ、幕府は急に付け替えを決定した。今米村周辺では元禄一三・一四年（一七〇〇・〇一）に激しい洪水があり、一四年には今米村でまったく米の収穫がなかったとある。その状況を検分に来た幕府の役人に治水工事を嘆願すると、付け替えを検討していることを知らされたという。その後、甚兵衛は度々堤奉行に呼び出され、意見を求められたようである。そして、元禄一六年（一七〇三）に最後の付け替え検分があり、甚兵衛も同行している。そして、同年の一〇月に付け替えが正式に決定された。甚兵衛は普請御用として付け替え工事にも参加している。工事に際して、幕府の役人大久保甚兵衛忠香と同名であることをおもんばかったのであろう、名を甚助と改めている。これ以降の文書にも甚兵衛の名はみえるが、基本的には甚助という名が使用されていたようである。付け替え工事完了後、甚兵衛は息子の九兵衛と江戸まで礼に下っている。

付け替え後の甚兵衛　付け替え後、甚兵衛はいくつかの新田開発に関わったようである。今米村の東を流れる吉田川は、川中新田となった。川中新田は大坂の町人河内屋五郎兵衛が新田開発の権利を落札している。そして、五郎兵衛と甚兵衛の息子の九兵衛が新田開発者となっている。五郎兵衛は甚兵衛の娘婿であり、落札や開発の手引きをしたのは甚兵衛であろう。

深野池の一部に開かれた中村新田は、宝永二年（一七〇五）五月に、「氷野村領より諸福村領迄新田地代金」として甚兵衛が二二〇両を納めたという史料が残されている。中村新田の開発の経緯の詳細はわからないが、甚兵衛が落札していたと考えられる。新田名の「中村」は、もしかすると甚兵衛の「中」からとったのかもしれない。

もう一つ、新開池跡地の鴻池新田の開発にも甚兵衛が関わっていた。新開池は先にもみたように、中垣内村の長兵衛と大坂京橋の土木請負人大和屋六兵衛が落札している。その直後、鴻池家に高値で売り払っているのだが、二人は一部を甚兵衛にも売っている。甚兵衛は、その一部をさらに別人に売り払うとともに、一部は中新田として手元に残している。中新田も五郎兵衛と九兵衛が開発人となっている。ここを甚兵衛は隠居地とし、二人に決して売り払わないように遺言していたが、甚兵衛の死後、鴻池家に売り払われている。

新開池の開発権利を落札した長兵衛は甚兵衛の妻の実家の人物であり、五郎兵衛は鴻池家に出入りする商人で、甚兵衛とも顔見知りだったようである。何らかの事情で落札者として名を出したくない鴻池が、甚兵衛と図って二人に落札させたのではないだろうか。資金を持っているはずがない二人の落札を認めた幕府も、それを知っていたのだろう。おそらく、幕府と鴻池、甚兵衛のあいだで考え出されたストーリーだったのではないだろうか。

このように、甚兵衛はいくつかの新田の開発に関わりながら、開発者となったのは息子の九兵衛と娘婿の河内屋五郎兵衛であった。これ以降、甚兵衛（甚助）の名は新田関係の文書にはみえなくなることから、隠居したと考えていいだろう。甚兵衛は新田開発された宝永二年（一七〇五）のうちに浄土真宗本願寺派津村御坊（北御堂）で剃髪し、法名を乗久と名乗った。洪水で亡くなった人々を思っての剃髪だったのか。それともさまざまな陰謀や思惑が繰り返された付け替え運動や付け替え工事にうんざりしていたのだろうか。

亨保一〇年（一七二五）に描かれた甚兵衛の肖像画がある（写真41）。その覚書には、甚兵衛の孫に対して、決して他人に見せるなと書かれている。この肖像画は毎年柏原市立歴史資料館で展示され、各所に写真も掲載されている。人に見せるなと残した甚兵衛は怒っているかもしれない。しかし、付け替え以後の甚兵衛についての文書は少ない。甚兵衛はどのような余生を送っていたのだろうか。

甚兵衛は、亨保一五年（一七三〇）に九二歳で亡くなった。当時としては、大往生である。遺骨は京都東山の大谷墓地に埋葬された。波乱に富んだ人生だったが、果たしてどのような思いで最後の時を迎えたのだろうか。

ほんとうの中甚兵衛　中甚兵衛は、大和川付け替えの功労者としてよく知られている。しかし、一般に言われているような付け替え運動に五十年も関わっていたとは考えられず、運動に関わるようになったのは貞享四年ごろからのようである。実際には甚兵衛が付け替え運動に関わるようになって以降、付け替えから治水工事へと運動方針が転換され、運動に参加する村々も激減した。さらに、村々の了解を十分に得ることもなく嘆願書を提出するなど、かなり無謀なことをしていたようである。甚兵衛は孤立していたのだ。

しかし、それでも甚兵衛が運動を続けていたことが幕府の付け替え決定に至った理由の一つであることは間違いない。その点で甚兵衛は評価されるべきである。史実とは認められない英雄像を描いて偉大な人物とするよりも、本当の姿を理解することが必要であろう。

三　国役普請と自普請

堤の維持管理　付け替え前も付け替え後も、大和川の堤防は国役堤（くにやくづつみ）と自普請堤（じふしんづつみ）に区別されていた。国役堤は、国役普請によって修繕等が行われる堤であり、自普請堤とは各村あるいは数か村が協力して自力で修繕等を行わなければならない堤である（写真47）。

国役とは一国内に平均する課役を課す制度であり、国役普請とは大河川の治水のための普請方法の一つで、幕府の主導のもと国単位に幕領・私領の別なく村々から人足や金・銀を徴収して行う普請のことである。

国役堤というと、幕府が管理し、幕府が修復工事を行うような、現在の一級河川堤防のように考える方もいると思うが、そうではない。各村の管理範囲が決められており、平素の維持管理は、各

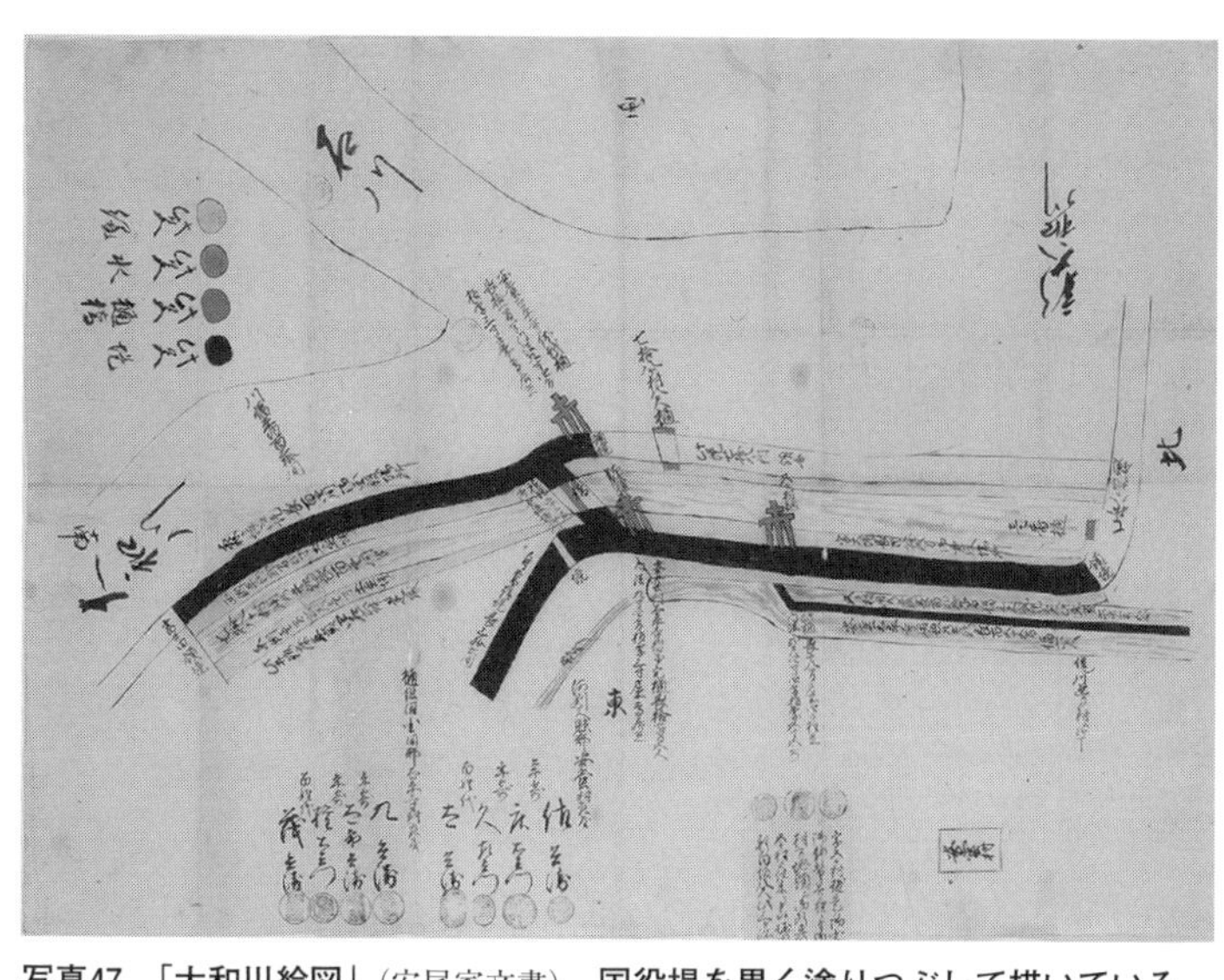

写真47　「大和川絵図」（安尾家文書）　**国役堤を黒く塗りつぶして描いている。**

村が堤の傷んでいるところがないかを確認し、修復も基本的に各村が行うことになっていた。そして、大規模な修復や、洪水に伴う破損箇所の修復などを国役普請として実施するのである。平素の維持管理では、各村が堤防のひび割れや崩れ、穴が開いている箇所などを確認し、修復も各村が行う。堤防のひび割れや小さな穴から水が浸み込むと、堤防が一挙に決壊する可能性があるためである。国役堤となるのは、基本的に本堤だけであり、二重堤などは自普請堤となっていた（写真48）。

旧大和川の堤防も新大和川の堤防も、流域すべてが国役堤となっていた。そして、村田路人氏らの研究によって、畿内においては享保七年（一七二二）以前と以後とで、国役普請体制が大きく変化していたことがわかっている。村田氏は、享保六年（一七二一）以前

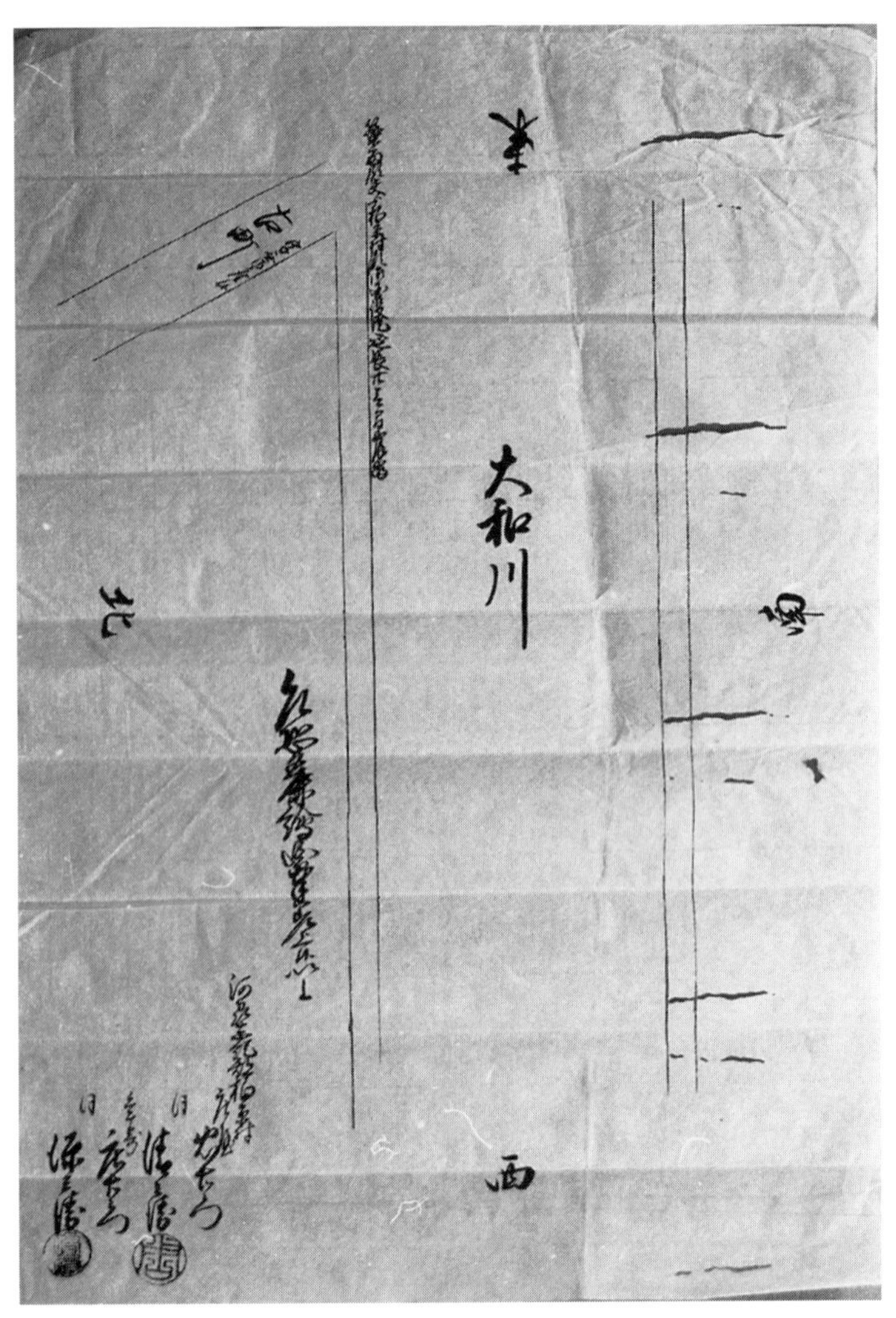

写真48　「築留領より柏原村領御国役堤延長岸崩絵図」（小山家文書）

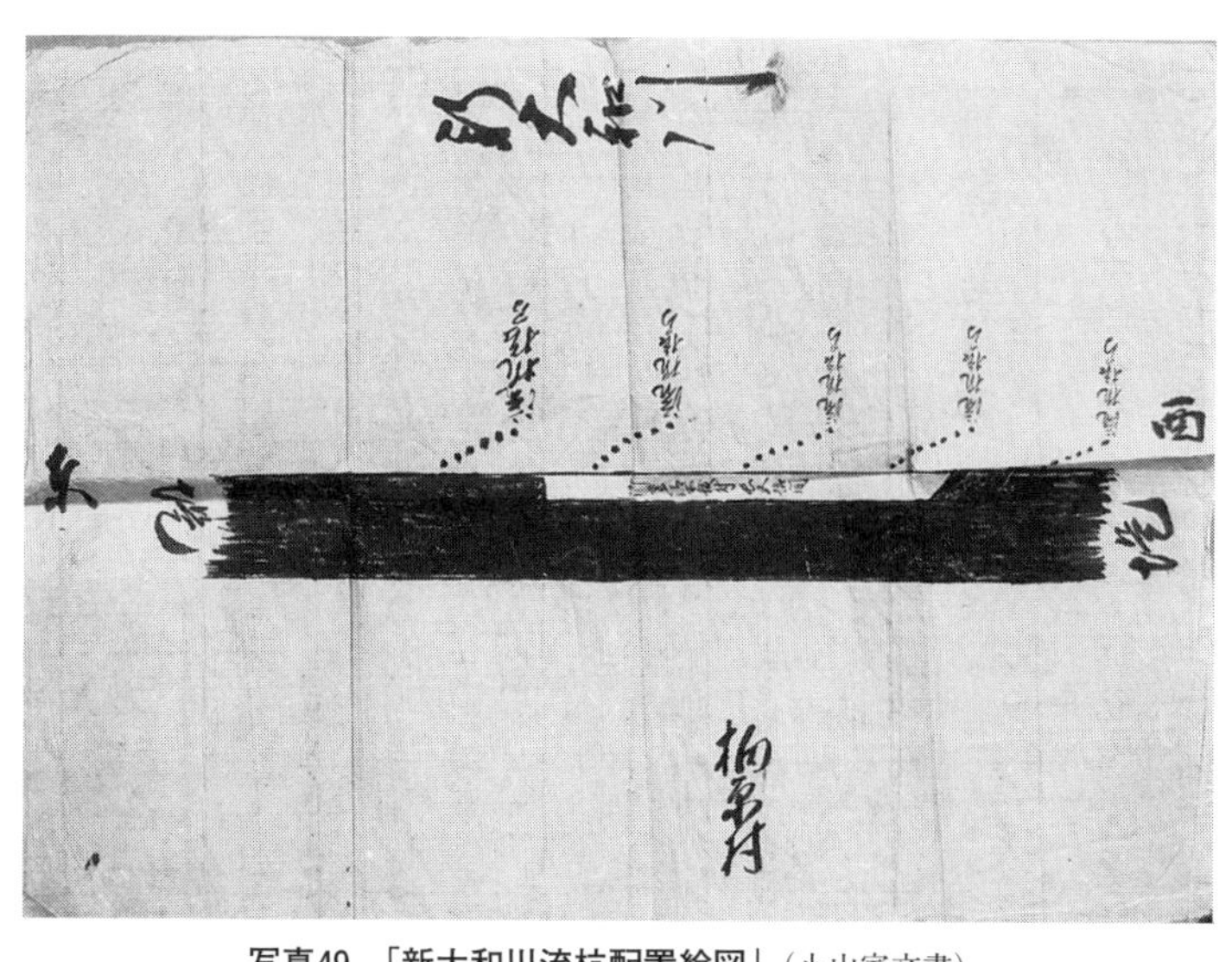

写真49　「新大和川流杭配置絵図」（小山家文書）

を摂河国役普請体制、享保七年（一七二二）以降を畿内国役普請体制として区別している。

堤の修復などの工事のことを堤川除（かわよけ）普請という。厳密には堤を修復する堤普請と水の流れに関する川除普請に区別される。堤普請では、堤の上に盛土を行う上置（うわおき）、堤の法面に盛土を行う腹付（はらつけ）、堤の裾を保護するために杭を打つ根杭、崩れた箇所や修復箇所を保護する竹簀（たけす）などがあった。川除普請では、蛇籠（じゃかご）や乱（らん）杭（ぐい）、牛などの水制の設置や川浚えなどがあった。水制は堤への水当たりを弱めたり、水の流れをかえるために行う工法で、石を詰めた蛇籠や杭を打つ乱杭、材木を組んで川中に置く牛などがあった。これらの工事で堤を守り、洪水の危険性を低くするのである（写真49）。

摂河国役普請体制　国役普請は慶長年間

（一六〇〇年前後）から始まったと考えられるが、淀川や大和川においては、寛永七年（一六三〇）の摂津河内堤奉行の設置が大きな契機となったのであろう。堤奉行は、堤方役所の統括や摂河両国の堤の保全、国役普請の指揮・監督などを行った。また、貞享四年（一六八七）には、大坂町奉行のもとに川奉行が設置され、河川の管理を行うことになった。川奉行が担当したのは大和川と石川であり、大和川は亀の瀬まで、石川は富田林までを管理した。川筋の水行が滞らないように統一的に支配し、川浚えや河川敷の葭刈りなどを指示した。

国役普請は、一定の基準に基づいて摂河両国から徴集された人足を使い、幕府の指揮のもとに普請が行われた。各村から一〇〇石につき五人の人足を出すことになっていたので、摂河両国で約三万人の人足となる。実際には人足に相当する銀を徴収し、普請場所に近い村から出された人足が普請を行ったが、多くは請負人が普請を仕切っていたようである。人足には一人一日五合の扶持米が支給され、国役銀は一人二匁二分であった。人足負担は、正徳二年（一七一二）から一〇〇石につき八人と変更された。

畿内国役普請体制　国役普請は享保年間に大きく変化する。享保五年（一七二〇）に「国役普請令」が出され、一国一円ではなく、かつ二〇万石以下の領主の場合、自力普請できないときは、幕領・私領の別なく国役で普請を行い、公儀からも費用を出すことになった。また、享保七年（一七二二）には摂津・河内ではなく五畿内の負担に変更され、普請費用の一〇分の一を幕府負担、残りを国役とした。この変更は大和川の管理において大きな変更となり、これ以降の国役普請体制を畿内国役普請体制と呼んでいる。

これに続いて、享保九年（一七二四）に国役普請の施行細則が制定された。そこでは、幕府負担が一〇分の一で残りを国役とすることや、国役普請の対象となる河川と費用負担の国などが明確にされた。

大和川においては、享保三年（一七一八）に堺奉行の管轄となり、これ以降堺奉行と堤奉行の管理下におかれることになった。享保七年（一七二二）から、大和川・石川は河内国の七郡、大和国の四郡、和泉国一円の三六万八千石による国役となった。のち享保一六年（一七三一）には五畿内惣国役懸りとなり、淀川筋との区別がなくなっている。また、それまでは年間国役額が一定であったが、これ以降普請総費用の額に応じて国役銀が徴収されることになった。これは各村においても大きな負担となったようであるが、同時に幕府の負担も大きくなった。普請費用はいったん幕府が立て替え、翌年各村に国役が課されることになっていた。実際の普請は請負人が行い、村ごとに国役銀が賦課され、賦課銀は鴻池屋や平野屋などの商人に納められたようである。

普請の手順は、まず村々から国役普請希望箇所を堤方役所に願い出ることになっていた。それを受けて堤奉行が現地を検分し、普請箇所を確定する。その後、普請の認可、資財の調達、工事着工となる。工事完成後は堤奉行の出来方検分があり、扶持米の支給などが行われる。また、工事後の古木や古鉄物などの処分は入札され、その金額は堤奉行に上納されることになっていた。

その後の国役普請　享保一八年（一七三三）には「御書付」や「普請事改正」が出され、堤の普請については村方で小規模な破損のうちに修復することが義務づけられた。それとともに、国役普請が基本的に中止されることになった。幕府が負担の増大に苦慮していたことがわかる。国役普請中止は宝暦八年（一七五八）に撤回されるが、この間も畿内では国役普請が継続されていたようである。明和九年（一七七二）には、幕府が国役普請額を年間三〇〇〇両の定額とした。その半額以上が畿内の普請であったようだ。

天明八年（一七八八）正月に、堤の管理に関する「国役普請之儀ニ付、村々ニ被仰渡請書印形帳」が出された。小破のうちに修繕すれば大きな被害にならない、という基本方針のもと、細部にわたって管理方法を通達している。いくつかを紹介すると、堤にできている村からの水汲み道をできるだけつくらないこと、肥料の置場をつくらないこと、建物の禁止、耕作で堤の裾を削らないこと、堤に柳を植えること、新規の墓地の禁止などをあげている。そのうえで、修繕は入念に行い、容易にできないときは申し出ること、水制の乱杭や堤保護の根杭の抜け流れがないように注意することなどがあげられている。同じ年の一一月には、堤での牛の放牧禁止、根杭の柵を利用しての鰻取りの禁止などの触れも出されている。

また、増水時の村の対応についても触れが出されており、出水量が六尺に達したときは、直ちに堤方役所に届け出ること、鐘や太鼓で出水を周知させること、普段から土俵、杭木、たいまつを用意しておくことなどが示されている。防災は基本的に各村に任されていたのである。

その後も幕府は川除普請の重要性を理解しつつも、その負担に難渋していたようである。天保年間（一八三〇〜四四）には国役普請の縮小を行うとともに、費用増加の要因となっている普請請負人の禁止などを行っている。しかし、明治維新後も国役制度は存続しており、一〇〇石につき一両二分の負担を求められていたようである。それも明治八年（一八七五）には全面的に廃止され、四百年近く続いた国役普請体制はその使命を終えることになった。

四　付け替え後の洪水

新川流域の排水問題　大和川の付け替えによって、旧流域で繰り返されていた洪水は少なくなったが、今度は新大和川流域で洪水が起こるようになった。河内の地形は、南が高く北へと下がっている。そのためほとんどの川が南から北へと流れている。ところが、新大和川は東から西へと流れるようになった。そのため、もともとあった河川と新大和川が交差することになる。もともとあった河川が、新大和川に問題なく流れ込むようにしなければならなかったのである。具体的には、大乗川、東除川、西除川などの河川である。

また河川だけでなく、南からの悪水などが左岸（南側）堤防付近に滞水することになる。これらの水は、堤防があるために新川には流れ込まないのである。この水処理も問題であった。

これらの河川をどのように処理するか、そして新川の左岸（南側）堤防に沿った地の排水をどのように処理するのか、大和川付け替え工事の際にも十分検討されたようである。その結果、大乗川は古市で付け替えて石川へ合流させることになった。東除川はそのまま新川に合流させることになった。西除川は左岸堤防に沿って西へと流し、狭間川（はざまがわ）に合流させて自然に新川に流れ込むようにした。浅香の千両曲りと呼ばれる新川の湾曲部である。

そして、南からの排水路として左岸堤防に沿って、落堀川（おちぼりがわ）が設けられた。「悪水落シ堀」と工事関係絵図などに描かれており、計画段階からその必要性は認識されていたようである。この落堀川掘削の土砂が新川の堤防に使用されており、工事としては効率的に行うことができたのである。

これらの工事は大和川付け替え工事の一環として行われており、平常の水処理に問題はなかった。しかし、新大和川が増水すると新川への流入が困難となり、各河川の溢水や左岸堤防沿いの地域の排水不良が問題となった。これらは、新川流域の村々が付け替え前に付け替え反対の根拠としてあげられていた一つの事項であり、それが現実となって受け入れざるを得ないことになったのである。

正徳の大洪水　大和川付け替えからわずか十二年後の正徳六年（享保元年、一七一六）、付け替え後現在に至るまでで最大となる洪水があった。付け替え地点の築留堤は長さ一〇〇間（一八〇メートル）余りに渡って切れ、石川下流の左岸堤防も長さ八〇間（一四五メートル）余りに渡って切れた（図36）。築留堤は大和川の水を正面に受けるため、その破堤が心配されていた。この破堤によって、東高野街道と旧大和川のあいだの約五万石が水に浸かった。幸いなことは、この一帯にほ

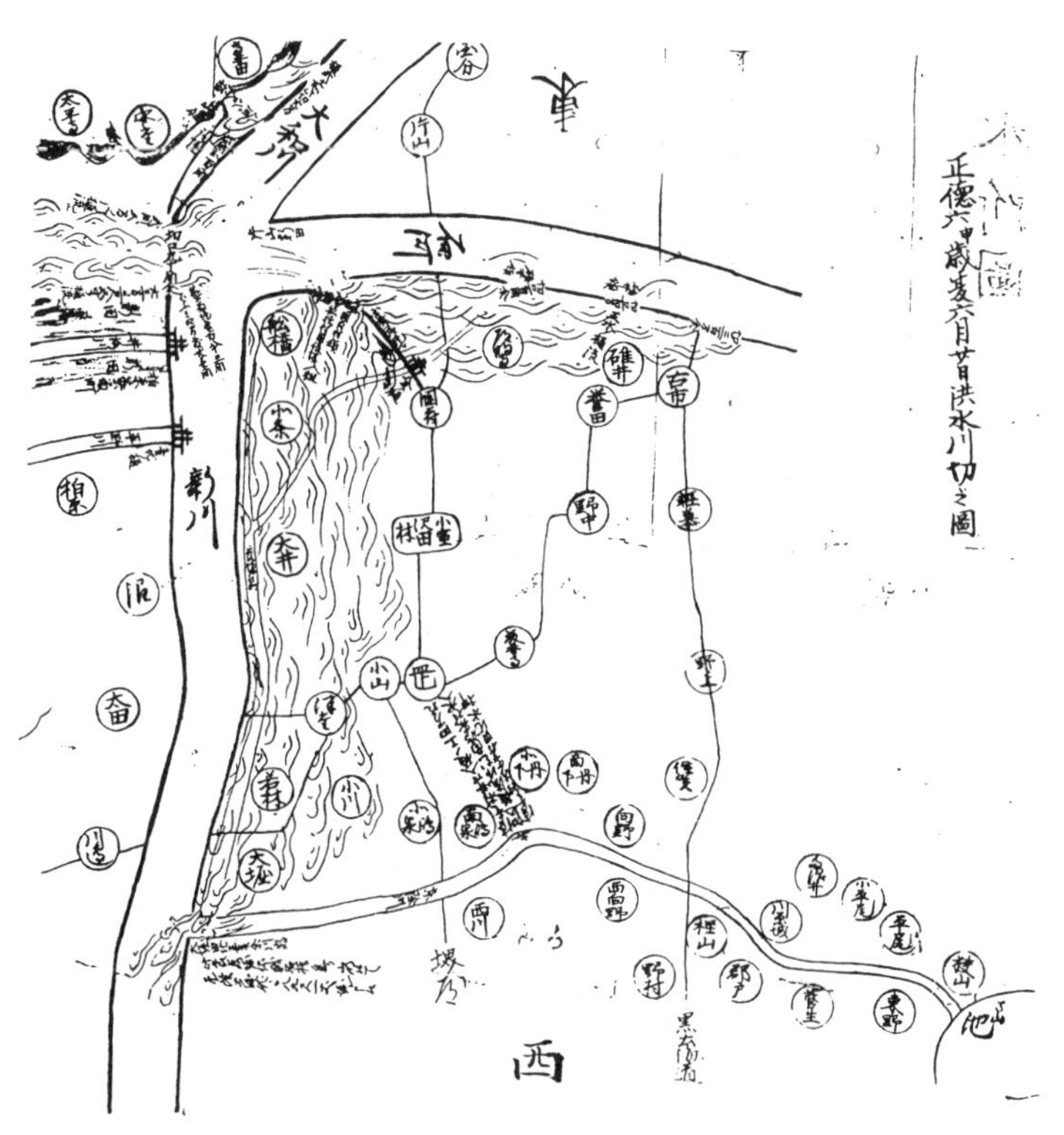

図36　「正徳６年洪水川切之図」

とんど人家がなく、被害が田畑にとどまったことである。この程度の被害ですんだ要因は、旧大和川が天井川であったことが大きい。築留堤から流れ出した水が、天井川だったために二〜三メートルの高まりとなっている旧大和川に遮られ、旧川の西まで流れ出さなかったためである。これらの水は、恩智川から徐々に排水されたと考えられる。

問題は新大和川の左岸であった。石川が大和川に合流する直前の左岸堤防が決壊、船橋村への浸水を防ぐために国府村から石川へと設けられていた堤防も一部で決壊した。この国府村から船橋村にかけての堤防も国役堤となっており、重要視されていたことがわかる。これは、大和川の増水によって、石川の水が逆流したためと考えられる。その結果、石川に沿って古市村から道明寺村が洪水、また新大和川に沿って船橋村から大堀村まで洪水となった。この洪水による被害は、二六町一反四畝二四歩に及んだ。とりわけ、新大和川左岸の被害は大きく、長期に及ぶ滞水が発生した。

この被害状況を堤奉行が検分し、すぐに国役普請請負の入札があり、京都建仁寺門前山田町の伊勢屋平八が落札した。工事は八月に行われ、堤防の復旧などがなされたようであるが、河内の堤川除普請を京都の請負人が落札することもあったようである。

この洪水には、もう一つ大きな問題があった。それは、東除川の下を流れていた落堀川の伏越樋の破損であった。先述のように、東除川は直接新大和川に流れ込み、その下を左岸堤防に沿った落堀川がくぐっていたのであるが、その立体交差部分が破壊されたのである。この修復工事は、百姓自普請で実施されることになった。翌享保二年（一七一七）に入札があり、大坂伏見両替町の河内屋吉右衛門が落札、小山村の治郎兵衛と銀三五貫余りで契約された。この工事は東除川を落堀川に合流させ、やや下流で新川に合流させる川違普請であった。工事は享保三年（一七一八）の秋に完工し、一〇月に堤奉行の出来方検分が行われた。この東除川と落堀川の工事によって、それより下流の落堀川の水量が減少することになり、川幅が狭められて残地に新田が開かれることになった。

安永の洪水　安永四年（一七七五）に、またも築留堤が崩れた。築留堤の南東では、二重堤となっていた。これは、築留堤への水当たりを弱め、新大和川への流れが少しでも滑らかになるようにと、付け替え時に川中に一本の堤防が設けられたためである。つまり東側（川表）の堤防は旧大和川の堤防で、西側（川裏）の堤防は付け替え工事に伴って設けられた堤防である。西の堤防は「江堤」と呼ばれる低いものであり、その様子は『河内名所図会』の挿図にも描かれている。現在は、本来は低い堤防であった西側の堤防が本堤防となり、東側の堤防との間に柏原市役所が建っている。二本の堤防の間は水路となっており、その水は築留一番樋から取水され、長瀬川の水源となっていた。

この二本の堤防はどちらも国役堤であったとする絵図がある。大和川では二重堤は数か所に認められるが、いずれも本堤のみが国役堤となり、もう一方の堤は自普請堤となっていた。築留堤の保護のため、重要視されていたのであろうか。

その築留堤の数か所が、安永四年に増水によって破損した。江堤の上部が長さ九間（一六・四メートル）に渡って崩れ、一〇二本の杭を打ち補修された。築留堤に伏せられていた二番樋の上部で長さ五間（九メートル）、幅一間（一・八メートル）に渡って崩れ、これらの箇所を補修し、堤防法面に三か所、延長四一間（七四・五メートル）に渡って、杭を打ち竹の簀が貼られた。二番樋近くの堤防裾は、二か所（長さ二七間と五間）で崩れた。ここには一間につき四～五本の杭を打って補修された。この工事に要した人足は一一五五人、補修に使われた杭が一七三本、小唐竹が六束六分、縄が一一房という記録があり、そのための人足が四二人必要だったという。この際には、堤防は決壊しなかったのだが、国役普請で堤防が補修されている。おそらくこのような工事は何度かあったのだろう。

築留堤防の西、柏原村の堤裏（川側）の堤防が一部崩れ、国役普請で修繕し、修繕箇所への水当たりを弱めるために、五列の乱杭がうたれたという記録もある（写真49）。大和川右岸の堤防が決壊すると、淀川まで水が押し寄せ、被害は広域に及ぶ。とりわけ築留堤は石川と合流して一挙に水量が増えるうえ、川が屈曲しているために水当たりが強くなるため重要な堤防であった。そのうえ旧大和川流域のかんがい用水にも被害が及ぶ。そのため、その保護がもっとも重視される堤防だったのである。

その他の新大和川の洪水　それ以外にも、再三新大和川流域では洪水があったようである。とりわけ左岸と河口の新田地帯で洪水が繰り返されていた。史料で確認できる洪水を以下に列挙しておく。


享保二年(一七一七)、豪雨で河川が氾濫し、河内に大被害があった。

享保三年(一七一八)、堺で洪水があり、紀州街道にかかる大和橋が破損し、市中も浸水した。

元文五年(一七四〇)、大和川が溢水し、堺市中が浸水した。

宝暦六年(一七五六)、石川の堤防、東除川の堤防が決壊した。

享和元年(一八〇一)、大和橋下流で堤防が決壊。

文化元年(一八〇四)、大和川河口左岸堤防が決壊。堺市中に浸水。

文化八年(一八一一)、大和川河口左岸堤防が決壊。堺市中に浸水。

嘉永六年(一八五三)、遠里小野で堤防決壊。

安政四年(一八五七)、大和川流域で洪水。

文久二年(一八六二)、石川で溢水。王水樋破損。

元治元年(一八六四)、石川の堤防決壊。

慶応二年(一八六六)、大和川で洪水。左岸の大井村などに被害。

慶応四年(一八六八)、大和川流域で洪水。大井村で堤防決壊。安立町でも右岸堤防決壊。


大和川付け替え以後、江戸時代だけでこれだけの洪水が確認でき、おそらくこの倍程度の洪水があったものと思われる。大和川付け替え工事は、左岸を中心に、何度も洪水を引き起こすことになったのである。右岸堤防が決壊すれば広域な被害が発生するうえ、大坂市中にも被害が及ぶ。しかし、左岸ならば被害範囲は限られている。付け替え工事の際に右岸堤防が左岸堤防よりも半間（九〇センチメートル）高く造られたのも、それを考慮してのことだったのだろう。

五　国分村の洪水対策

国分芝山周辺の治水　奈良県から亀の瀬峡谷を通り大坂へと向かう大和川は、柏原市国分市場の芝山を大きく迂回して大阪平野へと流れている。柏原市田辺付近に広がる台地が北へと延びて、松岳山古墳群の位置する細い丘陵を経て北東にある芝山へと至る。古い地図を見れば一目瞭然であるが、芝山の南は大和川の水流の攻撃面となり、かつては芝山の南から南西へと水が浸入していたことはまちがいない。しかし、南北に延びる丘陵にさえぎられ、大和川の水がそのまま西流することはできずに芝山を大きく迂回して西へと流れていた。そのため、芝山の南には低湿地が広がっていた（写真7）。

この湿地を開発することができれば、広大な水田を生み出すことができる。そのため、中世から芝山の南に堤防を築き、湿地の開発を試みていたようである。しかし、堤防は簡単に切れ、開かれた田地は水につかり、一旦侵入した水はいつまでも滞水したままであった。

東堤と田輪樋（たのわひ）　寛永年間の後半、一六四〇年ごろに国分村の東野伊右衛門が、この地一帯の治水と排水工事に着手した。国分村は稲垣摂津守重綱の知行所であり、稲垣の全面的な協力もあったようである。まず、芝山の南に長さ二九三間（五三三メートル）の堤防を築いた。これを東堤あるいは柳原堤と呼んだ。この堤防によって、この地への大和川の水の侵入を防ぐためである。

そして、芝山の西にこの一帯の悪水を排水するための樋を設置した。これを田輪樋といい、正保元年（一六四四）に完成したようである。芝山周辺は、玄武岩や安山岩など硬い火山岩の岩盤であり、掘削には難渋したことであろう。史料には「金山堀」で掘削したと書かれている。鉱山を掘削する専門の技術者や人足を雇ったのであろうか。

樋の全長は一二三間（二二四メートル）、内法は五尺（一五〇センチメートル）四方で、樋内は四面とも板張りであった。板一枚の長さは五尺（一五〇センチメートル）、幅は一尺五寸（四五センチメートル）、厚さが四寸（一二センチメートル）なので、樋の内法は四尺二寸（一二七センチメートル）四方であった。板は杉材で各板を鎹で留めていた。

この樋が設置されたことによって、四〇〇石余りの土地を上田に回復するとともに、三七石の新田を開くことができた。『河内国一国村高控帳』によると、国分村の村高は一二五〇石余りとなっており、この地の高が三分の一を占める。これだけ広い水田の耕作が放棄されていたのである。この大切な土地を守るために、堤防や樋の管理は怠らなかったようであるが、昭和二五年（一九五〇）のジェーン台風で田輪樋は壊滅的な被害を受けて旧樋は放棄され、現在は旧樋の西に新しい樋が設置されている。現在も田輪樋の重要性は変わらず、この樋が機能しなくなれば、五十ヘクター

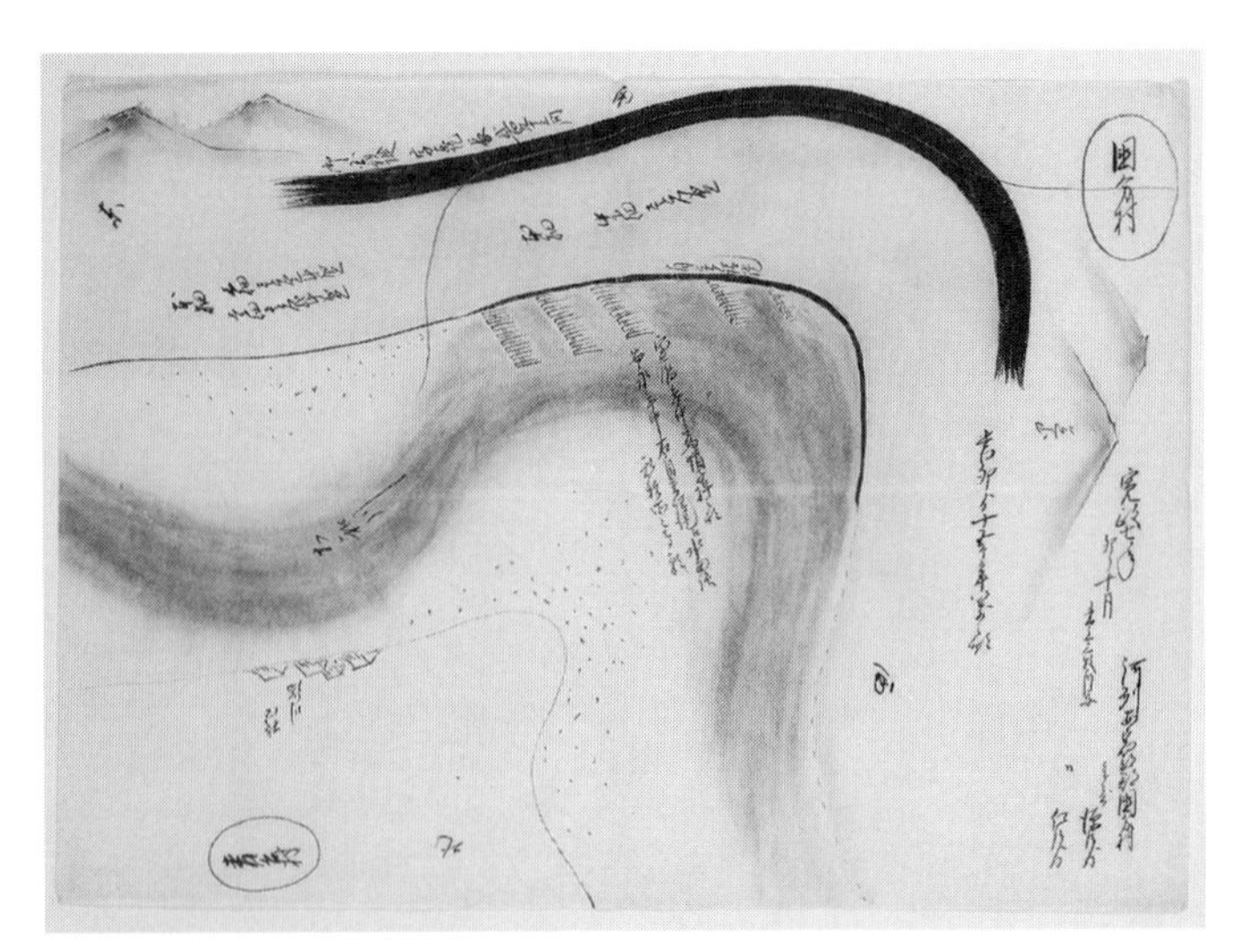

写真50　国分村洪水の絵図（安永10年・南西尾家文書）

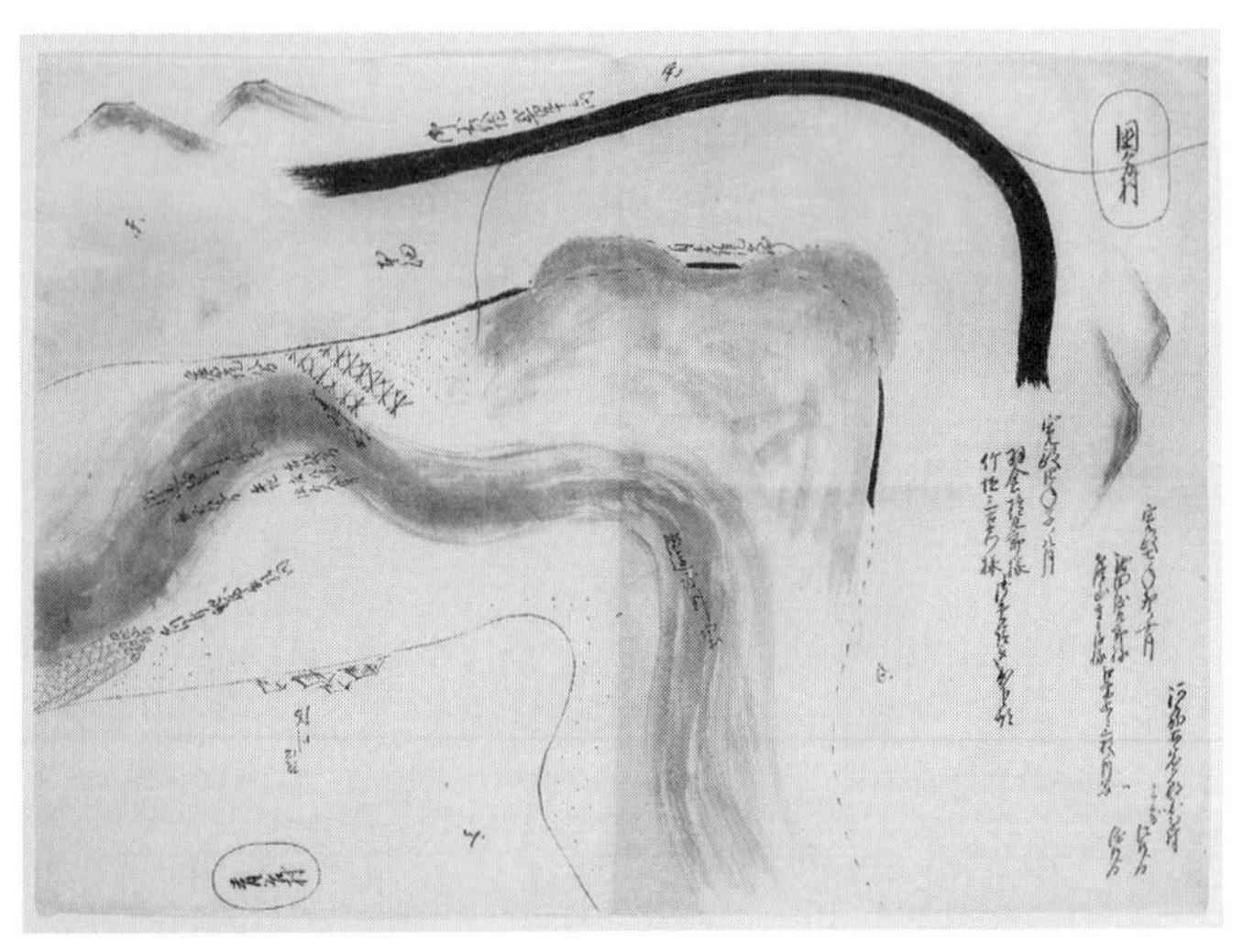

写真51　国分村洪水の絵図（寛政４年・南西尾家文書）

ル近くの土地が水没することになる。

東堤周辺の維持管理　芝山の南の東堤（柳原堤）の維持管理にも苦労したようである。この東堤の維持管理に関する宝暦一二年（一七六二）から寛政九年（一七九七）にかけての七枚の絵図が残されている。これらを比較することによって、東堤周辺の変化をたどってみたい。

まず、東堤は長さ二九三間（五三三メートル）の国役堤であった。安永一〇年（一七八一）の絵図（写真50）から、川中には自普請堤が築かれ、二重堤となっていたことがわかる。二本の堤の間は検地され年貢を納める本畑となっていた。そして、自普請堤から川中へ、宝暦一二年（一七六二）には、「烏帽子杭」が十一か所に設けられ、長さ一五〇間（二七三メートル）の根杭が打たれていた。烏帽子杭は水制の一種で、杭出し水制あるいは乱杭などと呼ばれるものに近く、三本一組の杭となっている。水制とは堤防への水当たりを弱めるために設置された人工物のことである。ここでは、やや下流に向けて三本一組の杭列を十一列打っていたようである。根杭とは、堤防が崩れるのを防ぐために、堤防の裾に打たれた杭列のことである。

安永一〇年（一七八一）には、烏帽子杭が破損していたとみられ、五〜八本の杭を横木で固定した乱杭が五列設けられている（写真50）。ところが、寛政四年（一七九二）ごろに、出水のため、これらの乱杭だけでなく自普請堤も二か所で破損したことがわかる。これに対応して、対岸の青谷村の枝村川端上流に蛇籠を設置し、東堤の上流に十四組の菱牛を設置している。さらに水の流れを変

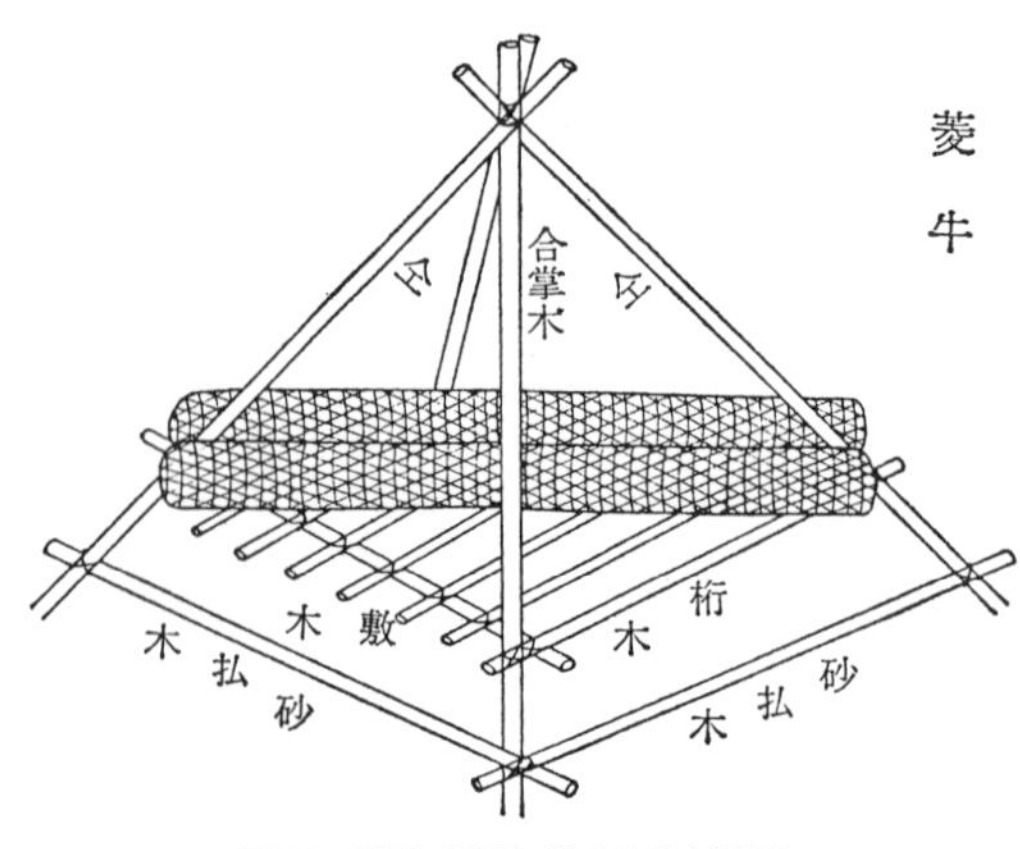

図37　菱牛の図（『地方凡例録』）

えるため川の一部を掘り下げている（写真51）。

牛とは材木を組んで川の中に設置される水制である。関東で盛んに使用されたようであるが、近畿での使用例は少なく、大和川では設置されていないと考えられていた。東堤に設置されていた菱牛とは、材木を四角錐に組んだものである。これを川の中に設置して、水流を弱め、堤防への水当たりを弱めるのである（図37）。

その三年後、寛政七年（一七九五）には自普請堤は完全に破壊され、菱牛も所々流失していたようである。自普請堤が破損した箇所には、長さ一七四間に根杭を二段設け、長さ二五間の蛇籠設置を願い出ている（写真52）。

国役普請と自普請　その翌年、寛政八年（一七九六）には国役普請として対策工事が実施されている。まず、自普請堤の破損箇所から国役堤に近い部分に、破損箇所の一七四間のうち八〇間に根杭が打たれている。蛇籠の設置を希望していた箇所には、一四組の菱牛が設置され

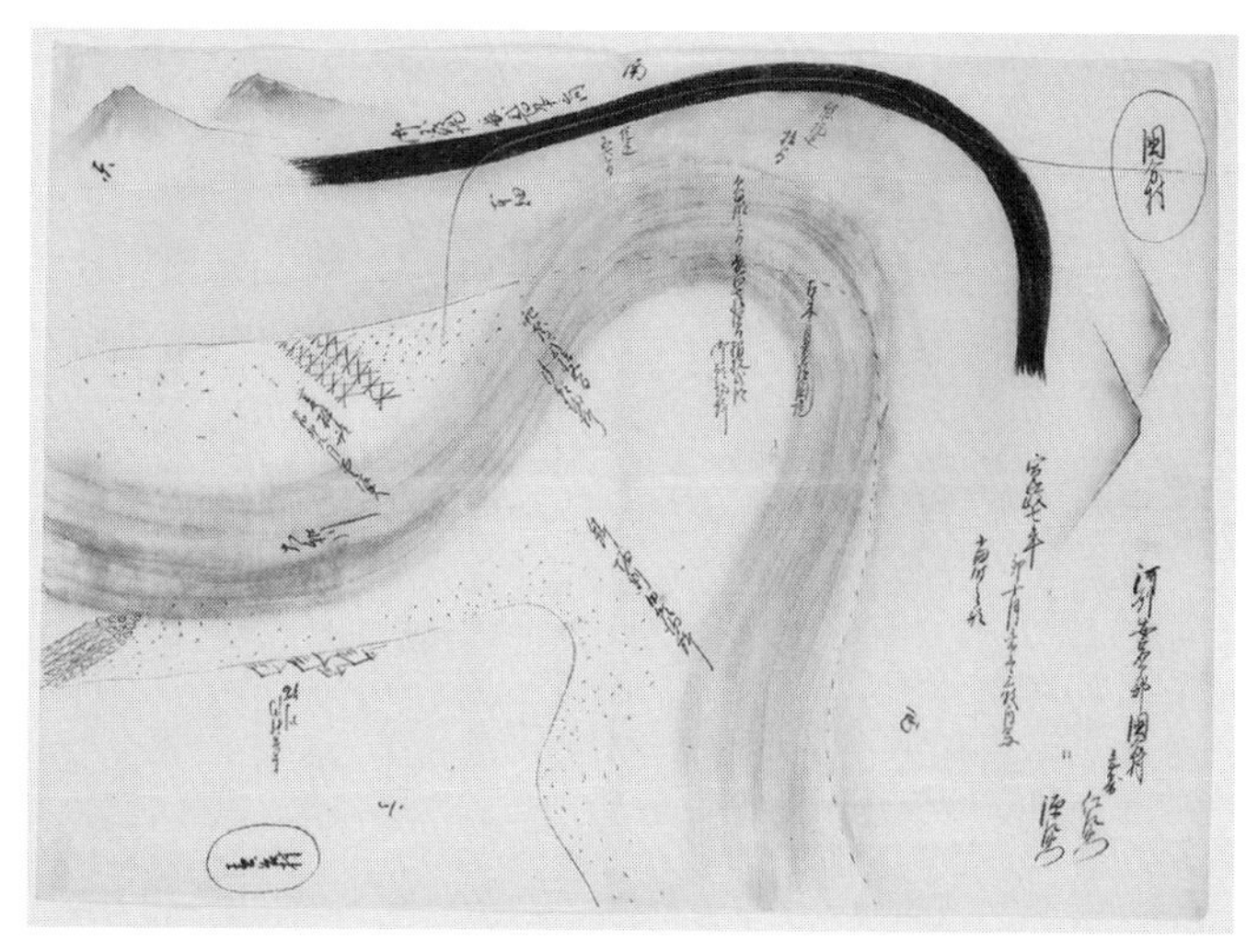

写真52　国分村洪水の絵図（寛政７年・南西尾家文書）

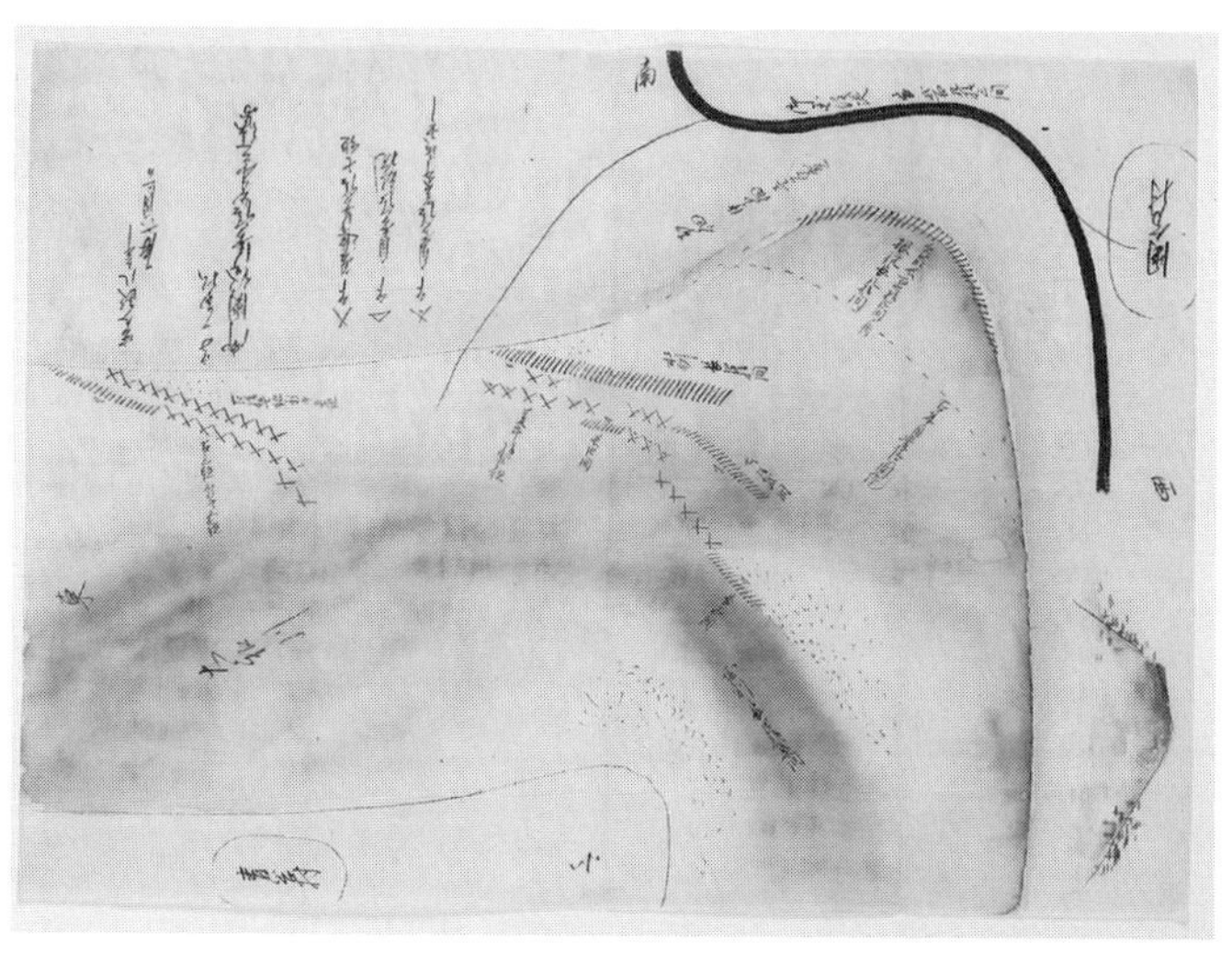

写真53　国分村洪水の絵図（寛政８年・南西尾家文書）

た。国役普請によるものが九組、自普請によるものが五組。それとは別に「夏迄御普請七組」という印の菱牛がある。先に設置されていたもので、国役であろう。菱牛の南には、やはり国役による「水刎（みずはね）」杭が四〇間の長さである。また、菱牛周辺には、自普請の乱杭が長さ五間、四間、一二間の三か所に設けられている。さらに、上流のすでに菱牛が設けられていたところにも、新たに六組の菱牛が設置され、計二〇組となっている。また、夏迄御普請の二組の菱牛がみられる。前年に要望していたよりも入念な工事が行われており、自普請も多いが多くが国役普請であることが注目され、堤奉行が被害の大きさを考慮したものと考えられる。それでも自普請堤を復旧することはできなかった。この状態もいつまでも続くことなく、菱牛や杭が破損し、国役堤へと流れが迫ったのではないかと考えられる（写真53）。

寛政八年の工事後、菱牛の数は四一組となった。こんなに多くの牛を設置していた河川は少なかったであろう。しかも、牛の使用はないと考えられていた大和川に設置されていたのである。国役と自普請がどのように区別されていたのかよくわからないが、国分村の百姓が牛のことをくわしく知っていたとは考え難い。おそらく、堤奉行が牛の使用を勧めたのではないだろうか。国分村の三五年に渡る大和川の洪水との戦いをみてきた。自然の力と対決する人々の歴史を垣間見ることができた。おそらく、このような苦労が、数百年に渡って繰り返されてきたのだろう。

六　新田の土地利用

旧川筋の新田風景　旧大和川筋には、付け替え後に新田が開かれた。旧川筋の新田は細長く、その中央をかんがい用水が通っているため、土地利用としては決して有効なものではなかった。このかんがい用水はもともとの村々への用水として新大和川から導水されたものであり、新田には関係ないものであった。新田の用水は、旧川筋の地下を流れる伏流水を井戸で汲み上げて利用した。旧川筋で遺跡確認のための試掘調査をしばしば行うが、地下水の水位は高く、現在でも二〜三メートル掘れば盛んに水が湧いてくる。しかし、耕作のためには大量の水が必要となり、井戸水だけに頼る用水は大変だっただろう。旧川筋の新田では、はねつるべの井戸が多数設けられていた。はねつるべとは、柱で固定した横木の一端に石の錘をつけ、もう一方に取り付けたつるべを石の重みではね上げて水を汲み上げる井戸のことである。新田には、はねつるべの柱が立ち並んでいたという。綿栽培について詳細な記録を残した大蔵永常の『綿圃要務』にも河内のはねつるべの様子が記録されている（図39）。

旧川筋は、用水がないこと、天井川だったため周囲の土地より高いこと、土質が砂地で水が溜められないことなどから水田を営むことはできず、畑となっていた。深野池や新開池などの池跡では水田も開かれたが、川筋はほぼ畑であった。

図38　生たる綿を間引、又はえきれたる所にハ植つぎして居る図（『綿圃要務』）

新田の畑でもっとも栽培されていたのが綿である。綿は水はけのよい地を好むので、旧川筋には適していた。河内の綿は繊維が強く、反物は河内木綿として各地に流通していた。綿は商品作物として米よりも収入が高かったようである。各家に綿繰り機や糸車があり、綿繰りや綿打ち、糸紡ぎまでは多くの農家で行われていたようである。その木綿糸から反物を織るためには地機や高機が必要となり、これは各村の庄屋など有力者の家で織られることが多かったようである。

河内の綿栽培　河内での綿栽培は、旧川筋の新田開発によって始まった

図39　綿を摘図（『綿圃要務』）
上段にはねつるが多数描かれている

と言われることが多い。しかし、江戸時代初期、付け替えから一〇〇年ほど前には綿栽培がおこなわれていたことが確認でき、新田以外でも水田の中に島畑などがつくられて、盛んに綿が栽培されていたことがわかっている。綿栽培は新田に限ったものではなかったのである。しかし、畑しか作れない新田で綿が有力な作物であったことは間違いない（図38～40）。

『綿圃要務』には、「大和・河内・和泉の三ヶ国の田家にてハ、女にかぎらず、男子もミな糸をつむぐなり」とある。これは、他の地方では綿繰りや糸紡ぎは女性の仕事だったことを示しており、河内では男性も

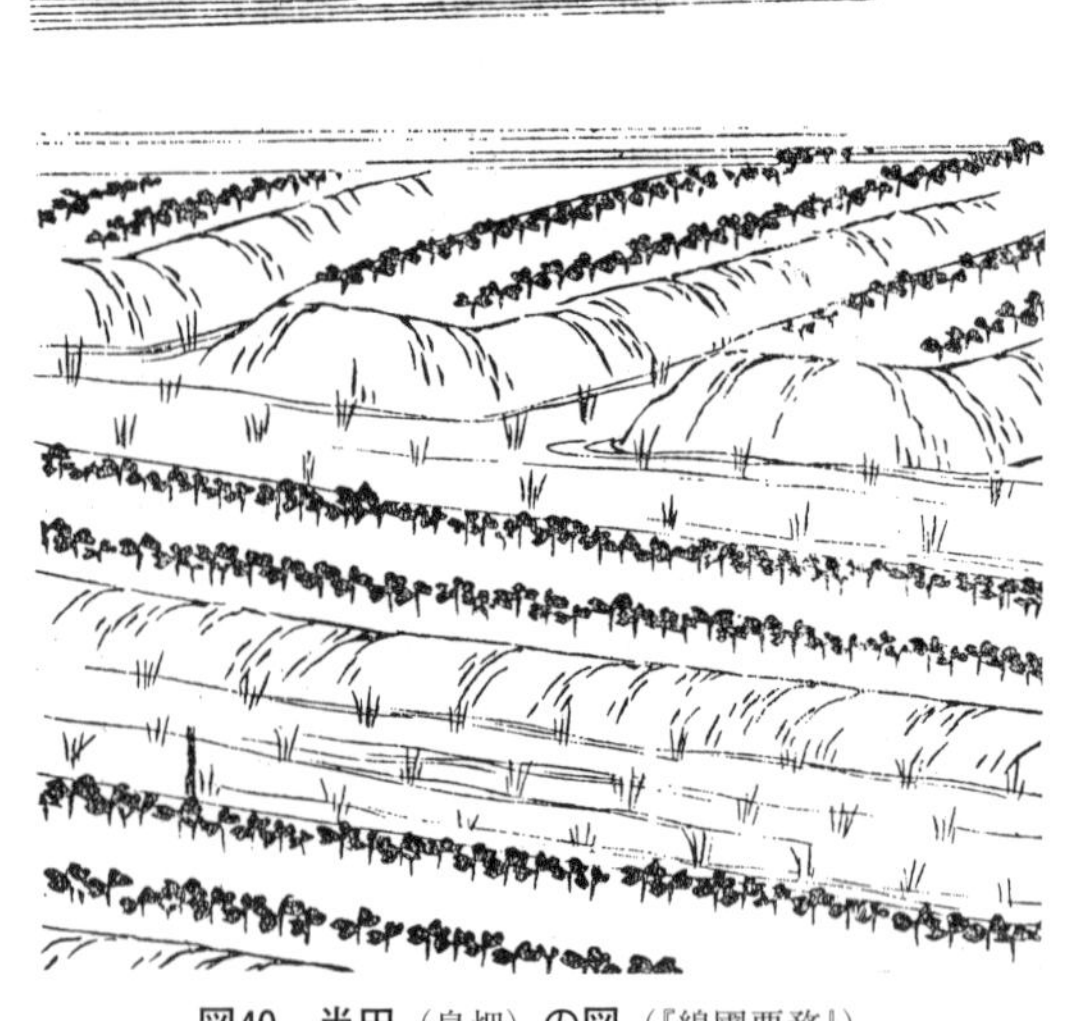

図40　半田（島畑）の図（『綿圃要務』）

糸を紡ぐということは、それだけ商品価値が高く、収入を得ることができたということであろう（図41）。

河内木綿は各村で集められ、久宝寺、八尾、富田林などの木綿商人が各地に売りさばいていた。木綿仲買仲間を組んで、山城や近江、北陸までも販路をもっていたようである。

木綿は商品作物として有利な作物であったが、栽培のためには金肥が必要であった。米や菜種などの肥料は藁や薄などを利用していたが、綿の場合は干鰯（ほしか）や菜種粕（なたねかす）などの肥料を購入しなければならなかった。これらは剣先船や柏原船などで運ばれ、肥料商などを通じて購入していた。

綿以外には、菜種、野菜なども栽

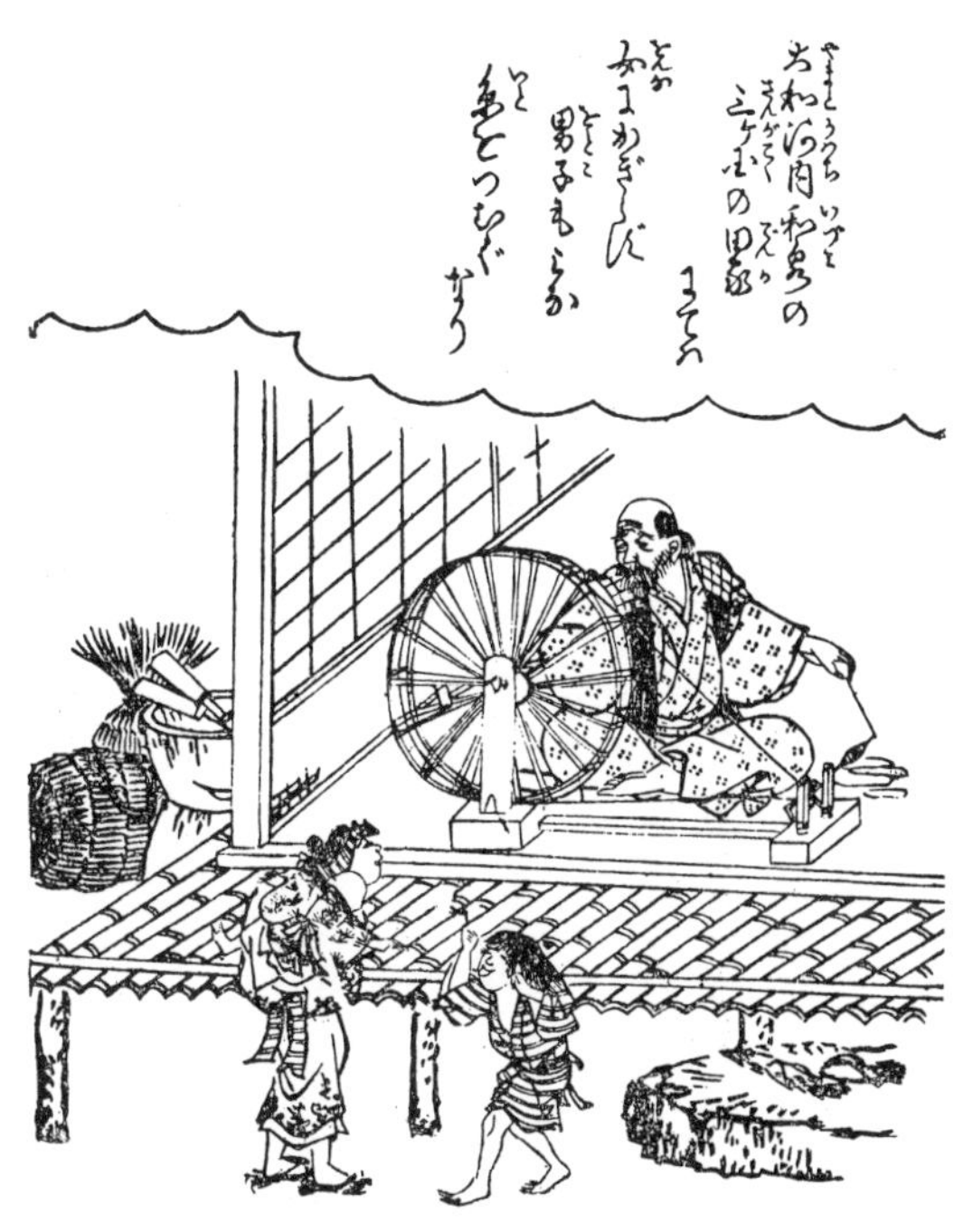

図41　糸をつむぐ図（『綿圃要務』）

培されていた。

新田の景観　新田を耕作していても、新田に定住する人は少なかった。多くは周辺の村々から耕作に通う小作であった。市村新田の場合、屋敷は数軒のみで、庄屋は開発者らが輪番で行っていた。のちに柏原村今町の寺田家が庄屋を務めるようになるが、隣接地とはいえ、他村の居住者であった。

新田には会所が設けられ、作物などが集積され、収穫物の管理や年貢の納入などを行うなど、新田を取り仕切る施設として営まれた。現在も残る鴻池新田の会所や、安中新田の会所旧植田家住宅などは当時の雰囲気を今に伝えている。とりわけ鴻池新田会所は国史跡であり、豪壮な建物は重要文化財となっている。その規模は、鴻池新田の規模の大きさを示している。深野池跡に開かれた深野南新田の平野屋新田会所も豪壮な建物だったが、取り壊され、現在はその跡地の一部が保存されている。

七　近世大和川の舟運

近世大和川の舟運　大和川の大和と河内の国境付近を亀の瀬という。亀岩などの奇岩が多数あり、滝もあった。景観の地でもあり、交通の難所でもあった。近世の大和川では舟運の利用が盛んであったが、亀の瀬だけは船の通行ができなかった。そのため、河内側は剣先船(けんさきぶね)、大和側は魚梁船(やなぶね)という別の船が運行していた。

亀の瀬は、慶長一四年(一六〇九)に片桐且元によって開削されていた。且元は天正六年(一五七八)に平群(へぐり)郡で二万八千石の所領を拝領し、領地の米を大坂まで運ぶために露頭の多い亀の瀬の岩の開削を試みたのである。且元の開削は失敗に終わったようであり、その後も江戸時代を通じて船の運行は基本的にできなかった。しかし、且元の亀の瀬開削以降、上流の土砂が流出し、下流では河床が浅くなり、洪水が頻発するようになったと言われている。それが、大和川付け替えの一因となったと地元では伝えられていたようである。

剣先船と魚梁船　それでは、河内の大和川を運行していた剣先船の様子からみてみよう。剣先船は、文字通り舳が剣のように尖っていたので剣先船と呼ばれた。古剣先船、新剣先船、在郷剣先船、井路川(いじがわ)剣先船に分けられ、それぞれ二一一艘、七八艘、一〇〇艘、一〇〇艘で、合計四八九艘もの船が運行していた。

古剣先船は寛永一五年（一六三八）の船改めによって認可された船である。大坂の上荷船(うわにぶね)・茶船仲間が一五〇艘を所有し、古市村が八艘、石川筋諸村が一八艘、合計一七六艘で始められた。正保二年（一六四五）には上荷船・茶船仲間と争いがあり、営業範囲は京橋まで、積荷は肥料等に限られることになった。営業範囲は、京橋から大和川は亀の瀬まで、石川は富田林まで、ほかに寝屋川、恩智川、楠根川、鯰江川、猫間川と、平野川は中道までとなった。その後正保三年（一六四六）には国分村の三五艘が認可され、これで合計二一一艘となった。元禄三年（一六九〇）には船の大きさが統一され、長さ一一間三尺（一七・六メートル）、幅一間一尺二寸（一・九メートル）、深さ一尺四寸（四二センチメートル）と定められた。ただし、ここでは五尺で一間と数える（図42）。

延宝三年（一六七五）に大坂天満三丁目の商人尼崎又右衛門が一〇〇艘で新たに参加した船を新剣先船という。新剣先船は、古剣先船とともに荷物の賃積みが認められていて、手広く営業を営んでいた。そして、新古剣先船は宝永元年（一七〇四）の大和川付け替え以降は、十三間川から新大和川へ入り、亀の瀬まで遡ることになった。

在郷剣先船は、延宝八年（一六八〇）に河内の二三か村が村々のために年貢輸送や村方荷物の賃

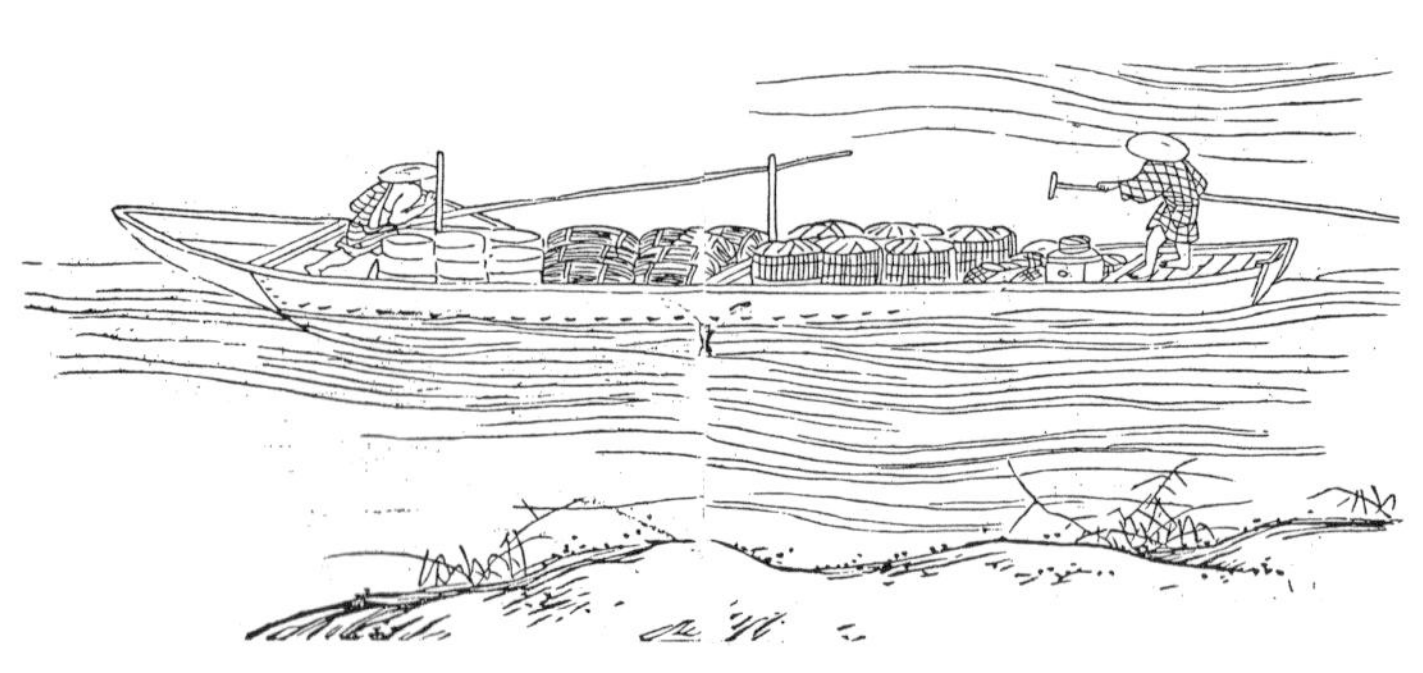

図42　剣先船（『和漢船用集』）

積みのみを要望し、貞享元年（一六八四）に認可された。大和川付け替え後は新古剣先船が新大和川へ移ったために河内の諸河川での賃積みを求め、享保八年（一七二三）に恩智川、楠根川、寝屋川のみで賃積みを認められた。しかし、川筋全般の賃積みができないため、次第に衰退した。

井路川剣先船は、宝永二年（一七〇五）に西用水井路（長瀬川）流域二五か村に一〇〇艘が認められた。年貢米の輸送や村方荷物の賃積みのみを行った。一〇石積みで、長さ一一間半（一七・四メートル）、幅七尺六寸（二・三メートル）で、長さは新古剣先船と変わらず、幅はやや広かった。

剣先船の積み荷は、上りは干鰯、油粕などの肥料、木材、石材、塩など。下りは年貢米、綿、綿製品などで、商い目的の賃積みは認められていなかった。

亀の瀬を挟んで、大和では魚梁船と呼ばれる船が運行していた。慶長一五年（一六一〇）に立野村の安村喜右衛門が、片桐且元から魚梁船の支配を任せられたことに始まる。安村喜右衛門は龍田大社の神人で、村の有力者であった。魚梁船は、大和川だけではなく、曽我川、飛鳥川、寺川、佐保川へも上っていた。船の大きさは、長さ八間半（一四・七メートル）、幅五尺（一・五メートル）で、剣先船よりも一回り小さい。むしろ九枚を使って帆としていた。元禄一〇年（一六九七）に、魚梁船の支配権は銀一五〇枚で立野村惣百姓に申し付けられた。しかし、営業はうまくゆかず、正徳三年（一七一三）に安村に戻された。その後、江戸時代中期ごろから次第に荷物は減少した。

亀の瀬の荷継ぎ　片桐且元の亀の瀬開削後も亀の瀬を船で通行することはできず、剣先船と魚梁船に支配権が分かれていた。亀の瀬は滝があり、多くの岩が露出していたため、通行が困難であったようである。しかし、剣先船が大和へ侵入したという記録があり、条件次第では剣先船が亀の瀬を遡ることも可能だったようである。ところが、河内と大和で船仲間も川を支配する奉行所も異なっていたため、遡ることは認められなかったのである。

そこで、亀の瀬で剣先船の積荷を魚梁船に積み替えることが必要であった。剣先船は魚梁荷場まで遡ることができ、右岸に峠問屋、左岸に藤井問屋があった。峠問屋から約一キロメートルの峠越えで立野の魚梁浜まで荷物が人力で運ばれ、そこから魚梁船に積み替えて大和各地へ運ばれていった。魚梁浜の近くには魚梁帳場、魚梁役所があり、荷物の点検や精算が行われた。一方、左岸の藤井問屋からは陸路で大和南部各地に運ばれた。大和も綿栽培が盛んであり、剣先船・魚梁船によって肥料などが運ばれた。剣先船、魚梁船ともに江戸時代後期には積荷が減少していた。明治一六年

図43　『大和名所図会』龍田川

（一八八三）には亀の瀬に堰をつくり、水位を調節することによって通船が可能となった。そして明治一八年（一八八五）には人乗船の運行が開始された。ちなみに、田原本町の石見浜から道頓堀まで一三時間かかったようだ。だが、明治二五年（一八九二）に亀の瀬トンネル開通により、鉄道で奈良・湊町間が全通した。その直後から人乗船の運行は中止された（図43・44）。

柏原船の運行　柏原船は平野川を運行した船であり、柏原村より下流、大坂市中の運行も認められていた。剣先船は京橋までで大坂市中の運行は認められていなかった。それは、大坂市中には上荷船・茶船がすでに運航していたからである。それに対して、柏原船は大坂市中の運行を認められ、営業面で有利であった。そのために、上荷船茶船仲間と営業をめぐってたびたびトラブルが発生し

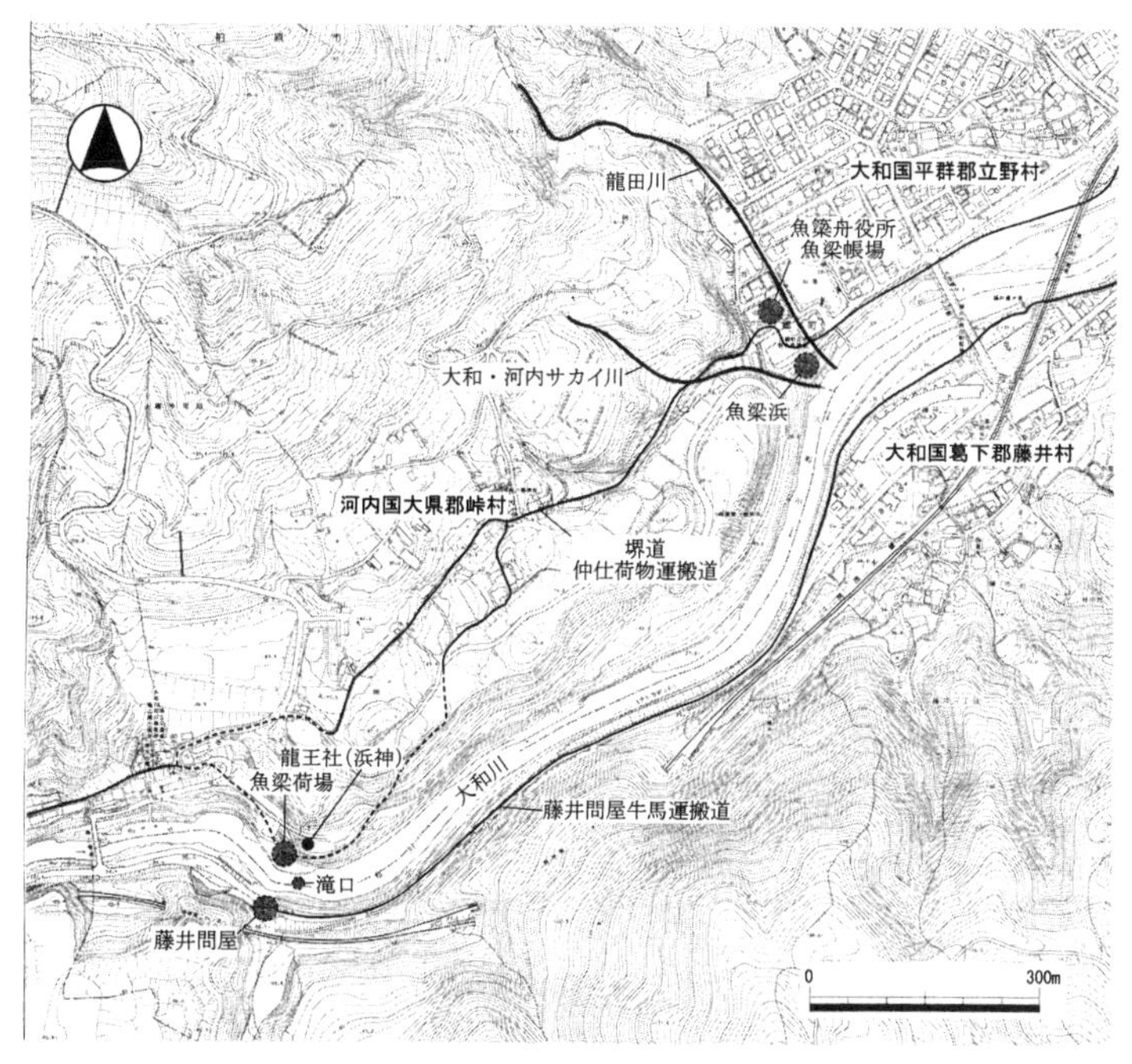

図44　剣先船から魚梁船への荷継場周辺図

ていた。

元和六年(一六二〇)、寛永一〇年(一六三三)の旧大和川の洪水で、柏原村は大きな被害を受けた。村の中心部まで洪水に見舞われ、居住地を移転することにもなった。柏原村の復興のために必要となる膨大な資金を、代官の末吉孫左衛門長方は平野川に船を運行させ、その利益を当てようと考えた。元和六年の洪水後から幕府と交渉していたにもかかわらず、話は進まなかったが、寛永一〇年の再度の洪水によって、幕府もこれを認可した。

寛永一三年(一六三六)に、四〇艘で運行が開始された。一五人

図45　柏原船（『和漢船用集』）

の船持が船持仲間を結成し、実際の運行は船乗り（加子（かこ））が行った。船持は柏原村とその周辺の村々、平野、大坂から参加があった。寛永一五年（一六三八）には、大坂町奉行から公儀船を勤めることを命じられたが、それと引き換えに大坂市中での自由な運航と、平野川での独占的運行が認められた。これによって、上荷船・茶船仲間との争いが繰り返されたのである。

しかし思うように利益があがらなかったため、寛永一七年（一六四〇）に大坂商人を参加させることになった。これによって船数は七〇艘、船持は三七人となった。これに参加した大坂商人は柏原に居住することを条件とされ、坂井町を形成、それが移転して現在の今町となっている。住宅が重要文化財となっている今町の三田家は、当初の大坂からの移転組の一軒で、その後も明治まで柏原船の営業に中心的に取り組むことになる。これを機に、大坂組一四人、平野組八人、柏原組一五人による運航が開始されることになった。

柏原船の大きさは、五尺一間で長さ七間四尺五寸（一二メートル）、幅一間二尺（二・一メートル）、深さ一尺四寸（四二センチメートル）であった。剣先船と比べると、長さはかなり短いが、幅はやや広くなっている。加子は二人で、上りには棹の使用とともに綱による曳船で上ったようである。積荷は剣先船と変わらず、上りは肥料、下りは米や綿製品が中心であった（図45）。

剣先船は大和川付け替え後に新大和川へと活動範囲を移転させたが、平野川は付け替え後も流れが変わらなかったため、営業体制は変わらなかった。付け替え後数年は剣先船の荷物の一部が柏原船に流れたようだが、剣先船の新大和川での営業体制が確立すると、柏原船の営業ももとに戻り、江戸時代中期以降は次第に積荷が減少していった。これは剣先船も同様で、商業活動の停滞や車の利用が進んだためと思われる。

天明元年（一七八一）には実働船数が三七艘となり、明治一〇年（一八七七）に二〇艘、明治二〇年（一八八七）に一四艘と減少している。明治二二年（一八八九）に柏原湊町間に鉄道が開通すると、明治三〇年（一八九七）には九艘となり、明治四〇年には最後の二艘の廃業届が出され、船持仲間は解散した。しかし、解散まで七〇艘の株は続いており、株を持っていても営業はしていない状態が続いていたのである。最後の二艘は今町の三田家と寺田家が営業していた。寺田家の建物も国登録文化財となり、今もこの二軒は旧奈良街道沿いの景観形成に大きな役割を果たしている。

舟運の意義　近世の大和川には、河内も大和も多数の船が往来し、荷物の運搬に大きな役割を果たしていた。それは、農村で普及し始めた商品作物の栽培や販売に影響を与えた。そして、積荷だけでなく、それに伴う経済活動の活性化や人・文化の移動にも大きな役割を果たしていた。大坂周辺の村々の発展に大きな効果をもたらしたのである。

八　亀の瀬の地すべり

地すべりのメカニズム　奈良盆地の水を集めた大和川は、生駒山地と金剛山地の間の狭い峡谷を抜け、奈良から大阪へと流れ出る。その府県境付近を亀の瀬と呼ぶ。大和川の川幅がもっとも狭くなっているところで、狭いところではわずか二〇メートル余りである。両岸だけでなく川の中にも岩石が露出し、流れも一段と早くなっている。川の中には「亀岩」もしくは「亀石」と呼ばれる岩石がある。大きな岩塊から南西に細い突出部をもつ岩は、いかにも甲羅から頭を出す亀のようである（写真54）。この亀岩が亀の瀬の語源となっているのだろう。

亀の瀬の右岸（北岸）は、地すべり地帯としてよく知られている。明治三六年（一九〇三）と昭和六年（一九三一）、昭和四二年（一九六七）に大規模な地すべりが発生している。それ以前に地すべりが発生した記録は残っていないが、大和川の流路が亀の瀬部分でフタコブラクダのように南へと張り出している。そのため、大和川はこの地で湾曲し、流路も狭くなっている。この地形が地すべりによるものと考えられる。古くから地すべりが繰り返されてきた痕跡であろう。地すべり工事中に土中から発見された木片の年代が四万年前と測定されており、そのころから地すべりが発生し

写真54　亀岩

ていた可能性が指摘されている（図44）。

地すべりは、数百万年前に亀の瀬の北方にあったドロコロ火山の新旧二回の噴火が原因と考えられている。一回目の噴火で噴出した溶岩の上に二回目の溶岩が重なっており、大和川に向かって南へと傾斜している。その二枚の溶岩層の間には地下水を含む粘土層が堆積しており、この粘土層がすべり面となって地すべりを起こしている。さらに大和川南岸に沿って活断層が走り、大和川の浸食によって溶岩層の下部が削られるため、地すべりが起こりやすくなっているのである（図46）。

奈良県の飛鳥にも「亀石」と呼ばれる人工石造物がある。この亀石が動くと奈良盆地は洪水になり、水没するという伝説がある。おそらく、この伝説は亀の瀬の「亀岩（亀石）」のことであろう。亀の瀬で地すべりが発生すると、河岸と亀岩の位置関係が変わり、まるで亀岩が動いたように見える。亀の瀬で大和川が閉塞すると、奈良盆地の水が流れ出すところがなくなり、奈良盆地は水没する。実際に、江戸時代の『大和名所図会』に描かれている亀岩は川の中央にあるが、その後の地すべりに

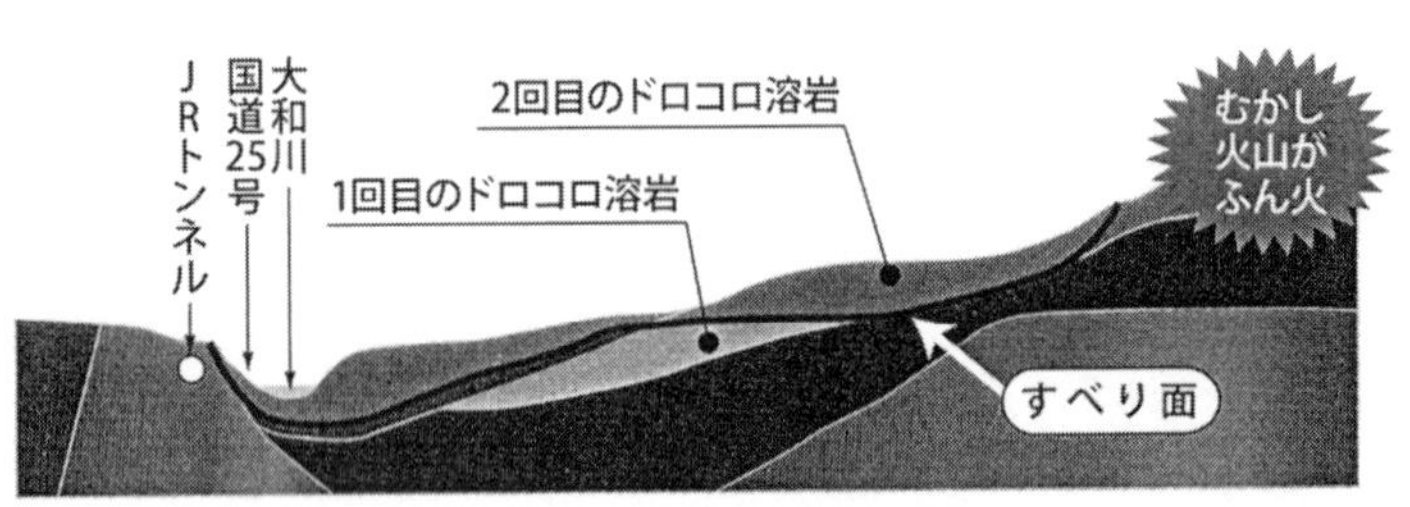

図46　亀の瀬の地すべり

よって右岸が南へと移動し、左岸を開削した結果、現在の亀岩は右岸に近い位置にある（図43）。この亀岩の伝承が、いつの間にか有名となった飛鳥の亀石のことになってしまったのだろう。ちなみに、奈良盆地が水没するといずれ亀の瀬の閉塞部が崩れ、その水が一挙に土石流となって大阪平野に流れ出し、今度は大阪平野が水没する。その被害額は四・五兆円とされている。そのために国土交通省は莫大な費用を投じて地すべり対策工事を現在も続けている。

地すべりにまつわる歴史　亀の瀬が、古代から地すべり地帯であることを知っていたのではないかと考えられる記述がある。『日本書紀』天武元年（六七二）の壬申の乱の記事に「懼坂（かしこのさか）」とある。これは柏原市峠付近のことではないかと考えられるが、「懼」と恐れられたのは、地すべりの発生する地だったからではないかと考えられている。また、『万葉集』巻六―一〇二二番歌に「手向（たむ）けする　恐（かしこ）の坂に　幣（ぬさ）奉（たてまつ）り」とある「恐の坂」を同様に峠付近と考える説がある。どちらも確定できる史料ではないが、古代から地すべりの恐怖が伝えられる地を越えるときに、神に祈りを捧げて通行の安全を祈ることがあったのかもしれない。

『万葉集』巻九―一七四八番の高橋虫麻呂の歌に、「我が行きは　七日は過ぎじ　竜田彦　ゆめこの花を　風にな散らし」がある。これは、桜の花を散らさないで欲しいと、風の神である龍田大社に祈りを捧げようという歌である。龍田大社は風を鎮める神として、天武朝以来国家的な祭祀が営まれてきた神社である。龍田大社のもとの鎮座地は、亀の瀬上方の御座峰と呼ばれる地にあったとされている。龍田大社の起源の一つに、往来の人々が地すべりなどからの安全を祈るための祭祀があったのかもしれない。

慶長一四年（一六〇二）に、片桐且元が亀の瀬の開削を行ったことはすでに見た。これによって、下流へ流れ出す土砂の量が増えたということであるが、江戸時代でも船が通行できなかったことから考えると、且元の開削は失敗したと考えていいだろう。且元が失敗したことに腹を立て、亀岩の首を切り落としたという伝承もある。その際に亀の首から真っ赤な血が噴き出したという。とても事実とは考えられず、亀岩の首は今もつながっているが、且元の開削が失敗した事実を伝えているのかもしれない。

大坂の陣と亀の瀬　大坂冬の陣では、徳川家康が大和から大和川沿いに河内へ入り、住吉大社に向かっている。当然竜田道を通ったと考えられるところだが、三郷町に残された史料には、片桐且元が首を切った亀岩のある竜田道を通るのは不吉なので、別の道を通りたいと家康が希望したという。そこで、立野（現三郷町）の安村喜右衛門は、大和川対岸の藤井（現王寺町）へ船で送り、藤井から国分（現柏原市）まで山道を開いて家康の隊を案内したということである。しかし、藤井から国分までは明神山系の急斜面を登らなければならず、武装した大人数の家康隊を船で渡すことも考え難い。しかも藤井まで行けば、眼下に亀岩が見えるのである。普通に考えれば、大和川右岸の竜田道を進んだのであろう。安村家が魚梁船の由緒を述べるためにつくった話ではないかと思われる。

大坂夏の陣でも、亀の瀬周辺は重要な舞台となっている。大坂城を出て戦わざるを得なくなった豊臣方は、大和から攻めてくる徳川方を、大和川が河内に流れ出す国分の地で防ぐ作戦をとることにした。しかし、豊臣方の予想よりも早く徳川方が国分へ進攻し、後藤又兵衛隊が少数の兵で徳川方の大軍と戦うことになった。慶長二〇年（一六一五）五月六日のことである。この戦いで後藤又兵衛は討死に、翌日大坂城が落城して夏の陣は終わった。

このとき、徳川方の大半の部隊は、田尻越えで国分へ侵入したようであるが、第一陣水野勝成隊の堀直寄や伊達隊の片倉重綱などは大和川沿いの竜田道を通っている。伊達本隊も竜田道を通ったのかもしれない。田尻越えに比べて竜田道のほうが道幅が狭かったと考えられ、軍隊が通るのに適していなかったのかもしれないが、あきらかに竜田道のほうが距離は短く、傾斜も緩やかである。ここに、おもしろい逸話が残されている。距離の短い竜田道を行こうとした堀直寄に対し、「この道は物部守屋が通って敗れた道だから通るべきではない」と言われたという。堀は、「戦場へ向かうときに、何を言っているか」と竜田道を進んだという。徳川方の部将は、夏の陣から千年も前の物部氏滅亡の話に翻弄されたのだろうか。そこには、田尻越えは古来の吉例だと書かれている。亀の瀬は縁起の悪いところだという意識が、当時の人々のあいだにあったようだ。これも地すべりに起因するのかもしれない。

亀の瀬の景観　柏原市今町の重要文化財三田家の初代・三田浄久は、俳諧などを好む文化人としても著名であった。その浄久が延宝七年（一六七九）に刊行した『河内鑑名所記』は、河内の名所・旧跡などを記した書物であり、江戸時代初期の河内の姿を知ることができる貴重な史料である。ここに、亀の瀬のことが記されているので紹介しておきたい。

「亀瀬河、河中に亀岩とて亀のことくなる大石流ニ向て是あるニより、古へより川をも亀瀬川といひ伝え侍る。此所ニ四十八の名石有、しなおほきゆへあらまし書付侍る、雲岩は廿間ほともあり、銚子の口滝のことし、ゑぼし岩、子亀岩、扇岩、蓮華岩、高岩、笛吹岩、ほとけいは、きやうもり岩、屏風岩、三つ岩、のぞき岩、からうと岩、よりかゝり岩、へつい岩、くらがふち、がまがふち、大黒岩、弁財天岩」

とある。亀の瀬には奇岩が多数あり、景勝の地として知られていたことがわかる。

『大和名所図会』には「龍田川」という挿絵があり、そこにも「かめ石」「クモイシ」などが描かれている。また、剣先船の問屋場であった藤井問屋も描かれている（図43）。

写真55　昭和6・7年の地すべり（絵はがき・視察中の大阪府知事一行）

写真56　昭和6・7年の地すべり（絵はがき・亀の瀬トンネル西口）

亀の瀬の地すべり　明治三六年（一九〇三）七月に地すべりで河床が隆起し、その後の豪雨が重なり、王寺周辺で浸水や家屋の流失などの被害があった。

昭和六年（一九三一）九月からは大規模な地すべりが発生した。地すべりは翌年も続き、大和川は閉塞し、奈良県側で浸水被害が広がった。また国鉄関西本線の亀の瀬トンネルも崩壊したため、関西本線の線路は大和川対岸（左岸）に付け替えられて現在に至っている。このトンネルが地すべり対策工事中に再発見され、入り口部分は崩れているものの、一部は良好に残っていたことが確認されている。ところで、昭和六年からの地すべりは、多くの人の注目するところとなり、翌年一月から三月にかけて、多い日には一日二万人の見物客で賑わったという。茶店やうどん屋が並び、記念の絵はがきもつくられ、観光地となった。現在では考えられないことである（写真55・56）。

国土交通省による地すべり対策工事は現在も続いている。今でも地すべりが発生すれば、大和川が閉塞し、奈良盆地が水没することに変わりはないのである。

九　災害と大和川

奈良県の洪水　これまで主に河内における大和川の洪水と付け替えを中心に述べてきた。これは、わたしのフィールドが河内にあるためである。しかし、奈良県（大和）でも、古くから洪水が繰り返されてきた。とりわけ、川西町の吐田や安堵町の窪田など、国中（くんなか）とも呼ばれる盆地中心部の洪水

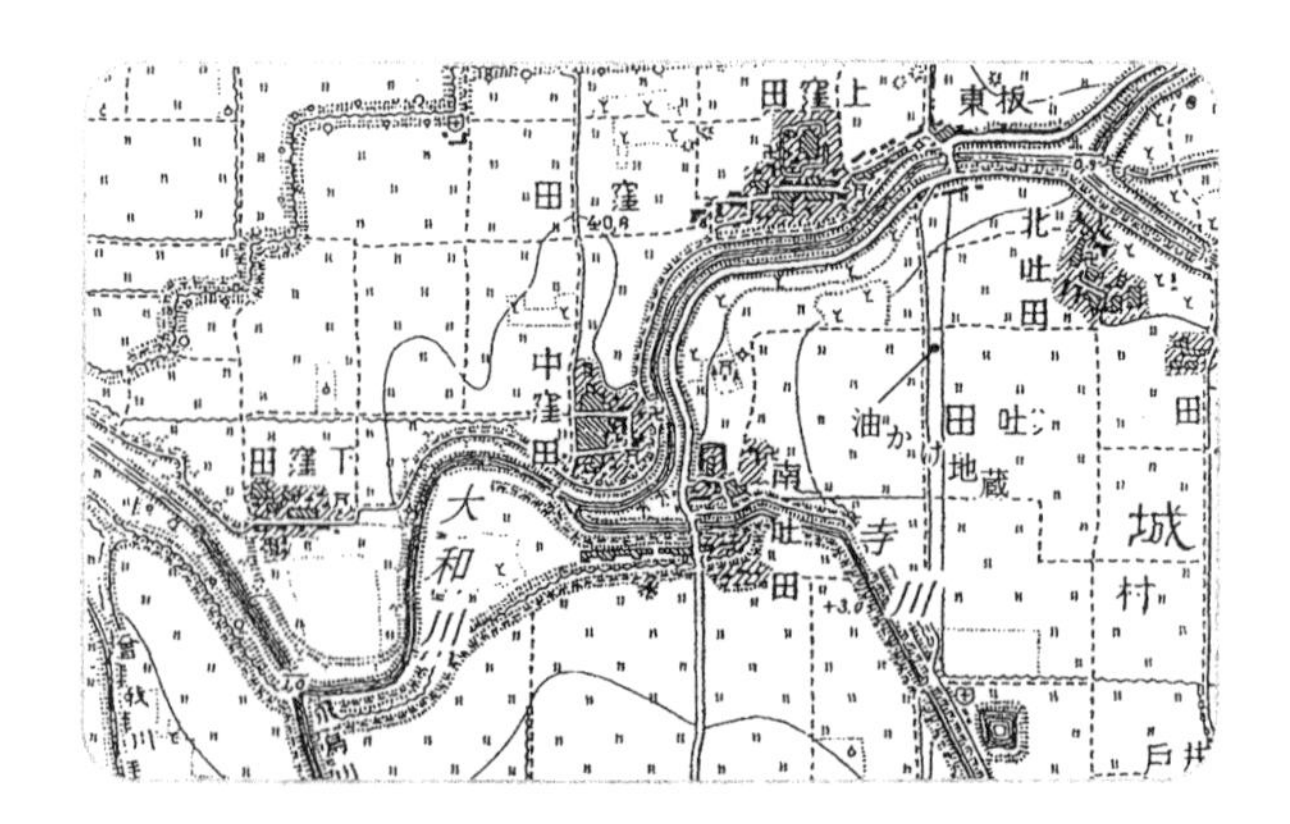

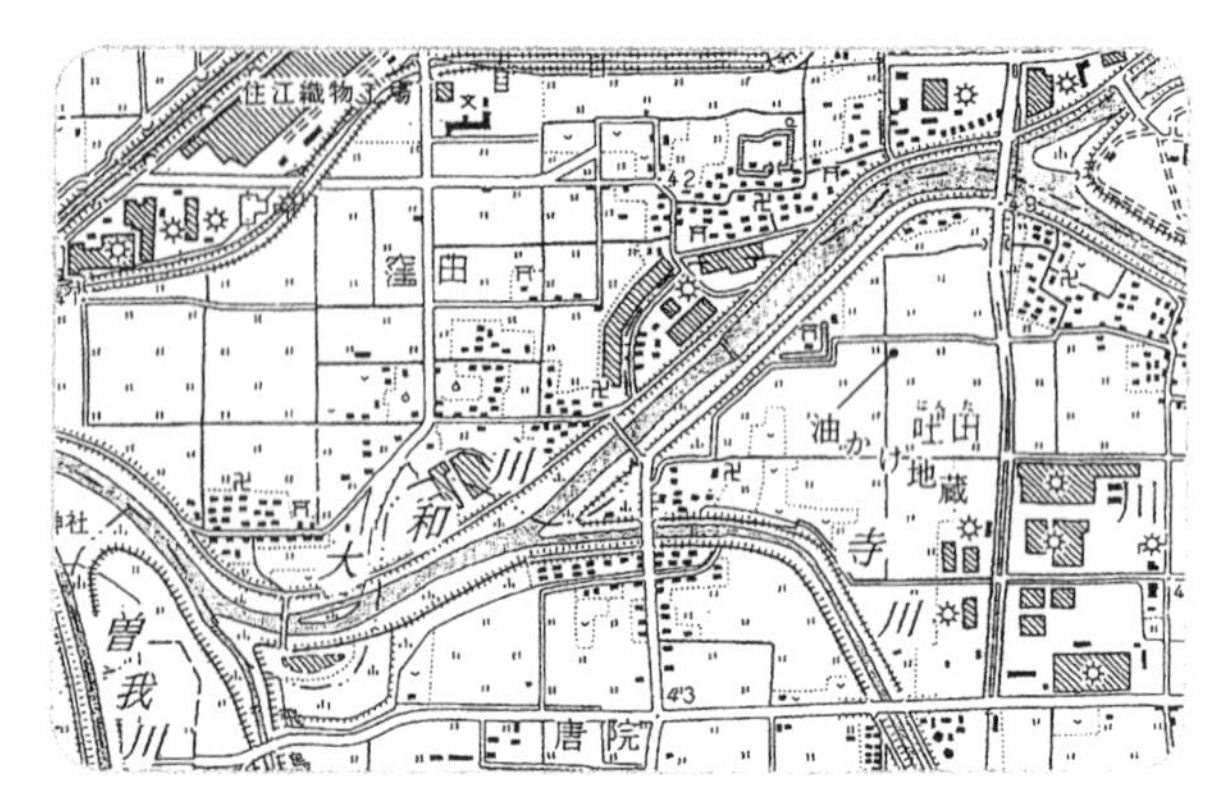

図47　川西町・安堵町の大和川　（上）改修前・1955年、（下）改修後・2000年

はひどいものがあった。吐田から窪田付近にかけて、佐保川、寺川、飛鳥川、曽我川などが次々に大和川に合流する。大和川は洪水を繰り返し、大きく蛇行していた。度々の洪水で、大和川周辺は湿地化していた。

文化一二年（一八一五）には、佐保川が大和川に合流する額田部（大和郡山市）の堤防が決壊し、窪田周辺が大洪水に見舞われた。明治以降も、明治元年（一八六八）、明治三六年（一九〇三）、昭和五年（一九三〇）などに、この付近で洪水が繰り返された。そのため、昭和一一年（一九三六）に安堵町、川西町などから大和川改修工事の陳情がなされた。しかし、工事実施まではずいぶん時間を必要とした。蛇行した大和川を直線化し、川幅を広げることになったが、そのルートや方法をめぐっての混乱もあり、昭和三四年（一九五九）にようやく改修工事が実施され、昭和三九年（一九六四）に改修工事が終了した。この工事中にも吐田や窪田では浸水があった。

現在では堤防決壊の可能性は低くなったが、現在でも大和川に流入する河川は天井川であり、増水時に大和川との合流付近で堤防を溢水することもある。洪水の危険性がなくなったわけではない。

明治以降の洪水　大阪でも、明治元年（一八六八）、明治二〇年（一八八七）、明治三六年（一九〇三）、大正二年（一九一三）などに洪水があった。明治二〇年には増水のために築留二番樋が大破し、強固な樋として改修するためにレンガ積みの樋が造られた。これが今も残る二番樋であり、美しいレンガ積みが評価され、国登録文化財になっている（写真37）。

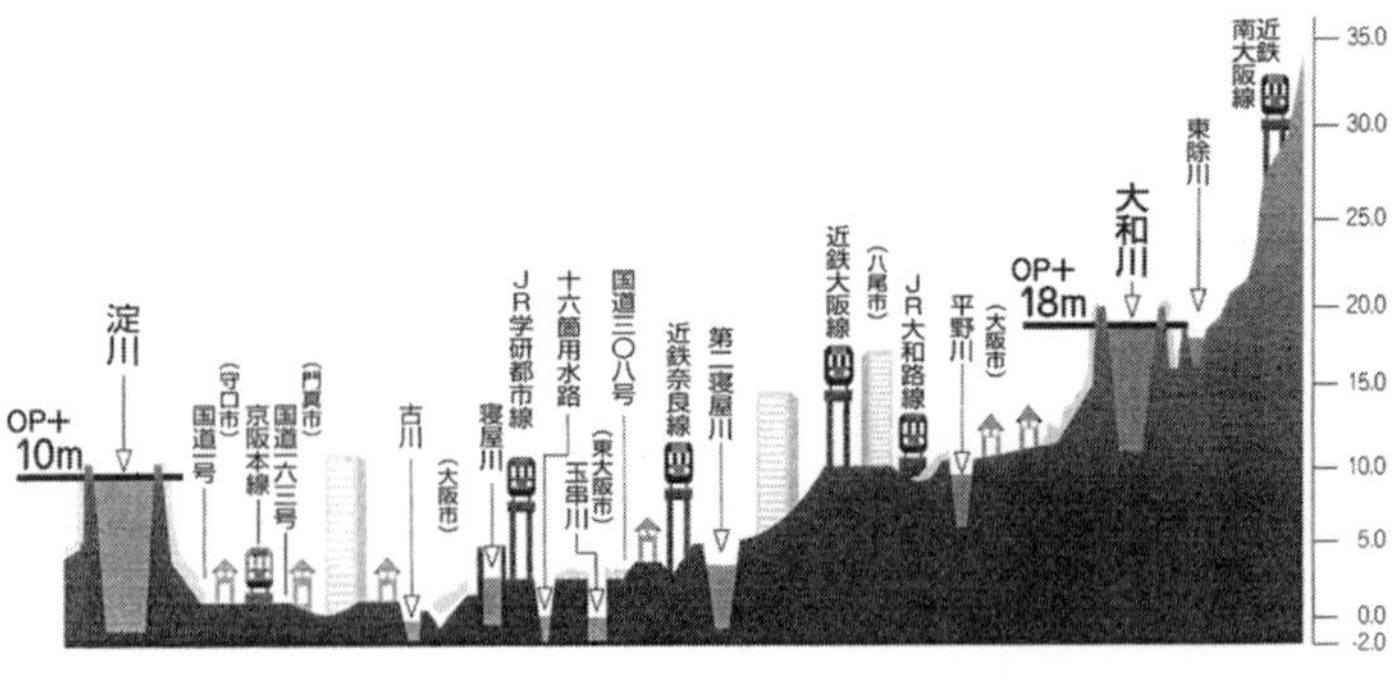

図48　淀川・大和川と周辺地域の高さ（府道中央環状線付近の断面）

昭和以降は堤防の決壊はみられないが、昭和五七年（一九八二）の洪水時には松原市天美周辺で西除川が氾濫した。この際には奈良県でも王寺駅が水没しており、昭和でもっとも大きな被害が出た洪水であった。やはり、増水した大和川に西除川が流入できなくなったことなどが原因であった。

洪水対策　現在も大和川の護岸工事やスーパー堤防など洪水対策工事が進められている。しかし、ある地域の堤防護岸工事が他地域の洪水を引き起こすこともあり、抜本的な洪水対策は困難である。また、第四章―四で見たように、現堤防の発掘調査結果から、堤防が砂質土で積み上げられているところが多いこともわかっている。砂質土の堤防は、堤防の小さな穴から水が流れ出すと、砂が一緒に流れ出し、堤防が一挙に崩壊する危険性がある。現在の堤防も安心できないのである。

現在でも大和川の右岸堤防が決壊すると、大阪平野が淀川までほぼ水没する（図48）。上町台地だけが半島のように突出した縄文時代の河内湾のような形状となる（図4）。そのなかで、旧大和川筋は水没を免れる。旧大和川が天井川だったために、現在も周辺の土地よりも二メートル前後高くなっているためである。それに対して、恩智川、寝屋川、第二寝屋川周辺の土地は低く、大規模な浸水となる。これは、それらの河川が排水機能をもつ河川であることによる。また、左岸堤防に沿って、洪水の危険性が高い地域が広がっていることは、付け替え直後も今も変わらない。

地震と大和川　旧大和川筋は洪水の危険性が低いので災害に強い安全な土地かというと、そうではない。旧川筋の地下は厚さ数メートルの砂が堆積しており、地震のときにはこの砂が揺れを大きくする。そして、地下水を豊富に含むため、液状化を起こして砂が地下水とともに地上に吹き出してくるだろう。そのため、家屋は傾き、道路は寸断されるであろう。被害が大きくなると想定される。南海地震のように大規模な地震の際には被害が心配される。

南海地震だけでなく、生駒断層や上町断層、大和川断層などの直下型地震も危険である。堤防の崩壊や亀の瀬周辺での河道閉塞などの危険性がある。

災害の自覚を　洪水や地震などの災害に伴う危険性は、小地域ごとに把握し、人々に伝えることが望まれる。その際に、原因も明らかにして伝えると、受け取る側の理解も進むのではないだろうか。ハザードマップを見るだけでは、現実感に乏しいため、記憶に残らないのではないだろうか。今後は、地球温暖化などの影響もあり、災害規模が大きくなることが予想される。自分たちの安全は自分たちで守りたいものである。

十　汚染から水遊びへ

大和川と人々の関わり　江戸時代から明治にかけて、大和川の水はきれいだった。昭和三五年（一九六〇）ごろまで、学校の水泳教室や市民の遊泳場として大和川が利用されていた。古町・船橋間の砂防堰堤付近や国豊橋のたもとなどがよく利用されていた。農作業が忙しくなる前の一日、春事（はるごと）といってみなが遊ぶ日があった。山行きともいい、弁当を持って近くの山へ遊びに行く村もあった。柏原あたりでは、道明寺の菜種御供祭に出かける家も多かった。菜種御供祭のときなどには、大和川で捕れたモクズガニを買うのが人々の楽しみであったようだ。また、大和川の近くの村では、弁当を持って大和川の河原へ出かける人もあった。河原は、非日常の場でもあったのである。また、柏原の特産品であった晒しを洗ったり、干したりするのも大和川の河原であった（写真57）。

それが高度経済成長期になると、大和川の水質汚染が一挙に進み、水泳どころか河原を訪れる人も少なくなっていった。一九六〇年代に、筆者も何度か大和川へ出かけたことがある。しかし、そのころにはすでに悪臭が漂っており、河原はゴミが散乱し、水遊びなどする気にもならなかった。そして、大和川は全国ワースト１・２を争う汚い川として有名になっていった。

大和川の汚染の原因は、工場排水だと考える人が多いのだが、実際には生活排水が最大の汚染の

写真57　大和川で遊ぶ子どもたち（昭和30年ごろ）

原因であった。下水道の整備の遅れが汚染を進めることにもなった。その後、下水道が整備され、水質は徐々に回復、ＢＯＤ値でみると、もっとも汚染がひどかったころから比べると一〇倍以上もきれいになっており、アユが棲息できるレベルとなっている。現に大和川には天然のアユが多数みられるようになった。川中に設けられた堰のためにアユが遡上できないところもあり、大阪府立富田林高校の生徒らは、石川に仮設の魚道を設けてアユが遡上できるように試みている。近い将来、河原でアユの塩焼きを食べることができるに違いない。また、河原で水遊びをする人も多くなった。

大和川付け替えと遺跡破壊　大和川の付け替えによって、船橋遺跡や瓜破遺跡などが、新大和川の河床となった。とりわけ船橋遺跡は、土

写真58　船橋遺跡調査風景（1993年・東から）

器がいくらでも拾える河原として有名だった。そして、増水時には河床や河川敷がえぐられ、土器などの遺物が露出することになった。そのため、かつては大雨が降った翌日には、土器を求める人たちが多数大和川の河原にみられた。洗い出された土器を拾うだけならまだしも、手慣れた人は、自転車のスポークなど細くて丈夫なものを地面に突き刺し、その手ごたえで土器の大きさを確認して掘り出していたという。はっきり言って、盗掘である。そのため、完全な形の土器を多数所蔵する人もあった。

現在、それらの資料の一部は大阪府立弥生文化博物館や柏原市立歴史資料館の所蔵となっている。船橋遺跡は巨大な遺跡であり、遺物の出土量も膨大なものとなる。水流の移動によって、河床の船橋遺跡はほぼ壊滅してしまった。柏原市教育委員会でも発掘調査を行っているがわずかな面積である。膨大な遺物とともに存在したはずの遺構については、ほとんど実態がわからないままである。現在ならば、大和川付け替え前に発掘調査を行っていたはずである。貴重な遺跡を破壊した付け替え工事を恨みに思っている。

今に残る大和川の風景 大和川の付け替えから三〇〇年以上になるが、旧大和川の痕跡は、はっきりと現在の土地に刻まれている。旧大和川は全域で二～三メートルの天井川であった。そのため、現在も急流路は周辺の土地よりも高くなっている。その高まりの範囲が旧大和川の川幅である。旧大和川を歩くツアーなどがときどき実施されているが、旧流路に沿って歩くだけでは、旧大和川を体感することはできない。川を横断するように歩けば、その高低差ではっきりと川幅がわかるのである。

旧大和川の堤防上には、神社や墓地が多かった。堤防上に個人の屋敷や耕作は認められず、村の共有地として利用されていたからである。たとえば、天王寺屋の稲生神社、都塚の都留美嶋神社、上之島の御野県主神社などがある。どれも旧堤防を実感できるが、とりわけ御野県主神社には長さ五〇メートルに渡って旧堤防が残っている、旧河床から二メートル以上の高さを今も残している（写真59）。墓地も柏原市の古町墓地や今町墓地などがある。今町墓地は西側の道路との比高差が四メートルもあり、旧堤防を体感できる（写真60）。また、大阪府立八尾高校敷地内の狐山も旧堤防の一部である。狐山付近で堤防決壊の痕跡がみられ、決壊箇所を守るために何らかの祭祀などが行

写真59　御野県主神社（八尾市）

写真60　今町墓地（柏原市）

われていた地がその後も残されたのではないかと考えられる。

また、JR大和路線の柏原、八尾駅間や、近鉄大阪線の恩智、河内山本駅間の鉄道も旧河床を通っている。旧河床は昭和の始めごろまで家屋が少なく、広々とした畑地が広がっており、鉄道を敷くのに便利な地形だったのである。また、広い土地が確保できたため、公共施設が多いのも特徴である。たとえば大阪府立八尾高校、山本高校、金光八尾高校などのほか、小中学校も多い。花園ラグビー場も旧吉田川の河床に位置する。大規模な工場も多い、広い土地と豊富な伏流水を利用できるため、大阪から郊外へ移転する工場などが相次いだ。

このように、地形を感じ、土地利用を見ながら歩くと、旧大和川の様子が目に浮かんでくるようである。皆さんもぜひ歩いてみていただきたい。

〔参考文献〕

秋里籬島『河内名所図会』一八〇一年（一九九〇年）
足利健亮「由義宮の宮域および京域考」『長岡京古文化論叢』一九八六年
新井白石『畿内治河記』一八五六年（『日本経済大典』第四巻、一九二八年）
池田碩・大橋健「奈良盆地の地形学的研究」『奈良大学紀要』第二五号
遠藤慶太「天平勝宝六年家原邑知識経の識語について」『史料』第二二八号、皇学館大学史料編纂所報、二〇一〇年
王寺町史編集委員会『新訂王寺町史』本文編、二〇〇〇年
王寺町史編集委員会『新訂王寺町史』資料編、二〇〇〇年
近江俊秀『道路誕生』青木書店、二〇〇八年
近江俊秀「宮都周辺の計画道路」『日本古代の交通・交流・情報』3、吉川弘文館、二〇一五年
近江俊秀「大和国の河川と交通」『日本古代の運河と水上交通』八木書店、二〇一五年
大石慎三郎校訂『地方凡例録』下巻、一二〇〇〇年
大蔵永常『綿圃要務』一八三三年（『日本農書全集』第一五巻、一九八二年）
㈶大阪市文化財協会『大阪遺跡』二〇〇八年
大阪市立自然史博物館『5億年の歴史』一九九三年
大阪府教育委員会『蔀屋北遺跡Ⅰ』二〇一〇年
大阪府教育委員会『蔀屋北遺跡Ⅱ』二〇一二年
大阪府教育委員会・㈶大阪府文化財センター『佐堂（その2）—Ⅰ』一九八四年
大阪府教育委員会・㈶大阪府文化財センター『河内平野遺跡群の動態Ⅰ』一九八七年
大阪府史編集専門委員会『大阪府史』第一巻・古代編Ⅰ、一九七八年

大阪府史編集専門委員会『大阪府史』第五巻・近世編Ⅰ、一九八五年
㈶大阪府文化財センター『八尾南遺跡』二〇〇八年
㈶大阪府文化財センター『大和川今池遺跡』Ⅰ、二〇〇九年
大阪府立狭山池博物館『河内の開発と渡来人』二〇一六年
大阪府立近つ飛鳥博物館『河内湖周辺に定着した渡来人』二〇〇六年
大阪府立近つ飛鳥博物館『百舌鳥・古市古墳群出現前夜』二〇一三年
岡島永昌「魚簗船をめぐる問屋場の復元」『奈良歴史研究』第六七号、二〇〇七年
岡田光代・山下重雄「近世柏原船の船持について」『大阪府立大学経済研究』第五一巻第三号、二〇〇五年
柏原市『柏原市史』第三巻本編Ⅱ、一九七二年
柏原市『柏原市史』第五巻史料編Ⅱ、一九七一年
柏原市教育委員会『柏原市埋蔵文化財発掘調査概報一九八四年度』一九八五年
柏原市教育委員会『王手山古墳群の研究』Ⅰ―埴輪編―、二〇〇一年
柏原市役所『大和川物語』一九九八年
柏原市立歴史資料館『離宮』二〇〇五年
柏原市立歴史資料館『河内六寺の輝き』二〇〇七年
柏原市立歴史資料館『裴世清のみた風景』二〇〇八年
柏原市立歴史資料館『絵図に描かれた柏原の村々』二〇一〇年
柏原市立歴史資料館『中家文書目録』二〇一二年
柏原市立歴史資料館『河内大橋』二〇一三年
柏原市立歴史資料館『難波より京に至る大道を置く』二〇一三年
柏原市立歴史資料館『亀の瀬の歴史』二〇一五年
柏原市立歴史資料館『江戸時代の国分村』二〇一六年

柏原市立歴史資料館『竹原井頓宮』二〇一七年
柏原町史刊行会『柏原町史』一九五五年
金沢兼光『和漢船用集』一七六六年
川内眷三「和気清麻呂の河内川導水開削経路の復原とその検証」『古墳と池溝の歴史地理学的研究』和泉書院、二〇一七年
岸　俊男「古道の歴史」『古代の日本』第五巻・近畿、一九七〇年
黒板勝美編『続日本紀』前篇・後篇、吉川弘文館・国史大系、一九七六年
国土交通省近畿地方整備局大和川河川事務所『大和川』二〇〇五年
国土交通省近畿地方整備局大和川河川事務所『わたしたちの亀の瀬』二〇一一年
小島憲之・木下正俊・東野治之校注・訳『萬葉集』一～三、小学館・新編日本古典文学全集六～八、一九九四～九五年
五来　重「紀州花園村大般若経の書写と流伝」『大谷史学』五、一九五七年
堺市博物館『大和川筋図巻をよむ』二〇〇四年
阪田育功「流路の変遷」『大和川付替えと流域環境の変遷』古今書院、二〇〇八年
阪田育功「南河内における古代の斜方位直線道路と周辺地割」『大阪府立狭山池博物館研究報告』六、二〇〇九年
坂本太郎「大和の古駅」『古典と歴史』一九七二年
坂本太郎・家永三郎・井上光貞・大野晋校注『日本書紀』上・下、岩波書店・日本古典文学大系新装版、一九九三年
三郷町史編集委員会『三郷町史』上巻・下巻、一九七六年
三田章編『河内鑑名所記』上方藝文叢書刊行会、一九八〇年
四條畷市史編さん委員会『四條畷市史』第五巻（考古編）二〇一六年
小学館『新編日本古典文学全集六　万葉集①～④』一九九四～一九九六年
新修大阪市史編纂委員会『新修大阪市史』第三巻、一九八九年

田中清美「河内湖周辺の韓式系土器と渡来人」『ヤマト王権と渡来人』サンライズ出版、二〇〇五年
塚口義信「茨田氏と大和川―安堂遺跡・津積郷・津積駅に関連して―」『河内古文化研究論集』和泉書院、一九九七年
直木孝次郎他訳注『続日本紀』1～4、平凡社・東洋文庫、一九八六～九二年
中　九兵衛『甚兵衛と大和川』大阪書籍、二〇〇四年
中　九兵衛『ジュニア版　甚兵衛と大和川』二〇〇七年
中　好幸『改流ノート』一九九二年
中田祝夫校注・訳『日本霊異記』小学館・新編日本古典文学全集一〇、一九九五年
中村太一「大和国における計画道路体系の形成過程」『日本古代国家と計画道路』吉川弘文館、一九九六年
奈良県立橿原考古学研究所『大和国条里復原図』一九八〇年
奈良県立橿原考古学研究所附属博物館『5世紀のヤマト』二〇一三年
西田一彦監修、山野寿男・玉野富雄・北川央編『大和川流域環境の変遷』古今書院、二〇〇八年
日本の地質『近畿地方』編集委員会『日本の地質』6・近畿地方、共立出版、一九八七年
日本文教出版『奈良県のくらし』二〇一五年
原田昌則「西京（由義宮）の残影」『塚口義信博士古稀記念日本古代学論叢』和泉書院、二〇一六年
東影　悠「大和」『古墳時代の考古学』2・古墳出現と展開の地域相、同成社、二〇一二年
平田政彦「称徳朝飽波宮の所在地に関する一考察―斑鳩町上宮遺跡の発掘調査から―」『歴史研究』第三三号、一九九六年
福永伸哉「大阪平野における3世紀の首長墓と地域関係」『待兼山論叢』四二、二〇〇八年
藤井寺市史編さん委員会『藤井寺市史』第二巻・通史編二近世、二〇〇二年
藤井寺市史編さん委員会『藤井寺市史』第六巻・史料編四上、一九八三年
藤井寺市史編さん委員会『藤井寺市史』第七巻・史料編四下、一九九〇年

布施市史編纂委員会『布施市史』第二巻、一九六七年
古田良一『河村瑞賢』吉川弘文館、一九八八年
松原市史編さん委員会『松原市史』第五巻・史料編3
松原市民ふるさとぴあプラザ『街道展―松原の往来案内―』二〇一一年
村田路人「摂河における国役普請体制の展開」『近世大坂地域の史的分析』御茶の水書房、一九八〇年
八尾市『新版八尾市史』近世史料編1、二〇一七年
八尾市『新版八尾市史』考古編1、二〇一七年
八尾市教育委員会『大阪府八尾市所在由義寺跡遺構確認調査報告書―塔基壇の調査―』二〇一八年
八尾市史編纂委員会『八尾市史』史料編、一九六〇年
(財)八尾市文化財調査研究会『八尾市文化財調査研究年報　昭和六二年度』一九八八年
八尾市立埋蔵文化財調査センター『やおの古墳時代〈中期～後期〉』二〇一五年
八尾市立歴史民俗資料館『卑弥呼の時代と八尾』二〇〇二年
八尾市立歴史民俗資料館『大和川つけかえと八尾』二〇〇四年
八尾市立歴史民俗資料館『八尾の渡来文化』二〇〇八年
安村俊史「竹原井頓宮と青谷遺跡」『ヒストリア』第一四八号、一九九五年
安村俊史「河内国大県郡の古代交通路」『河内古文化研究論集』和泉書院、一九九七年
安村俊史「津積駅考」『藤澤一夫先生卒寿記念論文集』二〇〇二年
安村俊史「大和川付け替え運動の転換期―貞享四年の中家文書より―」『柏原市立歴史資料館館報』第一七号、二〇〇五年
安村俊史「大和川の堤体構造」『大和川付替えと流域環境の変遷』古今書院、二〇〇八年
安村俊史「古市古墳群の成立と玉手山古墳群」『近畿地方における大型古墳群の基礎的研究』奈良大学文学部文化財学科、二〇〇八年

安村俊史「幻の河内大橋」『河内文化のおもちゃ箱』二〇〇九年
安村俊史「松永白洲記念館所蔵『舟橋村絵図』について」『柏原市立歴史資料館館報』第二一号、二〇〇九年
安村俊史「推古二一年設置の大道」『古代学研究』第一九六号、二〇一二年
安村俊史「河内国安宿部郡国分村における近世大和川の水制」『柏原市立歴史資料館館報』第二五号、二〇一三年
安村俊史「道鏡―女帝と由義宮―」『大阪春秋』一五六号、二〇一四年
安村俊史「竜田道の変遷」『河内古文化研究論集』Ⅱ、和泉書院、二〇一五年
安村俊史「難波と都を結ぶ道―古代官道の変遷―」『郵政考古紀要』第六二号、二〇一五年
安村俊史「和気清麻呂の大和川付け替え」『辻尾榮市氏古稀記念歴史・民俗・考古学論攷』(Ⅱ)、二〇一九年
安村俊史「考古資料からみた七世紀の変革」『歴史科学』二三九号、二〇一九年
山口佳紀・神野志隆光校注・訳『古事記』小学館・新編日本古典文学全集、一九九七年
山田幸弘「大和川堤防の調査」柏原市立歴史資料館文化財講演会資料、二〇〇四年
大和川今池遺跡調査会『大和川・今池遺跡』Ⅲ、一九九五年
大和川水系ミュージアムネットワーク『大和川付け替え三〇〇年、その歴史と意義を考える』雄山閣、二〇〇七年
山本　博『竜田越』学生社、一九七一年
横山卓雄「大阪の自然史」『大阪府史』第一巻・古代編一、一九七八年

〔図出典〕

図一・二　大阪府史編集専門委員会『大阪府史』第一巻・古代編一、一九七八年
図三　日本の地質『近畿地方』編集委員会『日本の地質』6・近畿地方、一九八七年
図四～六　㈶大阪市文化財協会『大阪遺跡』二〇〇八年
図七　東影悠「大和」『古墳時代の考古学』2・古墳出現と展開の地域相、同成社、二〇一二年
図八　柏原市教育委員会『玉手山古墳群の研究』Ⅰ―埴輪編―、二〇〇一年

図九　八尾市立歴史民俗資料館『八尾の渡来文化』二〇〇八年
図一〇　大阪府教育委員会『部屋北遺跡』Ⅰ、二〇一〇年
図一一　岸俊男「古道の歴史」『古代の日本』第五巻・近畿、一九七〇年
図一七　柏原市教育委員会『柏原市埋蔵文化財発掘調査概報・一九八四年度』一九八五年
図二〇　八尾市教育委員会『大阪府八尾市所在由義寺跡遺構確認調査報告書―塔基壇の調査―』二〇一八年
図二四　柏原市立歴史資料館『天井川と洪水』リーフレット、二〇一七年
図二五　大阪府教育委員会・㈶大阪府文化財センター『佐堂（その2）―Ⅰ』一九八四年
大阪府教育委員会・㈶大阪府文化財センター『河内平野遺跡群の動態Ⅰ』一九八七年
図二六　八尾市立歴史民俗資料館『大和川つけかえと八尾』二〇〇四年
図二七　中九兵衛『ジュニア版　甚兵衛と大和川』二〇〇七年
図二八　安村俊史「松永白洲記念館所蔵『舟橋村絵図』について」『柏原市立歴史市資料館館報』第二一号、二〇〇九年
図二九　中九兵衛『甚兵衛と大和川』二〇〇四年
図三一・三二　山田幸弘「大和川堤防の調査」柏原市立歴史資料館文化財講演会資料、二〇〇四年
図三三　柏原市役所『大和川物語』一九九八年
図三四　柏原市立歴史資料館『絵図に描かれた柏原村』二〇一〇年
図三五　八尾市立歴史民俗資料館『大和川つけかえと八尾』二〇〇四年
図三六　藤井寺市史編さん委員会『藤井寺市史』第二巻通史編二・近世、二〇〇二年
図三七　大石慎三郎校訂『地方凡例録』下巻、二〇〇〇年
図三八～四一　大蔵永常『綿圃要務』一八三三年（『日本農書全集』一五、一九九〇年）
図四二　金沢兼光『和漢舩用集』一七六六年
図四四　岡島永昌「魚梁船をめぐる問屋場の復元」『奈良歴史研究』第六七号、二〇〇七年

図四五　金沢兼光『和漢船用集』一七六六年
図四六　国土交通省近畿地方整備局大和川河川事務所『わたしたちの亀の瀬』二〇一一年
図四七　日本文教出版『奈良県のくらし』二〇一五年
図四八　国土交通省近畿地方整備局大和川河川事務所『大和川』二〇〇五年

〔写真出典〕

写真はすべて柏原市立歴史資料館提供
写真三二・三三　藤井寺市教育委員会所蔵
写真一三・一四・三五　原史料は柏元秀仁氏所蔵
写真二〇・二三・三九・四〇　原史料は松永白洲記念館所蔵
写真三四　原史料は寺田信正氏所蔵
写真五〇～五三　原史料は西尾寛一氏所蔵

あとがき

大学を卒業して柏原市に就職して以来、文化財行政に携わってきました。発掘調査や史跡整備など埋蔵文化財を中心とした多忙な毎日でしたが、バブル経済の崩壊後、発掘調査が激減することになり、文化財行政のあり方が大きく変わろうとしていました。そのような中、市内の文化財に幅広く目を向け、埋蔵文化財の調査だけでなく、さまざまな文化財を活かしていく行政に転換する必要性を感じ、また実践しつつありました。資料館勤務を打診されたのは、ちょうどそのころでした。発掘調査から離れたくない私は、資料館勤務を拒んでいましたが、ほかに適任者がないということで、三年間という約束で資料館勤務を命じられました。二〇〇二年度のことです。

それから、柏原市立歴史資料館の学芸員としての日々が始まりました。年四回の企画展、講演会・講座などの普及業務、さらに施設管理やさまざまな事務的な仕事など、ほとんど一人でこなさなければならず、大変苦労しました。その後、文化財行政部門が文化財課となって資料館に移ることになり、資料館は文化財課の施設と位置づけられることになりました。これによって、わたしの業務も少しは軽減されることになり、その文化財課から一名が学芸業務も担当してくれることになり、大いに職場環境は改善されることになりました。そして、三年という約束だった資料館の業務でしたが、気がつけば一八年間、定年までとなってしまいました。

資料館勤務となってからは、古文書や民具など幅広い歴史、文化財を扱うことになりました。専門でないことを言い訳にしたくなかったため、それらについても自分で責任をもって収集、保存、そして評価ができるように努めてきました。本書で扱った大和川の付け替えもその一つです。本市が付け替え地点にあたることから、毎年秋季企画展として展示を実施していましたが、大和川の付け替えについても自分で調査・研究し、その成果を展示に反映できるように務めてきました。本書はその成果の一部です。大学のころ、古文書になじめず、やはり考古学でいくんだと決めたわたしですが、気がつけば、土器よりも古文書に触れる時間のほうが、はるかに長くなっていました。

資料館の存在意義は、柏原市や市民にとって必要な施設だと思ってもらえることにあると考えています。そのためには、資料の収集や研究を深める一方で、その成果を展示や普及事業を通じてわかりやすく伝えることだと考えてきました。二〇一一年度に館長となってからは、より一層その気持ちを強くもつようになりました。展示や講演で、「わかりやすい」と言っていただけることをとてもうれしく思っています。そして、その一環として、二〇一六年度から「館長と学ぶ大和川講座」を実施することにしました。付け替えを中心とする大和川の歴史について、市民の方々とともに学んでいきたいと考えて実施することにしたものです。基本的に一か月に一回とし、二〇二〇年三月までに三五回を数えることになりました。最終回を、わたし自身の定年の時期に合わせることにし、それまでの成果をまとめたのが本書です。ですから、本書は市民の方々とともに学んできた成果でもあります。

当初は、出席者は二〇~三〇人と考えていましたが、平均で六〇名以上の出席者がありました。延べで二千人以上の方に出席していただいたことになります。ありがたいことです。この方々がおられなければ、本書はできませんでした。

また、二〇〇四年度に大和川付け替えから三〇〇周年となったことから、わたしの呼びかけで、新旧大和川流域の博物館・資料館と大和川水系ミュージアムネットワークを結成しました。その際に担当学芸員の方々からさまざまな教示、協力をいただきました。わたしの大和川に対する調査・研究の原点は、ここにあります。また、史料の寄贈、寄託、調査にご協力いただいた方々にも感謝したいと思います。とりわけ、中甚兵衛の十代目にあたる中九兵衛氏からは、当初は借用、その後は寄託、寄贈というかたちで、当館にご協力いただきました。また、中氏の『甚兵衛と大和川』を始めとする著作を、本書でも大いに参考にさせていただきました。大和川付け替え研究の方向性を示したのが中氏であることはまちがいありません。感謝しています。

また、大和川市民ネットワークやその関係者の方々からもさまざまなことを学びました。市民目線の指摘は刺激的でした。そして、毎年来館してくれる小学校の児童、先生にも感謝したいと思います。例年一万人もの小学生が訪れ、展示を見学し、わたしの解説を聞いてくれています。小学生に少しでも史実を伝えようという気持ちが研究の支えになっていました。当初は拒んでいた資料館勤務ですが、市民の方と接する機会が増え、市役所内でもその存在意義を認めてもらえるようになり、今となっては資料館で働くことができてよかったと思っています。個人的にも、文化財行政としても大きな成果だと思っています。

そして職場の仲間にも恵まれ、二〇二〇年三月で定年を迎えることになりました。わたしの誕生日は三月二四日ですので、六〇歳の誕生日、還暦を迎えるとともに定年となります。本書をこれまでお世話になった方々、わたしの拙い話を聞いていただいた方々と少しでも分かち合うことができれば幸いです。そして、今後の大和川付け替え研究、小学生の付け替え学習に利用していただければ、こんなにうれしいことはありません。また、わたしの急な申し出に迅速に応えていただいた清文堂出版の前田正道氏にも感謝したいと思います。そして最後に、定年まで好き勝手をさせてくれた家族にも感謝したい。みなさん、ありがとうございました。

二〇二〇年三月

安村俊史

安村 俊史（やすむら　しゅんじ）

〔略　　歴〕
1960年　大阪市生まれ
1982年　大阪市立大学文学部史学地理学科卒業
現　在　柏原市立歴史資料館館長

〔主要著作〕
『群集墳と終末期古墳の研究』（清文堂版、2008年）
「大王権力の卓越」「古墳の終末」（共著・『史跡で読む日本の歴史』2、
　吉川弘文館、2010年）
「河内六寺と知識」（共著・『古代寺院史の研究』思文閣出版、2019年）など

大和川の歴史　土地に刻まれた記憶

2020年3月24日　初版発行
著　者　安村 俊史
発行者　前田 博雄
発行所　清文堂出版株式会社
〒542-0082　大阪市中央区島之内2－8－5
電話06-6211-6265　FAX06-6211-6492
http://www.seibundo-pb.co.jp
印刷・製本：亜細亜印刷株式会社
ISBN978-4-7924-1468-9　C0021